Introducción :

En la tierra desde hace miles de años, se han descubierto objetos muy sofisticados, así como máquinas espaciales futuristas, monumentos megalíticos, seguimos exhumando edificios antiguos escondidos en la naturaleza. Esto prueba que una conciencia muy avanzada, dotada de una inteligencia de otras dimensiones, caminó sobre la tierra mucho antes de nuestra existencia. Durante siglos, en nuestro entorno ha habido un fenómeno paranormal cada vez más extendido y presente en la actualidad. Surgen preguntas: ¿están estas inteligencias en el origen de la creación del homo sapiens? ¿Son el origen de nuestra sociedad? ¿O manejan nuestro mundo? Durante mi infancia y durante mi vida, estuve y estoy directamente confrontado con el fenómeno paranormal, el hecho me fue impuesto por una conciencia, por una inteligencia por algo muy poderoso, cuya existencia desconocía.

Era un lunes por la mañana, en marzo de 1965, en un país de Europa del Este. A pesar del final del invierno, era un frío polar, había nevado hasta tal punto que la gente tenía dificultades para ver sus casas. Mi madre me dijo que tenía que ir a la maternidad lo mejor que pudiera. Vine al mundo con dificultad, casi muero antes de ver la luz del día.

Siete años después, en la víspera de Año Nuevo, mis padres habían invitado a la familia a pasar la noche. Por la mañana, mi padre me pidió que me despertara, pero se dio cuenta de que estaba hablando solo en un lenguaje incomprensible y no podía parar. Al principio de la noche, nuestros invitados comenzaron a llegar, me vieron en un estado deplorable pasando por un fenómeno extraño, lamentable, inusual, inexplicable. Uno de los primos de mi padre le preguntó: "*¿Cuánto tiempo lleva este niño en este estado?* Mis padres respondieron: *desde esta mañana, ya han pasado unas horas.* Mi tío les dijo a mis padres: *el niño ha entrado en trance.* Nadie entendía nada de lo que yo decía, esas palabras repetitivas, que yo repetía sin cesar durante largas horas.

A pesar de mi terrible condición, le pedí a mi madre que instalara el colchón en medio del comedor para acostarme, lo que hizo. Entonces, después de haber preguntado por mi gato, tomé el animal bajo mi manta, empezó a jugar y a girar a mi alrededor. Unos minutos después, el gato no se movió, no jugó más, ya estaba muerto.

La situación se estaba volviendo crítica y preocupante. Teniendo en cuenta la situación, mi tío le dijo a mi padre: *habrá que hacer algo,* porque la situación se está poniendo grave. Y les sugirió a mis padres : *Conozco a un buen curandero, tienes que llevarte al pequeño a casa.*

Tan pronto como llegué, a altas horas de la noche, la curandera me tomó en sus brazos. Luego, poco a poco, empecé a volver a mi estado normal, incluso le pedí al curandero que comiera y bebiera. Luego volvimos a casa.

Al día siguiente, le pregunté dónde había ido el gato, mi madre me contestó que había muerto. Pregunté por qué. Mi madre me contestó, que estaba en un estado de preocupación, que toda la familia estaba preocupada por mi estado de salud, y que la gata había pagado por mi sufrimiento por su muerte.

Después de las malas noticias que acababa de recibir, tuve la doble sensación de que había arruinado la Nochevieja para toda mi familia, y también de que yo era responsable de la desaparición de mi gato. Mis padres me hablaban a menudo del extraño hecho, de esta triste prueba que me habían infligido y que nadie había entendido. Oí a mis padres decir que era algo incomprensible.

Desde la desafortunada experiencia, tuve la sensación de que tenía una presencia detrás de mí todo el tiempo.

Mi comportamiento empezó a cambiar, me estaba convirtiendo en un verdadero adulto a pesar de mi corta edad. Mis padres vieron mi progreso y se sintieron culpables por ello. Noté sus emociones, porque a menudo me preguntaban sobre mi condición física, desafortunadamente nadie podía cambiar la situación.

Para olvidar y superar las dificultades durante las vacaciones escolares, mis padres me pidieron que pasara mis vacaciones con mi abuelo en el campo. Acepté su oferta, porque era el lugar ideal para escapar, y me gustaba mi abuelo, mis tíos y mis primos. Mi abuelo tenía una granja, con vacas, ovejas y caballos. Durante mis vacaciones, con mis primos, subimos a la cima de la montaña a una altitud de más de 2000 metros, respirando un soplo de aire fresco. Para mí fue un lujo, luego tuvimos una vista impresionante de un paisaje magnífico, a la vez que lo aprovechamos para recoger leña para calentarnos por la tarde, en fin, había tenido un día muy bueno.

Por la noche, la familia se reunía alrededor de una chimenea y las discusiones comenzaban a menudo bajo la dirección de mi abuelo. Al final de la noche, a menudo me quedaba dormido, cansado de los días ocupados. A pesar de mis actividades, la sensación de tener una extraña presencia a mi alrededor no había desaparecido, especialmente por la tarde y por la noche. Por la noche, oía a los caballos y a las vacas inquietas hacer ruidos terribles, me mantenía despierto, a menudo pasaba noches sin dormir. Una mañana, cuando me desperté, oí a mi abuelo decir que durante unos días, los animales a menudo estaban muy molestos por la noche, y que esto no era normal. A pesar de todo, había pasado un buen rato en el campo. Mis vacaciones habían terminado, el abuelo me acompañó a casa. Cuando llegamos a casa, el abuelo les contó a mis padres sobre mis vacaciones, sobre mi estado de ánimo, que yo ya era muy madura. Pensó que era bastante extraño.

Por la noche, antes de acostarme, me gustaba hablar con mi madre. Me preguntó si estaba contenta con mis vacaciones, entonces cuando mi madre me dijo que antes de que yo naciera, mis padres habían tenido una hija, que misteriosamente desapareció a la edad de dos años.

Mamá me hablaba de su hija, y en su voz sentí una tristeza, noté el dolor que sentía, me di cuenta de que mi madre no había aceptado la desaparición de mi hermana. También me dijo que su hermana había tenido gemelos que murieron repentinamente, como había sido el caso de mi hermana y especialmente a la misma edad. ¿Fue una simple coincidencia de vida?

Tiempo después, mis padres me despertaron para ir a la escuela, mi madre se apresuró a vestirme cuando se dio cuenta de que mi mano derecha estaba hinchada. Tenía una bola muy grande entre el pulgar y el índice, me dolía tanto que ya no podía sentir la mano. Después de este acontecimiento extraordinario, mi madre decidió acompañarme al hospital. El médico les preguntó a mis padres cuando mi mano se había hinchado, mi madre respondió: *la pelota apareció durante la noche.* El médico me recomendó una radiografía y me dijo: *No sé qué es.* La radiografía indicó la presencia de un cuerpo extraño en mi mano. El cirujano dijo: *Tengo que operar a su hijo de inmediato, porque la mano seguirá hinchándose, un anestésico local será suficiente, ¿está de acuerdo?* Mis padres no tuvieron elección, así que aceptaron la operación. Durante la operación, tuve mucho dolor. Unos instantes después, el médico me explicó: *estoy cerca de jubilarme, nunca he visto nada igual, es un cuerpo extraño hecho de un material muy extraño, quiero examinarlo más de cerca, eso es lo que puedo decirle por ahora, ahora que su hijo está fuera de peligro.* En el momento de la operación, yo tenía siete años. Le pedí a mi padre una explicación: *¿por qué estas cosas extrañas sólo me pasan a mí?* Mi padre respondió: "*No sé qué decirte, no tengo ni idea*". A veces, para tranquilizarme, me decía: *yo controlo toda la situación, no tienes que preocuparte, todo está bien.* A mis espaldas, escuché a mis padres hablar de mi preocupante y preocupante situación. Mientras tanto, a mi alrededor, siempre sentía una presencia invisible, la mayoría de las veces detrás de mí, en cualquier lugar, pero no podía ver nada ni a nadie. Decidí hablar con mis padres sobre ello, porque la misteriosa presencia estaba empezando a asustarme. Mi padre me dice: *es sólo una impresión. No te preocupes y no pienses más en ello.* Afortunadamente para mí, fui a la escuela. No me gustó mucho, pero me permitió ver a mis compañeros y pasar un buen rato, jugar en el patio durante el recreo. Tuvimos una amante muy agradable. Un día en el patio, mis compañeros de clase me hablaron de platillos voladores y de extrañas criaturas, preguntándome: *¿crees en platillos voladores?* Yo les respondí que no conocía el fenómeno, ellos me respondieron: *son platillos en forma de plato que vuelan en el cielo.* Yo les digo: *un plato que tiene el poder de volar así en el cielo, ¡ustedes no están bien de la cabeza!*

Vivía a unos cien metros de un lago, la gente decía que veía cosas extrañas que aparecían a plena luz del día, pero también por la noche, extraños objetos de luz que se sumergían y otros que salían del lago. Para tener la conciencia tranquila, les dije a mis padres, y sobre todo quería saber la verdad: ¿había una base real para todos estos rumores que la gente decía? Mis padres me dijeron: *no creas todo lo que dice la gente, todos estos rumores son sólo invenciones, una "imaginación" de los hombres.*

Una mañana, antes de ir a la escuela, mi madre me vistió y me cepilló el pelo, pero mientras me cepillaba la parte superior de la cabeza, algo me dolía, mi madre acababa de desenredarme el pelo negro: ¿qué podía hacerme daño? Descubrió un material extraño, pegado a la parte superior de mi cabeza. El material tenía una forma redonda de color marrón claro de aproximadamente un centímetro de diámetro, duro como una piedra, imposible de quitar. Mi madre se dio cuenta de que, una vez más, había ocurrido algo anormal. Así que mis padres me llevaron al dermatólogo. En el hospital, el dermatólogo vio el material en mi cabeza, lo palpó y me preguntó si me dolía. Le dije que no me dolía, pero que me tiraba de la piel y me avergonzaba. Mis padres le dijeron al médico que el material había aparecido de repente durante la noche. Después de examinarlo delicadamente, el médico se avergonzó de no saber lo que era, llamó a uno de sus colegas. La conclusión de los médicos fue: *no sabemos qué es.* El famoso material, lo llevé a la cima de mi cabeza durante meses, y finalmente desapareció misteriosamente de la noche a la mañana, en ese momento, tenía ocho años.

Era un agradable día de primavera, mi padre había llegado a casa después del trabajo, tenía una mirada extraña, su cara no era como de costumbre. Parecía que algo andaba mal con él. Mi madre le preguntó: *¿qué te pasó?*

Mi padre nos preguntó: *"Denme cinco minutos, y pongan mi cabeza en orden"*. Unos minutos más tarde, nos explicó: *lo que me ha pasado hoy es muy extraño, nunca he visto nada igual, fue aterrador.* Mi madre me pidió detalles. Tuviste que arrancarle las palabras para que mi padre siguiera hablando, pero cuando viste su cara asustada y conmocionada, te diste cuenta de lo importante que era lo que había pasado. Entonces mi padre volvió a hablar: *Lo que yo vi hoy no era humano, se parecía a él, pero era otra cosa, no era nada humano, era una criatura muy extraña, una entidad extraña, no sé cómo describírtelo, porque no sé dibujar. Tenía una cabeza en forma de pera, una pera derramada. Su cuerpo era pequeño, tenía una cabeza muy grande, un cuerpo pequeño, tenía unos ojos negros muy grandes, una boca pequeña, una nariz pequeña, ese "algo" muy extraño, extraño, no era hermoso de ver. La entidad me miró, con sus ojos expresivos, y a través de sus ojos, sentí que quería transmitirme algo, transmitirme un mensaje, no entendí nada. En ese momento, no podía moverme, mi cuerpo se detuvo, hipnotizado, durante su aparición, tuve una sensación extraña, muy extraña. Luego, en una fracción de segundo, desapareció, y ni siquiera tuve tiempo de contarle a mis colegas lo que acababa de ver.*

Mi padre era creyente, no bebía alcohol, no fumaba, se podía creer cuando hablaba del extraño fenómeno que había experimentado. Yo era sólo un niño, no tenía la edad suficiente para entender, para darme cuenta de la misteriosa historia que vivió mi padre, pero este hito quedó grabado en mi memoria.

Algún tiempo después, nos dimos cuenta de que mi padre tenía serios problemas de piel. Su cuerpo estaba cubierto de manchas rojas que le causaban una terrible picazón, hasta el punto de arrancarle la piel. Había consultado a varios dermatólogos, pero sin éxito, los médicos dijeron que no sabían de su enfermedad. Sabía que tenía que vivir con ello toda su vida. Un tiempo después, el cuerpo de mi padre se había quedado inmóvil: su lado derecho. Estuvo hospitalizado durante meses, y mi madre tuvo que volver a trabajar para mantenernos. Fue un momento difícil de vivir, con todos estos extraños acontecimientos que se sucedieron, psicológicamente, había que estar bien armado, no fue fácil superar las pruebas. En cuanto a los hechos, lo extraño es que inconscientemente, estamos acostumbrados a los acontecimientos, sin saber si algún día todo esto se detendrá.

A pesar de todo, la vida se apoderó de estos derechos, había llegado el momento de elegir una profesión, en la escuela me gustaba la física y las matemáticas, había elegido *la electrónica como profesión.* Mi primo tenía un taller, reparaba todo tipo de aparatos electrónicos, yo iba a menudo a su taller para aprender, eso me permitía progresar mucho más rápido gracias a esta práctica. Aprendí a dominar los conocimientos en poco tiempo, y me encantaba este trabajo.

Un día, mi primo me preguntó si estaba al tanto de que uno de nuestros primos lejanos había dado a luz a un *bebé híbrido.* Pregunté, *¿qué es un bebé híbrido?* Me contestó: *no es un bebé como los demás y por eso murió.* Escuché estas malas noticias sin prestarle demasiada atención.

Por la noche, después de mi trabajo en el taller, me fui a casa, mi madre nos preparaba buenas comidas, pero no lo suficiente para mi gusto. Por naturaleza yo era muy codicioso, y a veces no me gustaba mucho lo que ella estaba cocinando, en realidad era muy difícil para cocinar.

Una noche, cuando volvía a casa, vi a mi madre agachada por el dolor, se quejaba de dolores de cabeza. Además, no era la primera vez. A menudo se ponía una cinta para la cabeza que le quedaba ajustada alrededor de la cabeza para aliviar el dolor. Le pregunté qué podía hacer por ella, mi madre me pidió que me callara. No deberías pedirle que vaya al médico, no le gustó. Mi madre no era de *naturaleza pequeña*, tenía un carácter muy fuerte y sabía adaptarse a todas las situaciones, incluso a las más extremas.

Al día siguiente, le pregunté a mi madre por las razones de su malestar, y me dijo: *No lo sé. Desde que me desperté ayer por la mañana, me dolía la cabeza a lo largo de las sienes, luego, durante el día, me dolía la cabeza. Algo se mueve dentro de mi cráneo, en mi cerebro, no sé lo que es, ¿qué me está pasando?* Conocía perfectamente a mi madre, así que nos hablaba a menudo de estos dolores de cabeza, tenía que ser algo insoportable, lo soportó durante años.

Un domingo por la tarde, mi tía llegó llorando a nuestra casa, ¿qué te está pasando? Mi tía nos dijo que su hijo se estaba volviendo loco, que estaba hablando y riendo solo sin interrupción. Mis padres trataron de razonar con ella: *ayer vimos a su hijo, le iba bastante bien.* Ella respondió: *ayer, él estaba bien, pero hoy, ya no lo está.* En efecto, vi y vi por mí mismo que mi primo había perdido la razón, cuando me di cuenta de las malas noticias, sentí lástima de mí mismo, porque me llevaba bien con él. Incluso ahora, su situación no ha cambiado, está en un asilo psiquiátrico.

Para escapar un poco, para escapar de la vida cotidiana, había organizado con mis amigos un mini torneo de fútbol. Era muy atlético, practicaba casi todos los deportes, mis favoritos eran el baloncesto y el fútbol, me gustaba hacer ejercicio regularmente. Una vez terminado el torneo, ya estaba oscuro y teníamos que irnos a casa. Durante el viaje, tuvimos que tomar un atajo para llegar a casa más rápido, uno de mis compañeros nos advirtió antes de tomar el atajo: ¡*tenemos que permanecer juntos porque el pasaje que vamos a tomar apesta! Están pasando cosas extrañas. Un día, con mi padre, tomamos este camino antes del anochecer y durante el viaje, vimos una extraña entidad entrar en el viejo hangar abandonado. Puede ser peligroso, es un consejo que te estoy dando.* En efecto, había un hangar abandonado a la orilla de la carretera, un lugar donde no te sentías seguro, sentí una atmósfera que nunca antes había conocido, tenía piel de gallina, un miedo terrible, era mejor no estar solo. Después de cruzar el lugar, por curiosidad y para tranquilizarme, les pregunté a mis compañeros si habían tenido el mismo sentimiento que yo durante el viaje. Algunos dijeron que habían tenido un miedo terrible y aterrador, otros que habían sentido sudores fríos y aterradores.

Moral, todos los compañeros estaban en las garras de un miedo excesivo, indescriptible e indefinible, hay que vivir esos momentos para creerlo!

En retrospectiva, traté de analizar y comprender, si había algo que entender, me sentía como si estuviera soñando y, sin embargo, el fenómeno inexplicable era muy real.

A partir de ese momento, me pregunté: ¿estaban ocurriendo los mismos fenómenos en otras partes del mundo, o nuestro país era una excepción?

En la familia, la única explicación para estos fenómenos extraordinarios que estábamos experimentando era *el diablo!*

Algo me dijo que un día haría todo lo que estuviera en mi poder para arrojar luz sobre estos hechos inexplicables y descubrir lo *que había detrás de la valla.*

Durante este período, afortunadamente, estaba mi familia, siempre fue un placer volver a encontrarme, sin olvidar a mis amigos. Me reí con ellos, y de repente, sin razón alguna, mi estado de ánimo, mi comportamiento cambió, ya no era yo mismo, mi desasosiego se veía en mi rostro, en mi *mirada vacía*. Me di cuenta, pero desafortunadamente, no pude hacer nada, no pude encontrar ninguna explicación racional, mi situación se volvió dolorosa, no existían palabras para describir por lo que estaba pasando.

Con el paso del tiempo, me volví cada vez más frío, sin razón aparente, mi séquito se había dado cuenta de mi comportamiento inusual. Mis padres a menudo me pedían explicaciones, yo les respondía que algo me controlaba, algo más fuerte que yo, algo contra lo que no podía hacer nada. Desafortunadamente, nadie podía ayudarme, no había nada que hacer, era una total impotencia.

Para escapar de la realidad, quería creer que estaba soñando o teniendo una pesadilla. Pero desafortunadamente, el hecho era una realidad. Como no había nada que hacer, me decidí, tuve que vivir con eso.

Para evitar los acontecimientos, tuve que tomar una decisión, quería dar sentido a mi vida.

En ese momento, el servicio militar era obligatorio, había decidido cumplir con mi deber. Durante mi servicio, tuve algunos momentos difíciles, física y psicológicamente, pero eso me permitió dar un paso importante en mi vida. Después de terminar mis estudios y hacer el servicio militar, decidí dejar mi país para ir al extranjero.

Quería trazar una línea sobre mi pasado. Escapando de la maldición. Quería deshacerme de todos estos viejos demonios que estaban arruinando mi vida, y volver a *una vida normal!*

Muchos de los miembros de mi familia vivían en el

extranjero, la mayoría de ellos en países occidentales y en todo el mundo. Tuve la opción de instalarme donde quería vivir, no era algo fácil de hacer, pero era necesario tomar una decisión, escogí Francia como mi país de adopción! Me apasionaba la arquitectura, los monumentos históricos, la dinastía real, la gastronomía y, por supuesto, París, una de las ciudades más bellas del mundo. Mi decisión fue tomada: Francia sería mi destino.

En la escuela, había estudiado la historia de los reyes de Francia, también la historia de Napoleón Bonaparte. Bonaparte era un gran admirador de Alejandro Magno. Se inspiró en sus ideas, en su deseo de conquistar el mundo y, a su vez, quería lograr las mismas hazañas. Sus conquistas, su código civil lo hicieron atractivo para un niño como yo. Poco después, su sobrino, Napoleón III, participará en la renovación de París, convirtiéndola en una de las ciudades más bellas del mundo.

Durante mi vida en París, tuve la oportunidad de conocer a una mujer muy inteligente y educada. Mi compañera a menudo hablaba de civilizaciones antiguas, especialmente la civilización maya, dijo: *Los mayas vivían en América Central ocupando más de 400.000 kilómetros cuadrados, sus tierras se extendían por los actuales estados de Guatemala, México y parte de El Salvador y Honduras.* Cuando lo conocí, aprendí.

La civilización maya se extendió por tres áreas geográficas:

– Las tierras altas, una región montañosa con un clima templado,

– Las tierras bajas del sur, con un bosque tropical y húmedo,

– Las tierras bajas del norte, sin ríos con vegetación dispersa.

Mi pareja me dijo que la civilización maya estaba muy avanzada para su tiempo. Me habló de su calendario, el más preciso, jamás igualado por el hombre. Éste sólo tiene un error del

0,2%. Hoy en día, obedecemos tanto el calendario gregoriano como el juliano, ambos con un error del 0,5%. Así que le pregunté a mi pareja: *¿cómo es posible que fueran más avanzados que nosotros?* Ella dijo, *¡eso no es todo! La civilización maya tenía una escritura muy compleja, aún hoy en día, no podemos descifrar todo. También en matemáticas eran muy fuertes. Construyeron templos, tenían un conocimiento muy avanzado en el campo de la arquitectura. Y en lo alto de los templos, había una especie de centro astronómico para observar el cielo, las estrellas, el cosmos.* Como eran muy avanzados, le pregunté a mi compañera sobre sus habilidades, su inteligencia... Ella me contestó: *la civilización maya era muy religiosa. Creía en un Dios conocido como "Quetzalcóatl", el maestro de las estrellas y también que este Dios regresaría por el "Quinto Sol"!*

En su tiempo, los sacerdotes mayas tenían dificultades para sobrevivir. Para que sus dioses los ayudaran, practicaban los sacrificios humanos mediante la decapitación. <u>Sin embargo, han desaparecido a causa de una sequía que afectó a América Central durante un largo período de tiempo, a pesar de su constante desplazamiento.</u>

Mi pareja admiraba esta civilización, yo escuchaba sus palabras fascinada, cuando ella me lo contó, tuve la impresión de que ella había vivido en su tiempo.

Después de escuchar todas las leyendas, las historias de los sacerdotes, quería hablarle de mi pasado, era más fuerte que yo, tenía que hablar. Me escuchó con la mayor sensibilidad. Estaba marcada por el momento en que yo estaba en trance a una edad muy temprana. Mi pareja me dijo que yo había hablado el idioma astral, *que había entrado en contacto con el más allá.*

En mi cabeza, pensé: *¿qué me está diciendo?* No tenía idea de lo que eso significaba todavía. Le dije que no entendía nada, ella me contestó: *si quieres saber más, te aconsejo que hagas tu propia investigación.*

Las últimas frases de mi compañero me abrieron los ojos. Era hora de empezar mi propia investigación, tenía que tratar de encontrar una posible explicación plausible.

Civilizaciones antiguas y megalitos:

En mi investigación, quería continuar en mi camino: estudiar y aprender de las civilizaciones antiguas, retrocediendo en el tiempo. Quería saber si podría haber otras civilizaciones mucho antes de la civilización maya.

Descubrí una de las civilizaciones más antiguas: *los Sumerios.* Hace más de 6.000 años, los sumerios vivían en el norte del actual Iraq, entre dos ríos: *el Tigris y el Éufrates.*

En la Biblia (Génesis), Sumer era conocido como *Schinear-Shinar o Sinhar.* La civilización Sumeria era una civilización muy avanzada. Los sumerios tenían conocimientos en varios campos, incluyendo la astronomía y el estudio del cosmos, pero también estaban muy avanzados en el conocimiento de las matemáticas. Fueron capaces de construir edificios muy complejos a alturas considerables. Su sociedad se rige por leyes, tienen un tribunal de justicia y jueces. Los sumerios tenían todos los elementos esenciales de una civilización moderna. Descubrí que hace miles de años existía una civilización muy avanzada. Los sumerios ya conocían el número de planetas de nuestro sistema solar, incluso eran capaces de nombrar cada planeta:

- El planeta Júpiter se llamaba *Kishar,*

- Saturno era *Anshar,*

- Neptuno, *Nudimmud,*

- Urano, *Anu,*

- Mercurio, *Mummu,*

- Pluto, *Gaga,*

- Venus, *Lahamu,*

- Marcha, *Lahmu,*

- El cinturón de asteroides, *Rakish,*

- El Sol, *Apsu.*

Los sumerios también conocían la inclinación de cada planeta. Para el planeta Urano, ya conocían su color verde inicial. El color azul fue asignado al planeta Neptuno, etc. Los sumerios no contaron los planetas desde el centro de la galaxia hacia afuera, sino que, por el contrario, comenzaron a contarlos desde la punta hacia el Sol. Obviamente, una de las preguntas que surgen es: ¿cómo lograron tener todo este conocimiento cuando ni siquiera tenían "prismáticos" para observar el cielo?

En los años 1975, uno de los más grandes arqueólogos y especialistas en la civilización sumeria, Zecharia Sitchin, reveló que los sumerios tenían conocimiento de un planeta gigante llamado *Nibiru.* Este planeta gigante fue una vez parte de nuestro sistema solar. El tamaño de este misterioso planeta alcanzaría de cuatro a cinco veces el tamaño de la Tierra. Después de estas revelaciones, la NASA tomó en serio estas declaraciones y unos meses después (1977-1978), lanzó dos satélites al espacio: *Voyager 1, Voyager 2.*

Uno de los satélites fue programado para explorar más de cerca todos los planetas de nuestro sistema solar. El segundo fue observar el *misterioso planeta "X".* En enero de 1983, la NASA lanzó un tercer satélite llamado IRAS, equipado con un telescopio infrarrojo para buscar el misterioso planeta. Unos meses después, la NASA reconoció oficialmente la existencia del planeta *Nibiru,* al que los científicos llamaron *Planeta "X"*.

Gracias a las tablillas de arcilla y a los antiguos textos sumerios, los especialistas en la civilización sumeria revelaron que en el pasado, la Tierra - llamada *Tiamat* (*Ti* significa vida y *Ama* madre) por los sumerios - estaba situada entre Marte y Júpiter. Los arqueólogos también afirmaron que el Planeta "X" había sido parte de nuestro sistema solar. Según textos antiguos, en un pasado lejano, el Planeta "X" entró en nuestra galaxia, incluso hubo una violenta colisión con la Tierra. El choque entre los dos planetas habría ocurrido en el cinturón de asteroides. Aquí es donde estaba la Tierra en ese momento, de ahí los escombros que todavía conocemos como el *cinturón de asteroides*. La colisión habría permitido que la Tierra se acercara al Sol. Se cree que los estigmas de la violenta colisión entre los dos planetas se encuentran en las profundidades del Océano Pacífico.

A través de los textos antiguos, aprendemos que la civilización sumeria nombró a los habitantes del planeta *Nibiru*, *Annunakis*, que significaría los que *descienden del cielo*.

Incluso encontramos inscripciones que demostraban que los visitantes del *planeta "X"* habían participado en la creación de nuestro mundo. Se dice que los *Annunakis* crearon el *homo sapiens* entre dos ríos: el Tigris y el Éufrates. A través de los textos antiguos, aprendemos que el primer bebé probeta en este caso fue Adán, incluyendo la frase: *creemos al hombre a nuestra imagen, según nuestra semejanza*. Encontramos las mismas historias también en el Antiguo Testamento de la Biblia.

Como acababa de descubrir una civilización antigua muy avanzada, mi pareja se dio cuenta de que estaba empezando a interesarme por el Viejo Mundo, me dijo una sola frase: *ellos están entre nosotros.*

En la escuela, me enteré de las dinastías de los faraones egipcios que se consideraban dioses vivos en la Tierra, pero nunca me interesé mucho por los edificios que habían construido, a saber, las pirámides de Giza. Al principio de mi investigación, me hice la siguiente pregunta: *¿cómo es posible levantar bloques de piedra de varias toneladas de peso y colocarlos en la parte superior del edificio sin ninguna máquina?* Muchos especialistas han intentado desentrañar los misterios de la construcción exterior del edificio, pero ¿qué pasa con el interior de las pirámides? En el interior, se pueden ver largos pasillos sin salida. Durante décadas, los egiptólogos han formulado hipótesis sobre el funcionamiento de las pirámides, una de las teorías más conocidas afirmaba que los corredores eran pasajes simbólicos que permitían a los faraones ir a la otra vida. La otra hipótesis era que las pirámides serían un observatorio astronómico. Los investigadores afirmaron que la estructura de la pirámide contenía información que era difícil de descifrar.

La Gran Pirámide de Giza en el momento de su construcción tenía 150 metros de altura, y hoy en día su altura se estima en 146 metros. Hubo un hundimiento de cuatro metros. Los expertos dijeron que multiplicando 150 metros por un millón, obtendríamos la cifra de 150.000.000 de kilómetros, que simplemente representa la distancia entre la Tierra y el Sol. También afirmaron que la Gran Pirámide estaba exactamente en el centro de la masa orbital del globo. Según los teóricos, la meseta de Giza y más precisamente la Gran Pirámide sería una máquina que debería utilizarse para algo porque las medidas en toda la meseta de Giza son muy precisas.

La relación entre la pirámide y su perímetro es la misma que el radio de la Tierra y su circunferencia. Pero también el motivo de la gran pirámide es una representación triangular y tridimensional del hemisferio, un prisma que sugiere que habría una resonancia con las otras pirámides del planeta.

Otros pensaban que la gran pirámide de la meseta de Giza podía transmitir olas al cielo. Desde arriba, podemos ver que las tres pirámides de Giza no están perfectamente alineadas.

Gracias a nuestra tecnología actual, los expertos han podido retroceder en el tiempo y han determinado que alrededor del año 10.000 a.C., las tres estrellas de la constelación de Orión estaban perfectamente alineadas con las tres pirámides.

Después de la Segunda Guerra Mundial, nuestro mundo fue invadido por una especie de miedo, de incertidumbre, especialmente durante la Guerra Fría entre los americanos y los soviéticos. Las dos potencias se encontraban en una confrontación, con la idea de que teníamos que estar por delante de la otra en el campo tecnológico. El ganador se apoderaría de la dominación de nuestro mundo.

Hasta hace unas décadas, había documentos guardados en secreto por nuestros líderes (ahora desclasificados). A través de estos documentos, nos enteramos de que los soviéticos en la década de 1960 llevaron a cabo una extensa investigación sobre las pirámides de Giza. En ese momento, se informó de que el Presidente soviético y el Presidente egipcio habían llegado a un acuerdo. Para llevar a cabo la investigación, la KGB había utilizado grandes recursos materiales y humanos: generales, historiadores, químicos, científicos, etc.

Pero, ¿cuál fue la verdadera razón del interés de la KGB en las pirámides? ¿Por qué estaba usando recursos tan grandes? ¿Había algo que descubrir? ¿Persiguieron los soviéticos un objetivo específico en su investigación?

Al principio de la misión, el objetivo de la KGB era encontrar un cuerpo de conocimiento dejado por las civilizaciones desaparecidas, los soviéticos esperaban encontrar en particular la *Cámara del Conocimiento*. La KGB incluso se había equipado con sofisticados radares para escanear la zona de la meseta de Giza, con la esperanza de encontrar algo importante. Tanto trabajo duro había valido la pena. Los radares habían detectado una extraña anomalía bajo la Esfinge: los científicos habían encontrado una habitación. Los primeros en entrar fueron soldados acompañados por científicos. Un fuerte olor emanaba en la habitación y la gente encerrada en ella se sentía incómoda. La KGB se dio cuenta de que las víctimas estaban gravemente enfermas. Se utilizaron todos los medios para localizar la causa y el origen de los olores. Un científico había determinado que los olores provenían de las paredes, provenían de una fuerza magnética misteriosa y repulsiva. Pero esto no significa que la investigación haya dejado de progresar, sino todo lo contrario. Más tarde, en la habitación, descubrieron un sarcófago. Antes de abrir el sarcófago, la KGB decidió notificar a las autoridades de Moscú. Desde el comienzo de la misión, las autoridades egipcias habían estado escuchando las conversaciones del KGB, y se les informó de que el KGB había encontrado el sarcófago, en este caso la *tumba del visitante*. Las autoridades soviéticas habían ordenado firmemente al KGB que abriera el sarcófago. Dentro del sarcófago, descubrieron un cuerpo momificado, un cuerpo de forma humanoide. Para saber cómo era la persona cuyos restos estaban delante de ellos, los científicos decidieron pedir una reconstrucción a partir de la medicina forense.

Las conclusiones sobre las características del humanoide incluidas en el informe del forense son las siguientes:

— Un cráneo muy grande,

— Ojos excepcionalmente grandes,

— Un poco de barbilla,

- Una pequeña boca,

- Un cuello largo,

- El humanoide medía dos metros de largo.

Los científicos que habían presenciado la reconstrucción de la entidad humanoide llegaron a una conclusión sorprendente: *¿era posible? Si no hubiéramos participado en la misión, nunca hubiéramos creído en el sorprendente descubrimiento del cuerpo momificado,* los científicos lo habían llamado *el Discípulo.* Los biólogos moleculares realizaron una datación por carbono-14, la muerte de la entidad se remonta a unos 10.000 años antes de Cristo, durante el período predinástico egipcio, y esto bien podría corresponder a la datación de la construcción de las pirámides en la meseta de Giza.

Paralelamente, la investigación siguió avanzando, los radares debajo de la cámara del sarcófago habían detectado una cámara esférica, los historiadores de la KGB pensaron que habían encontrado la legendaria *cámara del conocimiento.* Después de las enfermedades directamente relacionadas con las sustancias químicas que emergieron de los lugares sagrados, las autoridades soviéticas consideraron cómo continuar su misión. Los servicios secretos (KGB) creían que el lugar estaba atrapado, al abrir la legendaria Cámara del Conocimiento, podría ser peligroso para nuestro mundo. Finalmente, el proyecto se detuvo pura y simplemente. El hecho de que los soviéticos hayan abandonado tal proyecto después de tales inversiones, ¡significa que la misión se estaba volviendo muy peligrosa!

En 2010, un arqueólogo del Departamento de Arqueología de la Universidad de El Cairo dijo en una conferencia que puede haber una teoría de que los extranjeros ayudaron a los antiguos egipcios a construir las pirámides de Giza, y que de acuerdo con esta teoría, las pirámides contienen tecnología extraterrestre. Otras delegaciones de todo el mundo le hicieron preguntas al arqueólogo. Entre las preguntas, una llamó particularmente la atención de los periodistas: *¿podrían las pirámides contener tecnología extraterrestre o incluso un OVNI? El arqueólogo respondió: "No puedo confirmarlo ni negarlo, en mi opinión, hay algo muy especial dentro de la Gran Pirámide, que no es de nuestro mundo.*

En todo el mundo, en una cueva prehistórica, en edificios antiguos, hemos descubierto huellas fósiles. Esta evidencia material prueba que en el pasado había seres inteligentes muy avanzados capaces de construir complicados monumentos megalíticos a los que nuestros antepasados estaban muy apegados, dispuestos a testificar que los monumentos fueron construidos por dioses. Estos monumentos siguen presentes, intactos y en pie en todo el mundo.

En Norteamérica, en Nuevo México, una antigua civilización es conocida como la *civilización Hopi*. Este es famoso por sus profecías. El pueblo Hopi creía en dioses venerados, a quienes llamaban *Katchinas*. Para los Hopi, *los Katchinas* eran a la vez dioses benéficos y malignos, que descendieron del planeta Sirio, para traer sabiduría a la Tierra, y también conocimiento. Antes de regresar al cielo, los katchinas les dijeron a los indios que un día regresarían a la Tierra. Para rendir homenaje a los Katchina, los Hopi tallaron sus apariciones en madera, incluso hicieron muñecas a su imagen. Los Hopi extrañaban mucho a los dioses, para traerlos de vuelta, practicaban rituales alrededor de un fuego y bailaban por la noche como lo hacían sus dioses Katchinas.

En la Polinesia al mismo tiempo, *los katchinas* eran conocidos como *kahinas*, ¿eran los mismos dioses que habrían viajado alrededor del mundo?

En América Central, pero también en América del Sur,

hubo otra gran civilización, los Incas. Instaladas desde el siglo VIII en la cuenca del Cuzco (hoy Perú), se extienden a lo largo del Océano Pacífico. En su apogeo, la civilización Inca se extendió desde Colombia a Argentina, Chile, Ecuador, Perú y Bolivia. Los Incas tenían un imperio gobernado por emperadores, sacerdotes, etc.

El Lago Titicaca es el lago más grande de Sudamérica en términos de volumen de agua, pero también en términos de longitud, y es considerado el más alto del mundo, con 3.812 metros sobre el nivel del mar. Los incas cultivaban su tierra a gran altura, los alimentos básicos para ellos eran las papas y el maíz. Tenían más de 200 variedades de papas y muchas variedades de maíz, solían comer dos veces al día. Las ciudades sagradas fueron Machu Picchu, Cuzco y Tiahuanaco. Machu Picchu fue construido en grandes alturas como si quisieran estar cerca de sus dioses.

El dios del Sol llamado Inti también era considerado como el antepasado de la humanidad, también estaba la diosa *Mama Kilya*. *Patchamama* era el dios del fuego y la tierra, el dios de la lluvia y el agua era *Viracocha*. Cuzco es la segunda ciudad sagrada de la civilización Inca. El nombre *Cuzco* significa *el ombligo* en quechua. Los incas consideraban que el ombligo era el centro de toda la vida, y el Cusco para ellos era el ombligo del mundo. No muy lejos de Cuzco estaba la fortaleza de Sacsayhuaman, particularmente conocida por sus imponentes restos. Hoy en día, en la fortaleza, todavía hay enormes bloques de piedra de varias toneladas de peso, que están tan perfectamente cortados y apilados que es imposible deslizar una cuchilla de afeitar entre los bloques.

Las construcciones de piedra y la locura de la grandeza megalítica de estos tiempos remotos están presentes en todo el mundo. Durante siglos, el monumento megalítico más bello e imponente de Europa se ha erigido en la llanura de Salisbury en Inglaterra: *Stonehenge*. Stonehenge fascina a mucha gente, especialmente a arqueólogos y científicos.

Los especialistas pensaron que Stonehenge se construyó en tres o incluso cuatro fases, aunque es difícil estimar la Edad de Piedra. Los especialistas asumieron que la ciudad megalítica había sido construida entre 3200 y 1600 años antes de nuestra era. Ahora sabemos que las piedras de Stonehenge estaban siendo transportadas desde diferentes partes del Reino Unido. Algunas piedras procedían de Avebury, a unos 20 kilómetros del emplazamiento de Salisbury, otras de Prescelly, en Gales, que está a más de 200 kilómetros del emplazamiento, y de Milford Haven, a más de 250 kilómetros de Stonehenge. Como admiradores inveterados, nosotros, pero también como profesionales, estamos obligados a tener preguntas. ¿Cómo y por qué fueron transportadas estas piedras gigantescas desde diferentes canteras en el Reino Unido? ¿Para qué se usó Stonehenge? ¿Stonehenge era sólo un monumento funerario? ¿Era el sitio un observatorio astronómico? ¿O fue otra cosa?

Los constructores de Stonehenge habían querido dar una forma circular a este edificio de 98 metros de diámetro, que estaba delimitado por una zanja de agujeros en el suelo. En el círculo hay más de 30 flechas. La anchura de las piedras es de dos metros, y la altura de 4,5 metros, los picos están unidos por losas de piedra tallada que forman dinteles de 1 metro de espesor. En el interior del círculo en forma de arco o herradura hay trilitros de 6 y 7 metros de altura, algunos menhires pesan hasta 40 toneladas. En el sitio de Stonehenge hay dos tipos de piedra: azul y *Sarsen*.

Recientemente, científicos del Royal College de Londres han llevado a cabo investigaciones, convencidos de que las piedras azules de Stonehenge habrían sido elegidas por su particular

23

resonancia acústica. Según los investigadores, cuando las piedras azules son golpeadas, suenan como una campana, esto probaría que las piedras no fueron transportadas accidentalmente al sitio de Stonehenge.

Los especialistas encontraron que Stonehenge representaba una alineación astronómica. Esta construcción demuestra un conocimiento muy avanzado en el campo astronómico que une dos mundos paralelos.

Los investigadores esperan que el monolito de Sicilia pueda aportar nuevos elementos y nuevas respuestas. Recientemente, un equipo de arqueólogos italianos descubrió dos formaciones rocosas en las afueras de Sicilia realizadas por una conciencia inteligente. Los científicos han llamado a este descubrimiento siciliano: *el Stonehenge del Mediterráneo*. Este hallazgo se encuentra a pocos kilómetros al sur de la ciudad de Gela y a pocos kilómetros al norte de la isla volcánica de Pantelleria. El monumento fue descubierto en el mar a una profundidad de 40 metros y probablemente tiene unos 10.000 años de antigüedad. Los científicos dicen: *necesitamos tiempo para determinar para qué se usó el sitio siciliano. Por el momento, creemos que el sitio de Gela fue utilizado como calendario prehistórico. Para el primer sitio, la formación está alineada con el Sol naciente del solsticio de invierno, mientras que la segunda formación está alineada con el Sol naciente del solsticio de verano. Las estructuras megalíticas de Sicilia parecen haber sido construidas por la misma mano.*

Para otros científicos, el Stonehenge siciliano fue construido mucho antes que el Stonehenge inglés. La formación de los menhires sicilianos tiene el mismo aspecto que la de Stonehenge.

La desmesura de los monumentos megalíticos de la Edad de Piedra no tenía límites, las estatuas de Isla de Pascua también forman parte de la misteriosa historia de nuestro mundo. La isla de Pascua se pierde en medio del Océano Pacífico, a 3.500 kilómetros al oeste de la costa chilena y a 2.000 kilómetros al este de la primera isla polinesia. La isla de Pascua con sus gigantescas estatuas de piedra plantea muchas preguntas. Las estatuas de la Isla de Pascua fueron descubiertas en 1722 por un navegante holandés durante una noche de Pascua, de ahí su nombre. El hombre se sorprendió al ver el coloso en la isla. El número de estatuas gigantes, las *Moaï*, es de 887, de las cuales 150 son colosales semienterradas en el suelo. El tamaño de las estatuas varía entre dos y nueve metros, siendo la mayor de ellas de 24 metros. Algunos están parcialmente destruidos, el peso de los gigantes varía entre 10 y 100 toneladas. Entre los colosos, sólo siete caras están orientadas hacia el mar, las caras de los otros colosos están orientadas hacia el interior. También notamos que las estatuas gigantes tienen los ojos fijos en el cielo. Hoy sabemos que la mayoría de las estatuas fueron talladas en la cantera de Rano Raraku en el este de la isla. Diferentes tipos de rocas: basalto, trachyte o toba volcánica fueron utilizadas en la construcción. Las estatuas fueron talladas y talladas en canteras y transportadas a distancias variables entre 16 y 18 kilómetros. ¿Cómo lo hicieron? Primero hubo que esculpir las estatuas y luego transportar un coloso de piedra de varias toneladas de peso, aunque no se habían encontrado herramientas y ni siquiera había árboles en la isla. Muchas teorías se han desarrollado a lo largo del tiempo, en un intento de desentrañar el misterio. Algunos especialistas creen que los colosos de la isla fueron originalmente tallados y transportados por personas de otros lugares. Otros afirman que las estatuas fueron construidas por una civilización desaparecida cercana a la civilización egipcia. Otros argumentan que los constructores de los colosos megalíticos en la Isla de Pascua eran atlantes.

Uno de los yacimientos megalíticos más grandes del mundo se encuentra en Francia, en el Carnac de Bretaña, descubierto en el siglo XVIII. En este sitio, podemos ver menhires colocados verticalmente y de alguna manera, los menhires son contados por miles, en un área de varios kilómetros. Las líneas rectas forman círculos, cuadrados o paralelos. Al norte de Carnac hay otras cuatro alineaciones: en Ménec, Kermario, Kerlescan y Petit-Ménec. Todos los bloques de piedra en el sitio son exorbitantes, más de 10.000 piedras. El tamaño y el peso de los menhires varían. Las piedras más importantes tienen más de 20 metros de altura y pesan 300 toneladas. La fecha de construcción de Carnac se estima entre 3.000 y 5.000 años antes de nuestra era. Las grandes piedras tienen características inscritas, incluyendo cuernos, arcos y serpientes. Entre las muchas representaciones, una representa una divinidad. Desde el descubrimiento del sitio, se han llevado a cabo muchos estudios para descifrar los misterios.

Para los especialistas, los menhires serían un enorme observatorio astronómico vinculado a los cultos solares y lunares. Muchos estudios se han seguido unos a otros, llegando a la misma conclusión. La alineación de las piedras estaría asociada a la posición del Sol en el momento de los solsticios, que son el día más largo del año en verano y el más corto en invierno, y a los equinoccios, que son los días del año en que la duración del día y la noche son iguales. El magnetismo terrestre en Bretaña es muy alto, lo que podría explicar por qué los constructores de Carnac eligieron esta región. Algunos menhires se cortan por un lado y se colocan de cierta manera. Todos los menhires de Carnac están dispuestos para liberar la mayor cantidad de energía posible, todo lo que tienes que hacer es tocar las piedras para sentir la energía liberada. Los monumentos más visibles de la zona son la muralla china y el yacimiento de Carnac.

Recientemente, un grupo de matemáticos experimentados

llevó a cabo un estudio más amplio, observando la alineación del sitio Carnac desde el espacio. Siguiendo las líneas de los menhires, se dieron cuenta de que las líneas representaban un gigantesco triángulo rectangular, si la conclusión de los matemáticos es inequívoca. Surge una pregunta: ¿cómo podemos explicar que un dominio tan avanzado de las reglas matemáticas ya existía en la Edad de Piedra cuando Pitágoras sólo inventaría su famosa fórmula de cálculo siglos después?

En 2001, en Europa, los arqueólogos destacaron otro gran descubrimiento, el observatorio astronómico más antiguo de Europa: Kokino, llamado Taticev Kamen. Kokino es un pueblo del municipio de Staro Nagoritcan, situado en la parte noroeste de la República de Macedonia, antigua República de la Federación Yugoslava. En 2001, la exploración en la región de Kokino sacó a la luz un yacimiento que abarcaba desde la Edad de Bronce hasta la Edad de Hierro. El lugar fue utilizado como observatorio astronómico.

Muchos objetos, platos de cerámica, piedras de molino, etc. fueron encontrados en el lugar. En 2002, la NASA consideró el sitio como uno de los cuatro observatorios astronómicos más antiguos del mundo.

Hay muchos misterios megalíticos alrededor del mundo. También hay piedras esféricas gigantes perfectamente cortadas llamadas bolas redondas, las esferas de piedra más famosas son las de Costa Rica. Se instalan a una altura considerable, pesan más de 20 toneladas y no hay cantera a menos de 100 kilómetros del sitio...

En la Amazonía, al norte de Río Blanco, se ha encontrado una gigantesca piedra ovoide de 100 metros de largo y 30 metros de alto, plagada de símbolos.

La geometría así como la regularidad de todas las esferas que se encuentran en el mundo son perfectas, las esferas de ninguna manera pueden ser debidas a una casualidad de la naturaleza. ¿Quién podría haber creado esferas irreprochables en todo el mundo? ¿Con qué herramientas? ¿Qué tipo de máquina utilizaron los creadores para obtener esta irreprochable simetría?

En todos los continentes de huellas, pinturas, petroglifos, geoglifos:

En todo el mundo hemos descubierto rastros, huellas fosilizadas de huellas humanas. También encontramos más que sorprendentes huellas en un estrato de piedra caliza en Nevada, Estados Unidos. En octubre de 1922, en los periódicos de Nueva York, el nuevo descubrimiento fue llamado *el misterio de la suela petrificada de más de 5 millones de años*. El hombre que hizo el descubrimiento dijo que estaba buscando fósiles simples. Al principio, notó una huella en una roca que parecía una huella humana. Posteriormente, la huella dactilar encontrada fue examinada por los paleontólogos. Los especialistas notaron que no era una simple huella de pie, sino una suela de zapato petrificada. Los especialistas encontraron que los contornos de la impresión tenían rastros de hilos cosidos para fijar la suela al zapato. También notaron que dentro de la impresión había otro contorno. Para tener más certeza sobre la huella dactilar, los científicos llevaron a cabo un examen más detallado, utilizando las técnicas de microfotografía y química analítica del Instituto Rockefeller. Los análisis realizados eliminaron todas las dudas sobre la fosilización de la zapata.

La microfotografía permitió ampliar la imagen, para resaltar en los mínimos detalles las fibras del hilo y sus torceduras. Exhaustivos exámenes demostraron de manera concluyente que se trataba de una suela de zapato fabricada por una civilización desconocida. Los expertos estimaron que la huella tenía entre 200 y 250 millones de años de antigüedad. Nos cuesta imaginar que pueda haber zapateros en la era de los dinosaurios.

¿Quién podría haber hecho estas suelas prehistóricas y haber caminado por la Tierra en ese momento?

A esta pregunta, hay dos respuestas plausibles e imaginables. O el hombre ha aparecido en la Tierra durante millones de años, o los visitantes de otros planetas colonizaron la Tierra antes de que nosotros apareciéramos. En cualquier caso, ambos casos serían reveladores.

En todo el mundo se han encontrado muchas pinturas rupestres prehistóricas, especialmente en la provincia de Brescia, en el norte de Italia. Representan a astronautas vestidos con trajes espaciales - equivalentes a los de nuestros astronautas - usando cascos con antenas y sosteniendo objetos extraños en sus manos. Los petroglifos datan de más de 10.000 años antes de Cristo y están clasificados como Patrimonio de la Humanidad por la UNESCO.

En América del Sur, especialmente en Perú, se han encontrado enormes dibujos o *geoglifos de Nazca* grabados en el suelo. Los geoglifos de Nazca son conocidos desde 1926, oficialmente sólo fueron vistos desde arriba en 1939, gracias a un avión que sobrevolaba la región. En el desierto, podemos ver dibujos que representan a menudo animales estilizados, pero también largas líneas rectas que cubren un área de unos 450 kilómetros cuadrados. Así, las figuras geométricas se extienden a lo largo de varios kilómetros: gigantescos colosos perfectamente realizados y un dibujo que representa una araña de 47 metros de largo. También podemos observar la representación de un mono de 93 metros de largo por 58 metros de ancho, un colibrí

29

dibujado sobre una superficie de 50 metros de largo. En un acantilado, un astronauta humanoide es tallado en la roca. Recientemente se han descubierto nuevos geoglifos gracias a una tormenta de fuertes vientos, se nos han revelado tres nuevos dibujos desconocidos: un camélido de 60 metros de largo por 40 de ancho, luego una serpiente de 60 metros de largo y cuatro de ancho y junto al camélido, un ave desconocida y misteriosa.

En 1933 se encontró otro petroglifo que también representaba a un astronauta, pero esta vez en África. El petroglifo está en las montañas Hoggar en Argelia. La pintura rupestre, notablemente bien dibujada, representa a un astronauta de seis metros de altura. Se dice que este petroglifo tiene más de 12.000 años de antigüedad.

Incluso en la época de la civilización maya en Palenque, había rastros de astronautas prehistóricos tallados en piedra. En el dibujo se muestra una nave espacial y su ocupante. Dentro de la nave espacial, un astronauta está manipulando su nave espacial, y todo el equipo de la nave está detallado. Dispone de un sistema de antena direccional, salpicadero, turbocompresor, cámara de combustión, turbinas de escape, etc.

En Australia, los petroglifos también están presentes. En Kimberley se descubrieron petroglifos de antiguos astronautas. Los símbolos prehistóricos de Kimberley tienen unos 5.000 años de antigüedad.

En Kosovo, en la antigua Yugoslavia, en Visoki Decani, hay un antiguo monasterio construido entre 1327 y 1335. El interés de este monasterio reside en los extraños y sorprendentes frescos. Las paredes de la iglesia están decoradas con pinturas. Los maravillosos frescos de Visoki Decani fueron descubiertos en 1964 por un estudiante de Bellas Artes. Se habían deteriorado con el tiempo y por esta razón, los símbolos sólo eran ligeramente visibles. Por casualidad, el estudiante descubrió la representación de la crucifixión de Cristo. El joven se dio cuenta de la obra, mientras que nadie le había prestado atención antes. La sorpresa en el fresco fue su parte superior. A la izquierda y a la derecha del cuadro, dos extraños personajes ocupan objetos voladores. El detalle más interesante de la obra es que las dos entidades se miran a distancia, mientras dominan sus máquinas, asisten al « acontecimiento de la crucifixión de Cristo. »

La presencia de platillos voladores se encuentra en un tapiz creado en 1538 en la ciudad de Brujas, Bélgica. El tapiz es conocido en el nombre *del triunfo del verano*. La obra representa el ascenso victorioso del gobernante en el poder. Lo más interesante del tapiz se encuentra en la parte superior de la obra: dos objetos negros voladores están en proceso de presenciar el jubileo de la población belga. El creador del tapiz probablemente había observado algo inusual en el cielo de la región flamenca. El tapiz del *triunfo del verano* se puede ver en *el Museo Nacional de Bayerisches*.

En Francia, en una cueva de Pech Merle en el Lot, un dibujo rojo pintado en la roca muestra un extraño personaje atravesado por flechas. Sobre el personaje hay un extraño objeto volador con una cúpula.

A unos 40 kilómetros de la cueva de Pech Merle, en la cueva de Cougnac, hay la misma representación de la pintura, pero esta vez el personaje está simplemente herido, lo que sugiere que sería el mismo acontecimiento o su continuación. Se estima que la fecha de las pinturas tiene entre 12.000 y 17.000 años de antigüedad.

En Egipto, en Saqqqara, en la tumba de Ptah-Hotep, se descubrieron petroglifos en una pared: el personaje podría estar relacionado con la raza de los *pequeños grises*. Según los historiadores, la pintura se remonta a la 5ª dinastía, 2.500 años antes de nuestra era. El descubrimiento fue publicado en periódicos y revistas en abril de 2000, en la tierra de los faraones. Según el artículo publicado en 1988, en una habitación secreta de la Gran Pirámide, los egiptólogos descubrieron una caja cristalina. Dentro de la cámara, los egiptólogos habrían encontrado un cuerpo humanoide. En las cercanías de la cámara había también un papiro. Según los egiptólogos, el papiro contenía la descripción del encuentro entre el humanoide y el faraón Khoufou. El humanoide le informó que otros *alienígenas* de su especie vendrían a la Tierra para construir una pirámide que le serviría de tumba.

¿Es un truco o sólo información?

Avanzadas máquinas voladoras prehistóricas y otros objetos futuristas:

En todo el planeta, el hombre ha descubierto objetos sorprendentes y un tanto extraños, son sofisticados y su tecnología es muy avanzada para la época.

En Coso-Olancha, California, Estados Unidos, en 1961, los habitantes de Coso encontraron una pandilla de arcilla endurecida en una montaña. Poco después, se descubrieron objetos extraños. Primero, localizaron un trozo de cuarzo. En una inspección más detallada, los habitantes se dieron cuenta de que las esquinas del cuarzo fueron cortadas con gran precisión y que no podía haber sido una coincidencia de la naturaleza. El cuarzo se parecía a los restos de los equipos mecánicos. Mientras registraban la zona, los habitantes descubrieron otro objeto: una esfera, pero también un tornillo con una arandela, un cilindro de cerámica, un tapón hexagonal de madera y un trozo de cobre roto. Todos los objetos encontrados datan de hace entre 250.000 y 500.000 años. El tesoro que cayó del cielo fue vendido a un coleccionista privado por una muñeca de dólar.

En Sudáfrica, en Ottosdal, en una mina, bajo una capa rocosa, los trabajadores han sacado a la superficie casi 200 objetos metálicos esféricos de color azul acero con reflejos rojos llenos de pequeños filamentos blancos, los artefactos están hechos de acero y níquel. Un especialista en geología había estudiado objetos esferoides, su tamaño varía de 2,5 a 10 centímetros. Se cree que los objetos datan de hace 2,8 y 3 millones de años. Según los geólogos, en esa época nuestro planeta era joven, y si la vida había aparecido, era sólo en forma unicelular. ¿Quién podría haber hecho objetos de esta naturaleza puesto que la vida en la Tierra era prácticamente inexistente? Los científicos no saben mucho y no comentan. Ahora los misteriosos objetos están expuestos en el Museo Klerksdorp de Sudáfrica.

En 1885, en una mina alemana, se extrajo un objeto cúbico de un bloque de carbón, de más de 60 millones de años de antigüedad. Los estudios muestran que el cubo fue fundido en un molde. Pero los científicos prefirieron no revelar nada, como si el artefacto nunca hubiera existido.

En California, un capataz encontró un mortero y su mortero en forma de piedra, puntas de lanza, un hacha y un pedernal. El descubrimiento fue descubierto por trabajadores que estaban perforando un túnel. Estos objetos fueron encontrados en una capa geológica que data de hace entre 33 y 55 millones de años. Desde entonces, estos artefactos prehistóricos simplemente han desaparecido. Porque los científicos, si no encuentran una explicación para un fenómeno u objeto, prefieren encerrarse en un silencio religioso, en otras palabras: *¡no hay nada que ver!*

En Rusia, un residente de Vladivostok descubrió una pieza de aluminio perteneciente a una máquina de más de 300 millones de años de antigüedad. El hallazgo fue revelado por los medios de comunicación rusos. Fascinado por su descubrimiento, el hombre decidió buscar la ayuda de científicos. Los expertos confirmaron que la pieza de aluminio era un raíl que no era en absoluto de origen natural. El residente de Vladivostok estaba añadiendo carbón a su chimenea en una tarde de invierno muy fría. El hombre encontró una pequeña barra de metal en forma de barandilla incrustada en un trozo de carbón. Posteriormente, el objeto fue estudiado por varios expertos de renombre que descubrieron que su fabricación se remonta a más de 300 millones de años atrás. Los científicos también sugirieron que el objeto había sido hecho por alguien, por algo con inteligencia. El caso confundió a los científicos.

El combustible para el objeto provenía de una de las minas de Chernogorodskiy.

Los científicos rusos estaban interesados en otro aspecto del objeto; querían saber si la aleación de aluminio era de origen terrestre. Para estar seguros del progreso de su investigación, los científicos decidieron llevar a cabo análisis de rayos X. Los resultados de los estudios mostraron que el aluminio se ha conservado muy bien, y que sólo entre el 2 y el 4% de él son ligeras microimpurezas de magnesio. Según estudios realizados en meteoritos, hay meteoritos que contienen 26 grados de aluminio mezclado con cantidades muy pequeñas de magnesio. Los mismos resultados fueron confirmados por otro análisis realizado por un miembro del Instituto de Física Nuclear de San Petersburgo, que confirmó la antigüedad del objeto. El descubrimiento es muy similar a un diente de metal para rieles. Hoy en día, este tipo de mecanismo se utiliza a menudo para usos microscópicos, pero también en diversos dispositivos mecánicos o electrónicos.

Otros objetos pequeños y extraños se han encontrado en el carbón en todo el mundo.

En 1851, en una mina de Massachusetts en los Estados Unidos, los mineros incluso extrajeron un jarrón de plata y zinc de un bloque de combustible crudo de 500 millones de años de antigüedad.

Unas décadas más tarde, en Oklahoma, EE.UU., se descubrió una olla de metal también incrustada en un trozo de carbón de hace 312 millones de años.

En 1974, se encontró una pieza de aluminio de origen desconocido en una cantera de arenisca en Rumania. Según los investigadores, la pieza de aluminio sería el fragmento de una máquina sofisticada, provendría de la era jurásica.

Un componente electrónico de 200 millones de años de antigüedad - un chip o circuito integrado - ha sido descubierto en el río Labinsk-Hojo en la región rusa de Kuban. El hallazgo fue descubierto por un residente apasionado por la pesca. El microchip estaba incrustado en una de las piedras del río. El viejo componente electrónico era similar a nuestros chips electrónicos actuales. El elemento electrónico fue sometido a análisis en el Instituto de Investigación de Nanotecnología de la Universidad Técnica Rusa. Los científicos han determinado que el chip tiene aproximadamente 250 millones de años. Después de numerosas pruebas, los investigadores llegaron a la conclusión de que el componente antiguo se utilizaba simplemente como una especie de chip de ordenador de la prehistoria. Algunos investigadores pensaron que la datación del artefacto no era del todo exacta porque no podíamos determinar y fechar la piedra. Las pruebas se basaron únicamente en los rastros de materia orgánica encontrados alrededor del chip. Los especialistas no intentaron extraer el chip de la piedra por miedo a dañarla. Ellos afirmaron: *estas son probablemente altas tecnologías que pertenecieron a civilizaciones muy avanzadas que habrían habitado la Tierra durante millones de años. También es posible que no se hayan producido tecnologías avanzadas en la Tierra, que simplemente hayan sido introducidas, fabricadas por entidades biológicas extraterrestres.*

Según los investigadores, el descubrimiento marca el comienzo de una reescritura de nuestra historia, el hombre no sabe mucho sobre la vida prehistórica en la Tierra. Este tipo de descubrimiento simplemente hace posible entender que antes de nuestra existencia, había algo más en la Tierra.

En Ecuador, se han encontrado muchos objetos prehistóricos, incluyendo una gran taza de jade. Junto a ésta, había 12 tacitas también de jade. Se realizaron experimentos con los 12 pequeños objetos de diferentes tamaños. Debe tenerse en cuenta que cuando las 12 tazas pequeñas se llenan con agua y el contenido de los 12 recipientes se vierte en la taza grande, se llena hasta el tope. Nada extraordinario hasta ahora, pero si miramos los objetos de cerca, todos tienen marcas blancas que corresponden a la numeración de la civilización maya. Otro detalle inquietante es que la copa grande también tiene marcas blancas, y esta vez no sólo aparece la numeración maya, sino también signos blancos que representan la constelación de Orión con otras estrellas.

Se realizó un experimento de luz sobre estos objetos, se encontró que las manchas fueron hechas con gran precisión, que el interior de la copa grande es muy magnético mientras que el exterior prácticamente no lo es. Esto es notable y extraño. Los geólogos argumentan que esto no es posible, simplemente porque si la piedra contiene partículas magnéticas, el efecto magnético debe ser igual en ambos lados del objeto.

En 1898, en el valle del Alto Nilo, en Saqqara (Egipto), se descubrió en una tumba un objeto en forma de avión de madera. El modelo se expuso en el sótano del Museo de El Cairo, *en la sección de juguetes*: etiquetado con el nombre de *pájaro y numerado 6347*. En 1969, el famoso objeto de madera llamó la atención de un médico que visitaba el museo. Mirando más de cerca el viejo modelo, el doctor estaba intrigado por las formas del objeto. Se dio cuenta de que el modelo tenía formas aerodinámicas. Después de la observación del médico, el modelo fue cuidadosamente evaluado. Pesa 39 gramos, 14 centímetros de largo, la nariz mide 3,2 centímetros para una envergadura de 18 centímetros. El modelo fue probado por expertos que lo hicieron volar, obteniendo resultados sorprendentes. De hecho, los especialistas se dieron cuenta de que era un avión en miniatura que podía volar. Se cree que el modelo data del año 200 a.C.

En la región de Saqqqarah se han descubierto otros catorce modelos de aviones, similares a los que se exhiben en el Museo de El Cairo.

También en Colombia se encontraron objetos en forma de aviones en un cementerio precolombino. Tendrían 1800 años de antigüedad según la datación que se ha hecho. Esta vez, los artefactos están hechos de oro. Para muchos investigadores, estos aviones dorados son considerados como modelos de aviones: tienen alas, un compartimiento del motor, un alerón, un parabrisas y un ascensor. Su formato es de 35 mm de largo, 30 mm de ancho y 10 mm de alto.

En la ciudad de Parthe, cerca de Bagdad, Irak, se han encontrado varias baterías para producir electricidad, llamadas *baterías prehistóricas de Bagdad*. En 1938, un arqueólogo austríaco notó un jarrón de terracota: el objeto tenía 15 cm de altura y una circunferencia de 7,5 cm. El jarrón estaba compuesto de varios elementos: *una cápsula bituminosa, una varilla de hierro insertada dentro de un cilindro de cobre y aislada de él por su base bituminosa, el cilindro de cobre está soldado con su tapa por un plomo, y una aleación de estaño*. Se han encontrado objetos similares en uno de los yacimientos sumerios, que al parecer se remontan a más de 2.500 a.C. Los especialistas replicaron el experimento utilizando zumo de uva como electrólisis, gracias a esta prueba, obtuvieron una corriente eléctrica de 0,5 a 1,5 voltios.   En 1936, en la frontera entre China y el Tíbet, en la cordillera Bayan Kara-Ula, se encontraron 716 discos de piedra. Su tamaño oscila entre los 30 y los 50 centímetros de diámetro. Los discos se taladran en el centro, parecen discos modernos (DVD). Las piedras están grabadas con una ranura que va en espiral desde los bordes hasta el centro. Contienen rastros de metales. Aunque es difícil determinar la edad de la piedra, su datación se estima en unos 12.000 años. Después de la experiencia, los objetos podrían corresponder a una especie de escritura. Lo sorprendente es que los discos vibran bajo ciertas condiciones y llevan una carga eléctrica.

En Rusia, en 1991, se encontraron pequeños objetos de cobre metálico de entre tres milímetros y tres centímetros. Muchas habitaciones estaban en el mismo lugar, entre 4 y 12 metros de profundidad. La edad de los artefactos se estima entre 20.000 y 318.000 años. Lo que es notable es que necesitábamos máquinas para estos objetos perfectamente hechos, y por lo tanto una tecnología muy avanzada.

Entonces, ¿quién podría haber fabricado meticulosamente estos pequeños objetos, que son miles? ¿Para qué se utilizaron y por quién? ¿De dónde salieron? ¿Es el choque de un objeto volador prehistórico que habría tenido dificultades para aterrizar?

También en Rusia, en la península de Kamchatka, a 200 kilómetros de Tigil, los arqueólogos de la Universidad de San Petersburgo descubrieron una máquina prehistórica de más de 400 millones de años: *la autenticidad del objeto prehistórico ha sido certificada.* Los arqueólogos y científicos se sorprendieron por el descubrimiento, por su naturaleza inusual, que tal vez podría cambiar el curso de la historia, de la humanidad. No era la primera vez que se encontraba un artefacto antiguo e inusual, ya que se habían encontrado otras máquinas antiguas similares en la zona. El mecanismo del objeto de Kamchatka está sorprendentemente bien conservado. El objeto está incrustado en una roca volcánica, lo que puede explicar su estado de conservación. La máquina de los tiempos prehistóricos ha sido objeto de numerosos análisis, realizados por expertos de la Universidad de San Petersburgo. Revelan que las piezas se forman como un mecanismo de relojería o una computadora vieja. La antigüedad de las piezas se remonta a más de 400 millones de años. Los arqueólogos nos cuentan cómo encontraron los escombros del antiguo objeto prehistórico: *recibimos una llamada de la prefectura de Tigil, nos dijeron que los excursionistas en una caminata habían encontrado objetos incrustados en una roca por casualidad. Llegamos al lugar indicado, al principio no entendíamos lo que teníamos delante. Había cientos de cilindros mecánicos que parecían ser las partes de una máquina sofisticada. Los objetos estaban en perfectas condiciones, como si hubieran sido congelados. Luego protegimos el área, porque empezaban a aparecer curiosos. Los geólogos y científicos americanos colaboraron con nosotros, descubrimos que era un artefacto misterioso. ¿Quién iba a pensar que hace 400 millones de años en la Tierra había máquinas futuristas? Cuando el hombre aún no existía. El descubrimiento sugiere claramente la existencia de seres inteligentes capaces de realizar tales hazañas. Probablemente son seres que vinieron de los confines del Universo para explorar el planeta Tierra. Es probable que la nave espacial alienígena haya fallado y haya sido abandonada en la Tierra, o se haya estrellado contra ella.* Los científicos consideran que la evidencia no es definitiva en este momento. Los arqueólogos dicen *que ignorar la existencia de estas tecnologías de otros lugares es un grave error, porque la evolución de la humanidad no es lineal.*

En 1901, cerca de la isla de Anticitera, a 175 kilómetros de Atenas, un equipo de buceadores encontró los restos de lo que podría haber sido un viejo reloj mecánico, el objeto estaba a bordo de un viejo pecio en el Mar Mediterráneo. Se cree que el dispositivo tiene al menos 2.000 años de antigüedad. El mecanismo de la máquina es un dispositivo para calcular los movimientos de estrellas y planetas. Este mecanismo se compone de discos colocados con gran precisión en el interior del objeto. Las opiniones de los especialistas están muy divididas sobre el uso exacto de la máquina. Algunos creen que la máquina fue diseñada para ser usada en el campo astronómico, otros creen que fue diseñada para ser usada como un calendario. El reloj Anticythera está ahora en exhibición en el Museo Nacional de Arqueología de Atenas.

Si tomamos como ejemplo o referencia las historias de la Cábala judía, pero también las historias bíblicas, máquinas sofisticadas o computadoras que ya existían en la Edad de Piedra. Según la Biblia, el *arca del pacto* se menciona en los textos del Antiguo Testamento. El *arca de la alianza* acompañó la peregrinación de Moisés y su pueblo en el desierto del Sinaí. El arca tendría muchas funciones, una máquina poderosa en todo el sentido de la palabra, es decir, un arma superpotente: *según la leyenda, el arca de la alianza estaba hecha de madera de acacia, cubierta de oro por dentro y por fuera. Tenía una tapa. En ambos extremos del párpado se colocaron dos querubines dorados, las alas extendidas hacia arriba, los ojos remachados hacia el cielo. A cada lado del arco hay anillos de oro que sirven de soporte y permiten su transporte por medio de barras, una a cada lado. Sus dimensiones son de 2,5 codos por 1,5 codos,* unos 123 centímetros de largo por 74 centímetros de ancho y 74 centímetros de alto. Durante el éxodo, sólo a los sacerdotes se les permitía llevar el arca, no debía verse, por lo que los fieles de Moisés la habían cubierto con un paño. Los usuarios del arco llevaban ropa protectora. La antigua leyenda dice que el interior del arco estaba compuesto de varios elementos:

- El arca contiene las *dos tablas de la ley* en las que están grabados los diez mandamientos,

- El bastón de Aarón, el hermano de Moisés,

- Un contenedor que contiene el maná celestial.

El *maná celestial* también se menciona en la Cábala judía. Ella nos dice que el *Maná* era un tipo de máquina que hacía comida, nutrición basada en algas marinas (Maná). La antigua leyenda también dice que la *máquina de Maná* fue dada por Dios a Moisés y sus discípulos para sobrevivir durante el cruce del desierto del Sinaí a la tierra prometida. Hoy en día, los especialistas en nutrición dicen: *los seres humanos podrían sobrevivir durante muchos años comiendo algas que les proporcionan todo lo que necesitan para sobrevivir.* Esto podría explicar cómo sobrevivieron los seguidores de Moisés durante sus 40 años de vagabundeo en el desierto del Sinaí.

El descubrimiento revelador de los mapas de Piri Reis podría desafiar el conocimiento del hombre sobre su entorno y su historia. En noviembre de 1929, un mapa de la geografía fue notado en un estante polvoriento en la Biblioteca de Constantinopla en Turquía. Este mapa había desaparecido desde 1513, estaba dibujado en la piel de una gacela y tenía las iniciales del almirante Piri Reis. Piri Haji Mehmet, conocido como Piri Reis, era un almirante de la flota turca otomana.

El hombre era un apasionado y coleccionista de mapas, él mismo era un excelente cartógrafo. Durante una batalla, el

Almirante Reis fue encarcelado. Durante su detención, conoció al antiguo navegante de Cristóbal Colón. A través del piloto, se enteró de que Cristóbal Colón no se había quedado ciego para descubrir el Nuevo Mundo. Colón no sólo poseía mapas, sino *también libros* sobre el Nuevo Mundo. Unos años más tarde, utilizando datos de toda su colección, Piri Reis escribió el *Libro de Navegación*. Su libro contiene 215 mapas. Gracias a su trabajo, tenemos información histórica. También nos cuenta que el almirante había copiado las tarjetas utilizadas por Cristóbal Colón, pero no sólo. También había copiado mapas de la época de Alejandro Magno. El almirante detalla todos los continentes con gran precisión, lo cual es sorprendente. Según los historiadores, ningún mapa pudo integrar la lógica geográfica hasta finales del siglo XVIII. Si tomamos el ejemplo del continente antártico, una vez y media más grande que Europa tal como la conocemos, ahora está cubierto de hielo. El mapa de Piri Reis, por el contrario, muestra varias regiones costeras de la Antártida sin su manto blanco. A través del dibujo geográfico del Almirante, podemos ver flores, cordilleras, incluso descubrir la presentación del Mar Rosa. La precisión del mapa desafía todas las teorías científicas, ya que la noción de calcular la longitud todavía estaba mal definida. Sin embargo, el mapa de Piri Reis no es la única representación.

Hacia 1869, la Reina Maud también había cartografiado las costas del continente antártico sin sus batas blancas. La única diferencia con otros cartógrafos es que Piri Reis había dibujado todos los continentes del mundo con gran precisión. Según el almirante, el centro del mundo era la ciudad de El Cairo, pero entonces ¿de dónde venía todo este conocimiento?

Entidades extrañas y esqueletos alrededor del mundo:

Hay amplia evidencia de la presencia de extraterrestres en la Tierra, ya sea en el pasado o en el presente. Se han descubierto muchos esqueletos, pero también entidades vivientes no humanas.

En México, en 2007, un hombre atrapó a un pequeño ser vivo en una trampa para ratas en forma de humanoide. Asustado e incrédulo, el hombre se encargó repetidamente de derrotar a la criatura manteniéndola bajo el agua durante largos minutos. Más tarde, el hombre llamó a la Universidad de México para estudiar el extraño espécimen. Dos años después del descubrimiento, los científicos anunciaron los resultados: *la entidad no forma parte de ninguna especie viva conocida en la tierra, tiene un esqueleto y las características de un reptil. Sus dientes no tienen raíces. Está cerca del hombre, sobre todo por la parte posterior de su cerebro, que es enorme e indudablemente dotado de una gran inteligencia.* Uno de los expertos más reconocidos de México dijo: *Esto no es un truco ni ningún tipo de montaje fotográfico, incluso si se requiere precaución.* Algún tiempo después, el hombre que había ahogado a la pequeña criatura fue encontrado muerto, carbonizado en el fuego de su coche. Se ha comprobado que la temperatura de la llama en este accidente estaba muy por encima de las temperaturas habituales de un incendio convencional. Tiempo después, el hermano de la víctima les dijo a los periodistas: *Vi una segunda entidad, incluso pude filmar el espécimen, mide unos 70 centímetros, lo vi arrastrándose por la puerta del rancho. Me acerqué a él, así que huyó y desapareció rápidamente. Un periodista, después de ver el video, dijo: los ojos de la entidad eran fantasmales, incluso nos daba asco.*

En 2005, un feto de una especie desconocida también fue encontrado cerca de una base militar en México, el descubrimiento también fue filmado. Algunos especialistas pensaron que era el congénere del bebé alienígena descubierto en

2007 por el granjero.

Una vez más, se han hecho más descubrimientos de extranjeros, esta vez en un viejo cementerio en México, todavía. El sitio se llama *el cimenterio*. El descubrimiento fue hecho por casualidad durante los trabajos realizados en 1999. Según los expertos, los huesos datan de 940 a 1340 d.C. Los especialistas afirmaron que los *cráneos y restos óseos encontrados no eran humanos, ya que los cráneos eran extremadamente grandes en comparación con el resto del esqueleto.*

Una familia chilena de la ciudad de Concepción, en Las Lagunas, 500 kilómetros al sur de Santiago de Chile, afirmó que en octubre de 2002 encontraron una pequeña y misteriosa criatura de 7,2 cm. La criatura tendría una cabeza grande en relación a su pequeño cuerpo, ojos en constante movimiento colocados a los lados, también tendría dos brazos con dedos largos y dos piernas. Durante los ocho días que sobrevivió, el espécimen no aceptó ni agua ni comida, cuando murió, su cuerpo se momificó rápidamente. El hallazgo fue reportado por primera vez por una estación de televisión local. Según las indicaciones de los periodistas: *La pequeña entidad había sido encontrada por uno de los hijos de la familia durante un paseo por un bosque en el sur del país.* El niño que hizo el descubrimiento dijo: *la pequeña criatura permaneció viva durante ocho días. A partir de entonces, la entidad ya no movió los ojos.* Después de la muerte de la criatura, la familia decidió primero ir a un veterinario para un examen. El veterinario declaró que no pudo establecer qué especie podría ser el espécimen. Más tarde, un cirujano también vio el espécimen, dijo: *Entrevisté a toda la familia, juntos y luego por separado, no vi ningún signo de mentira, contradicción o exageración. Es necesario poner a la criatura bajo observación, examinarla bajo un microscopio electrónico o realizar pruebas de ADN.* Posteriormente, los científicos y la medicina forense no hicieron más esfuerzos para ir más lejos. Muchos periodistas se habían interesado por el fenómeno, y cada vez era el hijo de la familia quien se encargaba de mostrar el espécimen. El joven cuidadosamente guardó a la criatura dentro de un botiquín de primeros auxilios envuelto en algodón. Cuando abrió la caja, los periodistas se sorprendieron al ver una pequeña criatura de aspecto humanoide: *lo primero que nos llamó la atención fue el tamaño del cráneo en relación con este pequeño cuerpo, pero también los dedos y las uñas. Los ojos están inclinados y situados a ambos lados de la cabeza. El esqueleto parece frágil, por eso se ha guardado dentro de una caja, envuelta en algodón.* La familia detrás del descubrimiento dijo: *ahora es casi común recibir visitas frecuentes, ya sea de periodistas u otras personas interesadas en el pequeño esqueleto humanoide.*

Kychtum es una pequeña ciudad industrial a 1500 kilómetros de Moscú, esta región es la más pobre de Rusia. Un oficial de policía nos dijo: *He pasado toda mi carrera en la ciudad, he visto muchos crímenes, pandillas organizadas, cadáveres, sólo hay un caso que nunca puedo olvidar.* En 1996, el agente estaba a cargo de atender a un pequeño criminal en la ciudad. Equipado con una cámara de video, el oficial fue a la casa del agresor para una simple inspección, registrando la casa en el fondo de una habitación, sobre una cama, el oficial descubrió una cosa extraña: *un pequeño cuerpo momificado.* El agente nunca había visto algo así en su vida. Así que tomó el cuerpo y decidió usar medicina forense. El médico que había aceptado examinar el cuerpo momificado testificó: *nunca habiendo visto tal cosa, el pequeño cuerpo de la entidad es muy diferente de un cuerpo humano.* La pequeña criatura de 25 centímetros tenía un cráneo muy afilado, hecho de tejidos orgánicos, el esqueleto era auténtico. Luego, el oficial de policía interrogó al testigo principal, el hombre afirmó que había encontrado el esqueleto momificado en la casa de la madre de su esposa. Su joven esposa, a su vez, fue interrogada por el agente de policía: *te llevaré al lugar donde mi madre, que ha muerto desde entonces, encontró viva a la pequeña entidad. Mi madre no paraba de hablarme del "espécimen". Ella solía caminar a menudo por el bosque cerca de su casa, mi madre encontró la entidad contra un árbol. Fueron los pequeños pasos, sobre todo el llanto del bebé, los que la alertaron, así que recogió a la criatura viviente. Luego me llamó y me dijo que acababa de encontrar un bebé en el bosque. Me mudé inmediatamente para verlo. Me di cuenta de que no era un bebé humano. Mi madre consideraba a esta criatura como si fuera su bebé, inmediatamente la llamó Aleshenka. Mi madre preparó la comida para la pequeña criatura, Aleshenka no la masticó, sino que se la tragó directamente. Parecía que estaba chupando comida. Pensé que era extraño. Todo sugería que la pequeña entidad venía de otro mundo. Después de eso, quise hacer algunas investigaciones, pero desafortunadamente no pude hacerlo, tengo un trabajo y una familia que mantener. Entonces mi madre se enfermó, fue al hospital. Ahora estaba hablando de tener un bebé en casa. Ella estaba pidiendo salir, las enfermeras no creyeron la historia de su bebé, porque era vieja y pensaron que estaba loca. Me enteré tarde de la hospitalización de mamá, y cuando fuimos a su casa con mi esposo, Aleshenka estaba muerta. Tomamos el pequeño cuerpo y lo trajimos a casa.* Después de las declaraciones de la joven, el agente de policía estaba bajo presión cuando los medios de comunicación del país se hicieron cargo del fenómeno. El caso se ha vuelto muy importante en Rusia. Posteriormente, para calmar la situación, la policía asignó el caso a otro inspector que debía llevar a cabo una investigación mucho más exhaustiva. Después de unas semanas, ya nadie hablaba del humanoide. El oficial de policía que había llevado a cabo la investigación desde el principio encontró que el tiempo era demasiado largo, decidió presentar una denuncia ante sus superiores. Unos meses más tarde, el agente entrevistado por los periodistas respondió: *durante la investigación, mi equipo se enfrentó a algo inesperado, un platillo volador había bloqueado la carretera de uno de nuestros coches, y consiguieron recuperar el pequeño cuerpo.* Posteriormente, los medios de comunicación sospecharon que los servicios secretos eran responsables de la desaparición del pequeño humanoide. Luego, un periodista de investigación trató de revivir el caso, pero sin lograr realmente encontrar la entidad. Sólo pudo descubrir la manta en la que Aleshenka había sido envuelta durante su vida. El hombre decidió usar un laboratorio en Moscú. Los científicos aislaron dos ADN diferentes. El primer ADN era de origen humano, el de la persona mayor, sin embargo, el segundo era de origen desconocido, no humano.

Una momia fue descubierta en Perú cerca de Cuzco, la antigua capital de la civilización Inca, en Pinkuylluna, la montaña de Viracocha a una altitud de 3250 metros. En el pasado, Viracocha era considerado el dios principal de la civilización Inca. Los Incas lo llamaban el Dios Creador, rey de los relámpagos y las tormentas. A veces, Viracocha se representa como un anciano con barba, símbolo de un dios. En 2011, un antropólogo que caminaba sobre una montaña vio en un agujero lo que parecía ser un esqueleto ordinario. El antropólogo sacó el esqueleto del agujero, pensando que era el esqueleto de un niño. Mirando más de cerca, se dio cuenta de que el volumen del cráneo era desproporcionado con respecto al resto del esqueleto, que medía 50 centímetros. Se dio cuenta de que era un cuerpo muy extraño. Presentó el esqueleto a un colega que también encontró el espécimen muy extraño. Los dos antropólogos llegaron a la misma conclusión: el esqueleto tenía que ser autenticado mediante exámenes médicos. Más tarde, la medicina aportó su punto de vista y descubrió que el pequeño cuerpo estaba momificado y confirmó la autenticidad del esqueleto. El esqueleto tenía grandes cuencas oculares, diferentes a las de los humanos, el tabique nasal era muy pequeño, la momia tenía sólo 22 costillas, dos menos que el hombre. Los médicos concluyeron que nunca antes habían visto un esqueleto de esta naturaleza. Los dos antropólogos no se detuvieron allí, sino que decidieron saber más sobre la extraña entidad. Cuando lo decidieron, pidieron a otro instituto forense que examinara los dientes de los restos. Después de las pruebas, los médicos dijeron que era un niño varón. Determinaron que en el momento de la muerte, la víctima tenía entre dos y tres años de edad. Para saber más, los antropólogos pidieron que se examinara el cráneo haciendo analizar el ADN del espécimen. Los exámenes revelaron que el cuerpo momificado no presentaba una malformación patológica y que la causa de la muerte se debía a unas grietas muy graves en el cráneo que probablemente causaron la muerte de la entidad. Los análisis de ADN proporcionaron más detalles, incluyendo la fecha de la muerte del humanoide: la muerte ocurrió entre 1275 y 1390 (AD), lo que significaba que el niño había muerto en la época del Imperio Incaico. Gracias al ADN, la medicina siempre ha revelado que su madre era humana, y que para su padre no era posible la identificación, la naturaleza del padre permanece misteriosamente desconocida. Los científicos concluyeron que la momia descubierta en Viracocha era un híbrido, un cruce entre una mujer terrenal y un ser extraterrestre.

En octubre de 2003, en el desierto chileno de Atacama, se encontró un pequeño esqueleto momificado, envuelto en una tela blanca. El hombre que hizo el descubrimiento dijo: *habiendo encontrado a la pequeña criatura en el Sahel de Atacama, la criatura tiene sólo quince centímetros de largo.* El hombre la llamó *Ata.* Se parecía extrañamente a una criatura alienígena clásica de la *familia Grey.* Sin embargo, *Ata* era una miniatura. El esqueleto momificado se ha conservado muy bien gracias a la sal del desierto, la más seca del mundo. La criatura tenía un cráneo muy grande comparado con su pequeño cuerpo. La cabeza estaba coronada por una cresta ósea y su cara era muy extraña, no humana. Su caja torácica era extrañamente similar a la de un humano, pero con una diferencia, la criatura solo tenía diez costillas a cada lado. Todo sugiere que vino de otro mundo. Los análisis de ADN mostraron que la criatura había vivido entre seis y ocho años. Los científicos afirmaron: *Ata tenía parte del genoma humano y la otra parte era de origen desconocido.*

Al igual que Ata en Chile, otro descubrimiento se hizo en 1930, esta vez en Bolivia. La criatura también medía 15 centímetros y era extrañamente parecida a él.

Desafortunadamente, el esqueleto ha desaparecido, desde entonces, sólo una foto prueba su existencia. Las dos entidades humanoides fueron encontradas en el mismo continente, ¿es una coincidencia?

Recientemente, se descubrieron cuerpos humanoides de origen extraterrestre momificados en un laboratorio abandonado en Tobolsk, Siberia. Dentro del laboratorio, había esqueletos, cuerpos y órganos que se parecían más a los de los extraterrestres que a los de los humanos. ¿Quizás el laboratorio buscaba crear híbridos muy avanzados, superiores a los humanos? ¿Han logrado crear híbridos más inteligentes y fuertes que los humanos? Se realizó una investigación discreta en un laboratorio dedicado a las patologías de los bebés momificados. Dentro del laboratorio, el descubrimiento fue macabro: latas y botellas transparentes, huesos y órganos humanos esparcidos por todas partes. Las cicatrices eran visibles en la mayoría de los pequeños restos, indicando que se habían realizado procedimientos quirúrgicos. Según los informes de los medios de comunicación, las experiencias fueron recientes. El hallazgo fue hecho por un estudiante de medicina de Tobolsk, el joven caminaba por un parque frecuentado por adolescentes. El testigo afirmó que en el momento del descubrimiento la puerta del laboratorio estaba entreabierta. Los tarros transparentes que datan de enero de 2012 contenían cuerpos de bebés humanoides (extraterrestres). Incluso se realizaron análisis de sangre. Se encontraron cráneos en estanterías polvorientas, un montón de documentos probaron los extraños experimentos realizados recientemente por los científicos.

Esqueletos de gigantes:

En la Tierra, se han descubierto huellas de pisadas, marcas de lenguados o incluso cuerpos diminutos. Pero también se han encontrado esqueletos de seres humanos gigantes, sobre todo en Varna, Bulgaria. La ciudad de Varna está situada en la costa del Mar Negro. La región tiene una rica historia de cultura que se remonta a más de 5.000 años antes de nuestra era. En esta región, los tesoros de oro más antiguos de nuestro mundo fueron descubiertos durante la excavación del vasto y antiguo cementerio de Varna. Sin embargo, un estudio del carbono 14 reveló que los objetos databan de más de 6.500 años atrás, en ese momento Varna estaba poblada por una mezcla de griegos y tracios.

Una vez descubiertos los tesoros, se realizaron excavaciones en la zona y un equipo de arqueólogos descubrió por casualidad un esqueleto gigante de aspecto humano de ocho metros de altura. Los científicos notaron que la posición del esqueleto daba indicaciones reveladoras: el cuerpo del gigante había sido enterrado religiosamente.

En el valle del Éufrates, en el suroeste de Turquía, se ha excavado otro esqueleto gigante de cinco metros de altura. En esta región, muchos esqueletos gigantes fueron desenterrados durante la construcción de una carretera.

Recientemente, en Australia, en Uluru, cerca de Ayers, un equipo de arqueólogos de la Universidad de Adelaida encontró un esqueleto gigante. El informe de los científicos del *Adelaide Herald* indicaba que el esqueleto tenía 5,3 metros de largo. Los científicos admitieron su sorpresa ante este descubrimiento: *¿cómo fue posible? Concluyeron: por el momento, tenemos demasiadas preguntas que hacernos, ¡desgraciadamente, tenemos pocas respuestas!*

Otro increíble descubrimiento que sobrepasa la imaginación, la comprensión humana. Un esqueleto gigante de doce metros de altura fue encontrado en el desierto de Arabia Saudita.

Los esqueletos gigantes están presentes en todos los continentes. ¿Vivieron los gigantes una vez en la Tierra, o fueron extraterrestres que vinieron de los lejanos confines del Universo para colonizar la Tierra?

Si tomamos como ejemplo, las muchas tablillas que quedan en los antiguos sitios sumerios, o los relatos bíblicos, cada vez que se citan y representan gigantes de la apariencia humana, y esto, por una eternidad.

La Biblia es un ejemplo perfecto de esto. A través de las historias bíblicas, aprendemos la historia de los gigantes de la Tierra, de los cuales aprendemos muchas lecciones.

Génesis 6:1-4 nos da información importante sobre los gigantes: [...] *Cuando los hombres comenzaron a multiplicarse y les nacieron niñas. Los hijos de Dios vieron que las hijas de los hombres eran hermosas, y tomaron a algunas como esposas entre todas las que escogieron [...] Había gigantes en la Tierra en ese tiempo [...] Lo mismo sucedió después de que los hijos de Dios se unieron con las hijas de los hombres, y les dieron hijos que eran los famosos héroes de la antigüedad.*

En Números 13, 33: [...] *y allí vimos a los gigantes, los descendientes de Anac que venían de los gigantes. En nuestros ojos y en los de ellos, éramos como langostas. [...]*

La Biblia nos dice que no podíamos vivir con los gigantes y que la lucha por el poder había comenzado.

En Deuteronomio, 3, 11: [...] *y tomamos toda su ciudad, porque el rey Og había quedado solo de la raza Rephaim. Esta es su cama, ¿no hay una cama de hierro en Rabat, la ciudad de los niños de Ammón? Su longitud es de nueve codos y su anchura de cuatro codos, en codos humanos, la altura sería superior a ocho codos* (un codo equivale a 45 centímetros). [...]

En Josué, 18, 15: [...] *el patriarca dijo a los hijos de José: « Si sois un pueblo grande, id a las tierras de los bosques y dividíos en reino en la Tierra de los Gigantes, porque el monte Efraín es demasiado pequeño para vosotros ».* [...]

En la civilización sumeria, un gigante de la apariencia humana está representado en una de las tablillas de arcilla llamadas el Sol en el *centro de nuestro sistema solar*. La tabla está hablando, vemos a dos personajes sumerios de pie junto a sus manos, junto a ellos un extraño ser llamado *Annunaki* por los sumerios. Está sentado en una silla y con un arado en la mano. Y si miras de cerca la tabla, los tres personajes son del mismo tamaño, pero no olvides que *Annunaki* está sentado y que si se levantara, se convertiría en un gigante. En la tabla, entre los dos sumerios, está representado nuestro sistema solar. Pero al final de nuestra Galaxia, hay un planeta que parece ser parte de nuestra galaxia. ¿Podría ser el planeta del que proviene el personaje representado en la tablilla de arcilla?

Los planetas de nuestro sistema solar:

Recientemente, un nuevo planeta gigante ha sido identificado en el borde de nuestro sistema solar, los científicos lo han llamado el *Noveno Planeta*.

¿Es el *Planeta "X"* anunciado por la NASA en 1983, o el Planeta *Nibiru* anunciado por los sumerios hace más de 6000 años?

Ya en 1846, cuando el astrónomo francés Urbain Le Verrier descubrió Neptuno, estos colegas afirmaron que no había razón para detenerse allí, ya que probablemente habría otros planetas por descubrir.

En 1930, la existencia del planeta Plutón fue revelada, sería un excelente candidato como planeta gigante, pero con el paso de los años, la masa de Plutón fue siendo constantemente reducida por los científicos. Más tarde, Plutón fue considerado como un planeta enano y por lo tanto no podía ser de ninguna manera la causa de las contradicciones en las órbitas entre los otros planetas.

La Agencia Espacial de Estados Unidos se ha embarcado en la conquista de un planeta gigante desconocido que podría ser parte de nuestro sistema solar.

En 1982, la NASA reconoció oficialmente la posibilidad de la existencia de un planeta gigante llamado Planeta "X".

En 1983, la Agencia Espacial Americana comenzó a estudiar el cielo en detalle utilizando el satélite *Iras*. Ese mismo año, el satélite Iras descubrió varios cuerpos celestes que se movían en las proximidades de nuestro sistema solar. Entonces la NASA distinguió cinco cometas desconocidos, cuatro nuevos asteroides y un enigmático cuerpo parecido a un cometa. Inmediatamente, el Washington Post reveló: *se encontró un objeto gigante en el borde de nuestro sistema solar. Un cuerpo celeste tal vez tan grande como el planeta gigante Júpiter, a priori bastante cerca de la Tierra, que incluso sería parte de nuestro sistema solar, el gigante apuntaría en la dirección de la constelación de Orión. La estrella es tan misteriosa que los astrónomos ni siquiera saben si es un planeta o un cometa gigante, también puede ser una protoestrella que nunca habría estado lo suficientemente caliente para convertirse en una estrella.*

En enero de 2016, los científicos anunciaron que tenían pruebas sólidas de la presencia del Noveno Planeta en el borde de nuestro sistema solar. Los científicos afirmaron que el *Noveno Planeta* sería del mismo tamaño que Neptuno, y que orbitaría el Sol a miles de millones de kilómetros de la Tierra. También declararon que le tomaría al nuevo planeta entre 10.000 y 20.000 años para completar el círculo completo de nuestro Sol.

Los astrofísicos europeos han afirmado que no hay uno, sino dos planetas desconocidos más allá de Neptuno. El *Noveno Planeta* como fue nombrado por nuestros investigadores aún no ha sido visto en el espacio. Su presencia se determinó a partir de cálculos informáticos y matemáticos. A priori, debería ser detectado por nuestros telescopios en un futuro muy cercano.

La información más reciente se anuncia en la publicación científica *Astronomical Journal*. Nuestros científicos ya se han expresado sobre el tema: *podríamos haber permanecido en silencio y haber buscado en silencio durante cinco o seis años, con el fin de encontrarlo visualmente a través de nuestros satélites, pero para nosotros lo más importante es que alguien pueda encontrarlo ahora y no dentro de diez años. Como científicos, queremos saber qué aspecto tiene, dónde está exactamente. Durante 150 años, no ha habido un censo de los planetas de nuestro sistema solar, el inventario existente no es necesariamente completo. Hemos visto que seis cuerpos celestes en el distante Cinturón de Kuiper en el borde del sistema solar parecen estar influenciados por la presencia de un planeta gigante. Hay una gran agitación y una fuerza gravitacional o al menos inexplicable en los bordes de nuestro sistema solar. El nuevo Noveno Planeta estaría entre 3,2 y 160 mil millones de kilómetros de la Tierra, podría tener anillos y también lunas.*

Los astrónomos americanos afirmaron tener pruebas de que

este planeta distante existía. Incluso estimaron que su masa era de cinco a diez veces mayor que la de la Tierra, y que era 5000 veces mayor que la de Plutón. Revelaron que el *Noveno Planeta o Planeta "X"* sería la principal causa de la inclinación del Sol en relación con el plano eclíptico, en el que se encuentra la mayoría de los planetas, incluida la Tierra. La inclinación se estima en unos seis grados. Sin embargo, la órbita teórica del Noveno Planeta se habría inclinado treinta grados con respecto a la eclíptica. A diferencia de los planetas que giran alrededor del Sol, la órbita del nuevo planeta gigante sólo giraría en una dirección opuesta a la de todos los planetas de nuestro sistema solar.

¿Qué impacto podría tener en nuestra Tierra? Porque este monstruoso cuerpo celeste tiene consecuencias en todo lo que lo rodea.

Hace más de 6000 años, la civilización sumeria ya conocía el Noveno Planeta. Hoy en día, hemos tomado conciencia de su existencia a través de cálculos computacionales y matemáticos y los sumerios lo llamaban el Planeta Nibiru.

Debe recordarse que el planeta Nibiru descrito por los sumerios era la residencia celestial del Dios Marduk. En los textos antiguos de las tablillas encontradas en las ciudades sumerias al norte del actual Irak, nos enteramos de que incluso conocían el *Planeta Tiamat*, en este caso la Tierra. Los sumerios a través de los textos antiguos nos hacen saber que *Tiamat* (la Tierra) en el pasado lejano orbitó entre Marte y Júpiter, y que Nibiru (Planeta "X" o Noveno Planeta) entró en nuestro sistema solar. Habría golpeado violentamente a la Tierra. La colisión entre los dos planetas habría permitido que la Tierra se acercara al Sol. Según los científicos, el Noveno Planeta entraría en nuestro sistema solar cada 10.000 o 20.000 años. Cada vez que entra en nuestra galaxia, el cuerpo celeste gigante causa daños considerables. Para los

55

sumerios, el Noveno Planeta regresaba al interior de nuestra galaxia cada 3600 años. Los sumerios ya conocían todos los planetas de nuestro sistema solar, pero también sus colores y posiciones orbitales. A diferencia de nosotros, los sumerios estaban empezando a contar los planetas desde el exterior hasta el interior de nuestro sistema solar. Obviamente, surge una pregunta: ¿de dónde venía todo el conocimiento sumerio hace más de 6000 años? A través de los textos antiguos, vemos que los sumerios adoraban a un dios llamado Annunaki. Los *Annunakis* eran una raza alienígena gigante. Están presentes en todos los textos antiguos, así como en las tablillas de arcilla. Cabe recordar que, según algunos arqueólogos, fueron el origen de la creación del homo sapiens.

Avistamientos de ovnis y encuentros cercanos:

Según los historiadores, Alejandro Magno y su ejército se enfrentaron directamente a un extraño fenómeno durante el cruce del río Jaxartes en Asia Central.

Habían visto aparecer extraños objetos voladores en el cielo, que se precipitaban repetidamente hacia los soldados que intentaban cruzar el río. El evento había asustado incluso a elefantes y caballos. Como resultado de este fenómeno, los soldados simplemente se habían rendido a cruzar el río. Alejandro Magno había descrito y presentado los *objetos voladores como escudos voladores de plata con fuegos alrededor de su borea, que venían del cielo y se dirigían de vuelta al cielo.*

Durante el asedio de Tiro en Fenicia (actual Líbano), Alejandro Magno y sus tropas presenciaron una vez más una formación triangular en el cielo: los grandes escudos de plata, acompañados de otros cuatro objetos voladores más pequeños, estaban de vuelta. Estos objetos fueron vistos por los soldados de ambos lados. En ese momento, los soldados de Alejandro intentaron cruzar una fortaleza, pero el obstáculo resultó infranqueable. Los soldados de Alejandro Magno ya no podían avanzar, así que un escudo volador lanzó una bola luminosa a una de las paredes de la fortaleza y la hizo pedazos. Esto permitió al ejército avanzar, después de la victoria de las tropas de Alejandro Magno, los escudos voladores de plata desaparecieron en el cielo.

Los romanos en su tiempo también vieron objetos voladores en el cielo. Los llamaban *escudos voladores que proyectan chispas*.

Los objetos aparecieron a menudo durante las batallas, especialmente en los enfrentamientos en los que los romanos perdieron ante el ejército griego. Después de la derrota, los objetos voladores se transformaron y crecieron hasta el punto de esperar el tamaño de la luna, luego perdieron su intensidad y finalmente desaparecieron en el cielo en forma de antorcha.

Los historiadores afirman que Cristóbal Colón también vio objetos voladores, pero al principio pensó que eran estrellas fugaces. Unas horas antes de llegar a las costas de América del Norte, Cristóbal Colón y Pedro Gutiérrez subieron al puente de Santa María, donde aparecieron objetos voladores en varias ocasiones. El fenómeno también fue observado por la tripulación.

En la costa norte de Japón, en Harasha-Ka-Hama, un extraño fenómeno ocurrió el 22 de febrero de 1803. Los pescadores de la zona presenciaron el aterrizaje de un extraño objeto metálico volador con portillos. Los pescadores incluso habrían prestado asistencia a la extraña máquina voladora. Al principio, pensaron que era un barco en problemas. Incluso decidieron remolcar la extraña embarcación hasta la orilla. Entonces entendieron que no era un barco. Nunca antes habían visto un dispositivo como este. Después de la observación, los testigos informaron de un dispositivo de cinco metros de diámetro. Lo más sorprendente es que a través de las ventanas, habían visto a una mujer dentro de la máquina. En un momento dado, cuando la criatura salió, los pescadores se le acercaron. Descubrieron que no sólo no era humano, sino que la criatura hablaba un lenguaje incomprensible y desconocido. Tenía una caja en sus manos. Parecía importante para la entidad que no dejaba que nadie se acercara a ella, mucho menos que la tocara, como si su vida dependiera de ella. La extraña criatura descrita por los testigos era amistosa y cortés, vestida con ropas desconocidas y extrañas. Tenía una piel rosada, lisa y brillante, cabello rojo y una apariencia juvenil.

Los hombres habían inspeccionado a fondo el misterioso barco, sospechando de sí mismos y permaneciendo en guardia. Los testigos describieron que la parte superior de la máquina estaba hecha de madera, pero muy lisa y resistente. Era de color rojo en su parte superior y tenía ventanas cristalinas. A través de ellos, los pescadores podrían incluso haber visto la decoración del interior del objeto. Habría habido planchas con extraños dibujos, que también contenían textos escritos, así como símbolos geométricos incomprensibles. Entonces la criatura regresó a su nave y desapareció.

Si buscamos ejemplos en creencias antiguas, nuestros antepasados nos dejaron importantes voluntades de extrañas máquinas voladoras de otros lugares.

Los antiguos textos sánscritos describían antiguas máquinas voladoras llamadas *Vimanas*.

Los textos también contenían descripciones detalladas, diagramas de construcción y componentes de las máquinas voladoras. Estas máquinas eran capaces de realizar maniobras muy complicadas en el aire: moverse de adelante hacia atrás, subir, bajar, permanecer en una posición estacionaria. Podrían materializarse o desmaterializarse en una fracción de segundo. Las máquinas o Vimanas también están presentes en los textos de *Mahabharata* o *Ramayana*. Describen a los Vimanas como formidables máquinas de guerra capaces de escupir fuego o de derribar todo a su paso.

En un pasado lejano, nuestros antepasados estaban directamente relacionados con hechos extraños, testigos incluso presenciaron batallas entre extraterrestres. Estos se llevaron a cabo por encima de sus cabezas. En particular, una de estas batallas supuestamente tuvo lugar en Nuremberg, Alemania, en la madrugada del 4 de abril de 1561. Un grabado de la época publicado en la Gaceta de Nuremberg fue seguido de estas frases: *una terrible aparición llenó el cielo matutino, objetos circulares emergieron de esferas negras, rojas, naranjas y celestes. Todas las esferas se movieron rápidamente. Aparecieron objetos en forma de lanza negra, librando una feroz batalla contra enormes objetos voladores circulares en el cielo de Nuremberg. Algunos de los objetos voladores se estrellaron cerca de la ciudad. La aterradora visión fue observada por muchos testigos durante mucho tiempo.* La gaceta de la época presentaba el fenómeno como un signo de Dios que recordaba a los seres humanos que no debían desviarse del camino correcto.

En 1566, en Basilea, Suiza, los días 17 y 18 de julio, se informó de que también hubo batallas extraterrestres en la ciudad de Basilea, un choque entre las esferas blanca y negra. Entonces, los combates se habrían reanudado el 7 de agosto del mismo año. Los habitantes de Basilea habrían visto muchas de las bolas moverse muy rápidamente en el cielo. Las bolas habrían chocado como si estuvieran en batalla, muchos de ellos se consumieron y luego salieron.

Las batallas alienígenas han tenido lugar en la Tierra desde tiempos inmemoriales. Encontramos evidencia en antiguos textos indios de hace más de 12.000 años. En ese momento, las entidades extraterrestres supuestamente usaban armas muy avanzadas llamadas armas de Brahma, una especie de arma nuclear. Los textos antiguos también nos dicen que cuando el arma de Brahma golpeó a los humanos, fueron quemados inmediatamente. Hoy en día, estamos descubriendo el estigma de esta afirmación en el sur de Pakistán.

En 1922, en la ciudad de Mohenjodaro, los arqueólogos descubrieron 44 esqueletos que habrían muerto en extrañas circunstancias. La posición de los esqueletos mostraba que los individuos habían desaparecido trágicamente cogidos de la mano, apilados uno encima del otro. Esto sugiere que la tragedia fue repentina y violenta. Posteriormente, los científicos llevaron a cabo una investigación para averiguar qué podría haber causado la muerte de las víctimas. Durante la investigación, se encontró un nivel muy alto de radiactividad, muy por encima de lo normal. También se encontraron grandes daños en gran parte de las piedras, los arqueólogos afirmaron que el suelo rocoso estaba vitrificado, lo que significaba que las piedras simplemente se habían derretido. Esto estaba relacionado con las temperaturas extremadamente altas. La misma encuesta se repitió en 1970. Al final de la investigación, los científicos concluyeron que el mismo lugar de Mohenjodaro había sido bombardeado por bombardeos atómicos, más de 2000 años antes de Cristo.

En el pasado, en el sur de la India, había una ciudad muy especial llamada *Vijayagare*, es decir, la ciudad de la victoria. Fue considerada la capital más grande y poderosa del imperio hindú. Estaba muy por delante del resto del mundo. Vijayagare es famoso por su arquitectura, muchos edificios están construidos de una manera muy particular. Según textos antiguos, los templos de Vijayagare fueron construidos con antiguas fórmulas geométricas y matemáticas llamadas *Vastu-Shastra*, arquitectura védica.

Según la leyenda, la arquitectura de los edificios cumplía con principios fundamentales, poseía múltiples funciones, a la vez que estaba en armonía con la Tierra, liberando energías, conectando la Tierra y el cosmos. Lo sorprendente es que la estructura de los edificios de Vijaygagare es muy similar a las máquinas voladoras de *Vimanas*. Los textos sánscritos mencionan que los edificios de Vijayagare fueron construidos por Vishwakarman, el dios de la arquitectura. Según el *Mahâbhârata* y el *Ramayana*, otros textos antiguos que son los guías más sagrados del pueblo indio, hay varios dioses de los cuales los más famosos son:

— *Brahma*, el creador de la vida,

— *Vishnu*, el preservador de la humanidad,

— *Saraswati*, esposa de *Brahma*, diosa de la inteligencia,

— *Lakshmi*, la diosa de la alegría, el equilibrio y la armonía, la esposa de *Vishnu*,

— *Chiva*, creativa y destructiva,

— *Kali* con piel negra, la esposa de *Chiva* es apodada *la terrible*. Kali tiene el poder de destruir demonios, etc.

La Biblia en el Antiguo Testamento a menudo se refiere a fenómenos extraños similares a los visitantes curiosos que venían en carros de fuego y llevaban mensajes a la Tierra.

En el plano teológico, el fenómeno extraterrestre está ligado a la presencia de Dios.

¿El fenómeno extraterrestre ha sido el origen de la

evolución humana durante miles de años?

- Según el Antiguo Testamento, los profetas estaban estrechamente relacionados con los OVNIS, por lo que los describieron como *carros de fuego*.

- En la Biblia, una de las mejores citas sobre el fenómeno OVNI es la experiencia de Ezequiel.

Ezequiel 1:1: [...] *Estaba en el exilio con mis hermanos en Babilonia, cerca del río Kebar. Cuando el cielo se abrió y tuve visiones divinas[...] vino del norte un viento fuerte, una gran nube, una gavilla de fuego, que esparció por todos lados una luz brillante, en cuyo centro brilló como latón pulido saliendo del centro del fuego. En el centro aparecieron cuatro animales de aspecto humano. Cada uno de ellos tenía cuatro caras y cuatro alas. Sus pies eran rectos y las plantas de sus pies eran como las plantas de un pie de becerro, brillaban como el bronce pulido. Bajo sus alas y en sus cuatro lados, había manos de hombres. Las cuatro alas se unieron entre sí. Sus rostros no se volvían al avanzar, cada uno iba de acuerdo a la orientación de su rostro. En cuanto a la forma de sus rostros, era la cara de un hombre, la cara de un león a la derecha, la cara de un toro a la izquierda, la cara de un águila a la espalda. Sus alas estaban extendidas hacia arriba [...].*

Ezequiel, 1, 15: [...] *Miré a los seres, y he aquí que había una rueda en el suelo, junto a los cuatro seres* [...].

Ezequiel, 1, 16: [...] *El aspecto de las ruedas era como el resplandor de la crisolita, las cuatro tenían la misma forma, su aspecto y estructura eran tales que cada rueda parecía estar en medio de otra rueda. En sus pasos, fueron por los cuatro lados* [...]. *Y su circunferencia estaba llena de ojos. Cuando los seres avanzaban, tragaban a su lado y cuando los seres se elevaban de la Tierra, las ruedas se elevaban* [...]

Ezequiel, 1, 22-26: [...] *Sobre las cabezas de los seres había una especie de cúpula, como el imponente resplandor del cristal, que se* extendía sobre sus cabezas en la parte superior. *Bajo la cúpula, sus alas eran rectas, una paralela a la otra, cada una tenía dos alas que cubrían sus cuerpos [....]. Sobre la cúpula que tenían en la cabeza, era como la aparición de una piedra de zafiro, en forma de trono, y sobre esta forma de trono aparecía la figura de un hombre colocado encima de ella en la parte superior [...].*

Ezequiel, 11, 1-5: *[...] el El espíritu me levantó y me llevó [...]. Y la gloria de Jehová subió de en medio de la ciudad, y se paró sobre monte que está al oriente de la ciudad. El espíritu me levantó y me llevó a Caldea [...]. Y Jehová me sacó y me acostó en medio de la ciudad. Me llevó y me depositó en una montaña muy alta en la que había como los edificios de una ciudad, al sur [...]. Había un hombre cuya apariencia era como la de un bronce [...].*

Por estas citas de la Biblia, podemos ver que el sacerdote Ezequiel había viajado en un vehículo volador, incluso depositado en diferentes lugares, acompañado de criaturas de otro mundo.

En el capítulo XLIII, el gran vaso respetuosamente llamado *Gloria de Dios*: *[...] y he aquí, la gloria del Dios de Israel viene de la dirección del oriente con un estruendo como el sonido de muchas aguas [...], la tierra resplandece con su gloria, Ezequiel, 11, 2.*

En el segundo capítulo de Daniel, 10, 5-6, se trata de una visión, de una interesante descripción de una criatura: *[...] Miré hacia arriba y miré y había un hombre[...], su cuerpo era como de crisolito, su rostro resplandecía como un relámpago, sus ojos como llamas de fuego, sus brazos y sus piernas parecían de latón pulido y el sonido de sus palabras era como el sonido de una multitud [...].*

En la Biblia, también está la experiencia del profeta Elías, el fenómeno tuvo lugar a orillas del río Jordán. Elías caminaba con el que sería su sucesor, en este caso Eliseo. En el pasado, el profeta Elías, que había molestado a muchos religiosos, temía por su vida, y pidió ayuda a Dios. De repente, aparecieron carros de fuego, luego Elías en un torbellino subió al cielo. Según los pasajes del Antiguo Testamento, Elías fue transportado al cielo y nunca reapareció.

¿Fue simplemente una abducción alienígena?

En relación a lo que estamos tratando, los pasajes más notables de la Biblia son los relatos de la sexta y séptima visión, los del rodillo y el bushel: *miré hacia arriba y tuve una visión, era un rodillo que volaba. Y el ángel me dijo: ¿Qué ves? Yo respondí: Veo un rodillo volador de 20 codos de largo (un codo mide 45 centímetros) y diez codos de ancho. El ángel que me hablaba se adelantó y me dijo: « Mira hacia arriba y mira lo que está pasando ». Pregunté: ¿qué representa? El ángel respondió: esto es un bushel - unos 40 litros, que se adelanta, es su ojo en todos los países. Y entonces se levantó un disco de plomo, una mujer estaba sentada dentro del celemín.*

Hay que decir que las civilizaciones antiguas y nuestros antepasados, los profetas, estaban en contacto directo con los OVNIS.

Contactos con OVNIS en los siglos XX y XXI:

Pero, ¿qué pasa hoy en día, todavía vemos OVNIS (objetos voladores no identificados) en el cielo?

¿Quién mejor para hablar de ello que nuestros pilotos de avión?

En la década de 1950, los pilotos de aviones a menudo estaban involucrados en el fenómeno OVNI. Debemos admitir que en ese momento, la gente sabía escuchar y, sobre todo, creyeron a los pilotos cuando reportaron haber visto algo inusual en el aire. Después de la Segunda Guerra Mundial, se observaron objetos voladores y se informó a las autoridades. Los pilotos fueron tomados en serio por su jerarquía y por la mayoría de la gente. Pero algunos han intentado defenderse del fenómeno. Por ejemplo, el piloto de Hull escribió un artículo en una tienda titulado *L'éloge funèbre de la saucoupe volante*. Unos meses después, el Comandante Hull a bordo de su avión dijo que vio, con sus propios ojos, un resplandor muy brillante en el cielo. Al principio, pensó que había visto un meteorito. El piloto dijo: *Esperaba que el meteorito implosionara en un destello de luz*. Entonces el comandante se dio cuenta de que el objeto se movía en zigzag, y luego tomó trayectorias inapropiadas. Posteriormente, el objeto volador se detuvo frente a la aeronave. Unos minutos más tarde, el objeto volador volvió a temblar y finalmente el dispositivo desapareció en el cielo. Después del suceso, el capitán declaró que el objeto volador se movía muy rápido, al punto que en una fracción de segundo, el dispositivo se había convertido en una cabeza de alfiler en el cielo.

En Söderhamn, Suecia, un grupo de amigos, después de asistir a una exposición aérea en Finlandia, se preparaban para regresar a casa en un pequeño avión turístico. Los ocupantes de la pequeña aeronave eran todos pilotos experimentados. Sin embargo, durante el vuelo uno de los pilotos observó una luz blanca muy inusual en sus ojos, pensó que era un fenómeno natural. Todos notaron que el objeto se acercaba al plano. El brillo blanco volaba a la misma altura que ellos, pero se movía más rápido. Poco después, se dieron cuenta de que la luz había pasado bajo su cámara. Los pilotos dijeron que nunca habían visto nada igual. Para poder seguir el camino del objeto, los hombres tenían que hacer un giro agudo de 180 grados, y se dieron cuenta de que ningún objeto volador conocido en la tierra era así. Allí, el objeto volador no identificado comenzó a realizar maniobras inusuales, balanceándose, subiendo, bajando, cambiando de rumbo muy rápidamente, y finalmente desapareciendo a la velocidad del rayo.

Los pilotos entendieron que la aeronave no era un objeto ordinario, que tenía una tecnología mucho mejor que la nuestra. Los hombres llamaron a la torre de control, esperando una explicación racional, pero no se habían reportado otros robos en el área. Después del desembarco, los testigos decidieron no hablar del fenómeno, sino que escribieron un informe de seguridad nacional para la Agencia Sueca de Investigación. Por último, la agencia archivó el caso sin tomar ninguna otra medida. Los pilotos no abandonaron el caso, sin embargo, todo lo contrario. Se pusieron en contacto con la Fuerza Aérea, que accedió a ocuparse del caso porque unos días antes ya se había observado y denunciado el fenómeno en el norte del país. Al principio de la investigación, el ejército sueco creía que probablemente se trataba de un misil lanzado por los rusos que podría haberse desviado de su trayectoria, pero esta tesis fue abandonada. Sin encontrar ninguna explicación, y mucho menos respuestas, el caso fue cerrado.

En abril de 2007, en el espacio aéreo francés, varios pilotos de aerolíneas vieron en el cielo un objeto volador de color amarillo anaranjado. Inmediatamente, un piloto llamó a la torre de control de Verzé para obtener más información sobre el fenómeno observado. La torre de control respondió al capitán que no había nada en su pantalla de control. El piloto en pánico respondió a la torre de control que vio un objeto plano muy brillante de color naranja-amarillo, y confirmó que los pasajeros a bordo estaban observando este dispositivo. En ese momento, la torre de control se puso en contacto con todos los pilotos que utilizaban el mismo corredor aéreo. Los pilotos confirmaron el mismo fenómeno, todas las conversaciones entre los pilotos y la torre de control fueron grabadas. Después del aterrizaje, el primer piloto dijo: *con todos mis años de experiencia, nunca he visto nada parecido y estaré feliz de no volver a verlo nunca más, es algo que da mucho miedo*. El comandante también dijo: *la distancia entre el avión y el fenómeno era de 60 y 70 kilómetros, el objeto parecía pequeño, pero a corta distancia debe haber sido gigantesco*. Se llevó a cabo una investigación sobre este fenómeno paranormal y luego se cerró. Pero en el centro de los radares de Brest, en la Dirección General de Aviación Civil, no era la primera vez que se registraban objetos voladores no identificados.

Los controladores de tráfico aéreo de la aviación civil afirmaron haber presenciado avistamientos de ovnis en varias ocasiones. La mayoría de los pilotos se negaron a hacer un informe y no quisieron hablar por miedo a perder sus empleos.

El 24 de octubre de 2008, cerca de la central nuclear de Krsko, en Eslovenia (ex República Yugoslava), un empleado de base observó por la mañana un objeto volador no identificado sobre la central. El mismo objeto volador ya había sido visto el 13 y 16 de octubre en la misma zona. El 24 de octubre, hacia las 14.00 horas, un pasajero a bordo de un vuelo de *Adria Airways* dijo: « *Estamos listos para aterrizar en el aeropuerto de Liubliana. El avión apenas empezaba a vibrar, en la cabina del piloto estábamos acostumbrados a este tipo de turbulencias, pero esta vez no fue como de costumbre. Los pasajeros sentados junto a las ventanas entraron en pánico y empezaron a gritar. Los pasajeros miraban por las ventanas, vieron un objeto volador. La máquina cambiaba constantemente de color, eran brillantes, muy intensos. Pasó de morado, a rojo, a verde, a azul. En un momento dado, el objeto volador se movió a una posición estacionaria, luego comenzó a parpadear y rápidamente desapareció en el cielo. Los pasajeros colocados al lado de las ventanas habían notado que esferas más pequeñas giraban alrededor del OVNI principal. Después del aterrizaje, oímos a los pasajeros de otro vuelo hablar del objeto volador, noté en sus conversaciones y miradas que estaban asustados* ».

Un ex copiloto nos cuenta de primera mano lo que sucedió

en 1988: *a bordo de nuestro avión sobrevolábamos el espacio aéreo de Nevada, en los Estados Unidos, a 60 kilómetros del Área 51. La torre de control se puso en contacto con nosotros, pidiéndonos que giráramos a 90°, lo que hicimos. 60 kilómetros más adelante, la torre de control nos pidió que volviéramos a girar a 90°. En un momento dado, vi algo a través de la ventana que nunca había visto antes: objetos voladores muy extraños. Entonces, un holograma que se asemeja a una pista de aterrizaje, un sistema de iluminación de aproximación tridimensional apareció en mi campo de visión. Esto estaba sucediendo en el área 51, los objetos eran muy brillantes. Parecía que alguien había derramado un "frasco lleno de luciérnagas" en el cielo. Los objetos voladores descendieron muy rápida y extrañamente, formando la letra S, y estaban entrando en un rocoso subterráneo dentro del Área 51. Un piloto humano nunca podría hacer tales maniobras en el aire, especialmente a una velocidad tan vertiginosa. Le pregunté al capitán: "¿Qué pasa? ¿Qué están haciendo aquí?" El comandante respondió: "¡Pero no hemos visto nada! "Para poder continuar mi carrera como piloto, me aconsejaron que nunca hablara del fenómeno OVNI, y menos aún de los hombrecillos verdes. ¡Muévete, no hay nada que ver!*

En los Estados Unidos, un ex jefe de la NASA llevó a cabo una investigación sobre observaciones de objetos voladores no identificados. El objetivo de la encuesta era entrevistar a más de 3000 pilotos de aviación civil sobre el fenómeno de los OVNIs. Uno de cada cinco pilotos reportó haber visto objetos no identificados en el cielo. La misma pregunta se hizo a todos los pilotos: *¿hizo una declaración a las autoridades sobre lo que vio en el cielo?* De los 3000 pilotos entrevistados, ninguno de ellos hizo la más mínima declaración, cabe destacar que los pilotos fueron entrevistados individualmente. Cuando se nos preguntó por qué, las respuestas frecuentes fueron: *tenemos miedo de perder nuestro estatus. Miedo a ser despedido, por hacer algo malo, y miedo a ser ridículo.*

En Francia, en 1956, el 17 de febrero, hacia las 23.00 horas, un objeto volador no identificado entró en el aeródromo de Orly mientras un DC-3 de Londres intentaba aterrizar. Antes de que el DC-3 aterrizara, la torre de control informó al piloto que había un objeto volador sobrevolando el aeropuerto. El piloto respondió que vio un objeto muy grande, de apariencia desconocida. La máquina medía más de 70 metros de luz. El piloto dio la información solicitada por la torre de control. Respondió que el objeto se encontraba en una posición estacionaria sobre el aeropuerto. Entonces la torre de control le advirtió que el objeto se acercaba al avión a toda velocidad. Cuando el objeto corrió hacia ellos, el capitán vio una luz roja parpadeante y el dispositivo desapareció completamente de su campo de visión. Unos momentos más tarde, el avión se acercó a la pista de aterrizaje, de repente el objeto volador estaba de vuelta en la pista de aterrizaje, impidiendo que el DC-3 aterrizara. En ese momento, el piloto vio un objeto circular de color oscuro. Los aviones que esperaban para aterrizar estaban empezando a multiplicarse en el espacio aéreo de Orly, pero los OVNIs seguían presentes, impidiendo cualquier aterrizaje en las pistas. A medida que los aviones recuperaban altura, el extraño objeto volador desaparecía completamente del campo de radar. Los controladores de Orly intentaron llamar al aeródromo de Le Bourget, preguntando si ellos también tenían un objeto volador no identificado en su radar, pero durante la comunicación Orly fue cortado por una interferencia inexplicable. Mientras tanto, el avión seguía obstruyendo el aterrizaje de todos los aviones y, al mismo tiempo, controlando las comunicaciones entre las terminales de Orly y Le Bourget. El Aeropuerto de Orly decidió cambiar la frecuencia para restablecer la comunicación, pero la torre de control descubrió que el objeto volador se movía entre las dos terminales. Sin embargo, el OVNI no dejó de jugar entre los dos aeródromos y continuó obstruyendo el aterrizaje de los aviones. El incidente del objeto volador no identificado entre las dos terminales duró cuatro largas horas.

Pocos días después, el mismo incidente fue reportado en Europa, particularmente en Alemania y Suiza.

En el Aeropuerto Internacional de Chicago en los Estados Unidos, el 7 de noviembre de 2006, bajo cielos nublados aproximadamente a las 4 p.m., apareció un disco sobre las pistas, a 200 ó 300 metros sobre el nivel del suelo. El objeto ha sido visto por muchas personas. Describieron un objeto gris oscuro, de entre seis y diez metros de diámetro. El objeto volador permaneció suspendido en el aire durante cinco minutos sin hacer ruido. El misterioso dispositivo apareció junto a la puerta C17 del aeropuerto, fue visto por pilotos de aerolíneas, mecánicos de United-Airlines y otro personal del aeropuerto. El incidente fue reportado a la torre de control y a las autoridades. Después de cinco minutos de suspensión, el misterioso aparato desapareció verticalmente a muy alta velocidad. La velocidad del objeto era tal que incluso hizo un agujero circular en la nube, que los testigos dijeron que a través del agujero podían ver el cielo azul. En el momento del suceso, los testigos eran un piloto y un técnico. El piloto le dijo al técnico: *Soy un científico por naturaleza, no puedo entender por qué los extraterrestres se están posicionando sobre un aeropuerto.* Un empleado del aeropuerto que también presenció el fenómeno testificó: *salí corriendo de mi oficina para ver qué estaba pasando afuera, porque había oído hablar del incidente en la frecuencia de radio de mi compañía, y sabía que nadie podía bromear con tal anuncio. Después de ver el objeto, no sabía qué pensar sobre el extraño fenómeno que acababa de ocurrir.*

En la Ciudad de México, el 3 de mayo de 1975, un piloto de 23 años que trabajaba para una pequeña aerolínea acababa de transportar a un grupo de ingenieros a la costa del Pacífico de

Làzaro Cárdenas. Hacia las 10 de la mañana, el joven piloto a bordo de su pequeño avión turístico, un PA-24, inició su regreso al Aeropuerto Internacional de la Ciudad de México. Durante el viaje, como las condiciones meteorológicas no eran favorables, para evitar el mal tiempo, el joven piloto tomó otro corredor. Tres cuartas partes del tiempo, las condiciones climáticas volvieron a la normalidad, el avión volaba en buenas condiciones a una altitud de 3.000 metros. Entonces el joven piloto testificó de su calvario: *giré un poco la cabeza a la derecha del avión, vi un objeto volando sobre mi ala, giré la cabeza a mi izquierda, un segundo objeto estaba sobre mi ala izquierda, me puse un poco nervioso al preguntarme a mi Dios qué es? Las máquinas que tenía en mis alas eran grises, de forma circular y de unos cuatro metros de diámetro. Los OVNIs tenían cabinas de cabina de mando similares a las de la cabina de mando. Unos minutos más tarde, un tercer objeto apareció frente a mi avión y luego vino hacia nosotros y pasó por debajo del avión. Oí un ruido sordo, en ese momento estaba muy asustado, no sabía si el objeto me había golpeado. No entendí lo que querían de mí. Unos minutos más tarde, traté de cambiar de rumbo, pero el palo ya no respondía, me di cuenta de que estaba perdiendo el control de mi avión. No estaba a salvo, los objetos voladores no identificados me rodeaban. Finalmente decidí llamar a la torre de control en la Ciudad de México para pedir ayuda. Les hablé con una voz blanca y de pánico: "SOS, SOS, SOS, SOS, México, esto es Alpha, perdí el control de mi cámara, tres objetos voladores la rodean. "Unos minutos más tarde, sin que yo tocara nada, el avión estaba volviendo a subir, y me di cuenta de que los objetos voladores habían tomado el control de mi avión y que ya no tenía ningún control. No sabía lo alto que iba a llegar el avión. Alcancé una altitud de 4.500 metros, y sabía que a esa altitud estaba en peligro, porque mi pequeño avión no resistiría la presión atmosférica, pensé que iba a morir. Así que pensé en mi familia. Justo cuando pensaba que iba a morir, los objetos voladores se alejaron y finalmente desaparecieron en el cielo. Y sólo entonces pude recuperar el control de mi* avión. Después de eso, me mantuve en guardia, mientras mantenía el control de la aeronave, tenía mucho miedo de iniciar la aproximación al aeropuerto de la Ciudad de México. Intenté bajar el tren de aterrizaje, pero no pude. Las luces de a bordo me indicaban que las ruedas no habían sido extendidas correctamente. Sospeché esto porque uno de los objetos me había golpeado. Llamé a la torre de control para informar de mi problema, la torre de control había cerrado el espacio aéreo y me aconsejó que aterrizara entre dos pistas. Después de varios intentos, logré aterrizar el avión. Después del cierre del aeropuerto, los medios de comunicación se interesaron por el incidente y la información se difundió rápidamente. Luego me llevaron al departamento de aviación civil del aeropuerto en presencia de mi jefe; me obligaron a someterme a un examen médico, y luego las autoridades me interrogaron sobre el incidente. Los controladores del cielo tenían evidencia de radar de la presencia de los tres objetos voladores no identificados, moviéndose muy rápido y realizando maniobras inusuales. Dos semanas después del incidente, mientras estaba en mi coche, vi un coche negro en el espejo retrovisor que iba muy rápido. Se me adelantó y se detuvo de repente delante de mi coche. Dos personas salieron, vestidas con trajes negros, vinieron hacia mí diciendo con voz metálica: "Si te preocupas por tu vida y la de los miembros de tu familia, ¡cállate, no hables más del fenómeno! "Así que dejé de hablar del fenómeno. Después de unos años de silencio, decidí volver a hablar de esta historia vivida a bordo de mi avión, creo que todo el mundo tiene derecho a conocer el fenómeno extraterrestre.

Desde 1952, Gran Bretaña ha comenzado a interesarse seriamente por el fenómeno de los OVNIS, y el Ministerio de Defensa británico ha creado una unidad especial para investigar los casos de objetos voladores no identificados. Desde 1952, los británicos han registrado casi 10.000 casos directamente relacionados con el fenómeno OVNI. Hoy en día, algunos de los archivos están desclasificados y son accesibles al público en general. Los funcionarios de la aviación civil británica hicieron sonar la alarma, creyendo que los objetos voladores no identificados eran un problema para el tráfico aéreo porque se habían evitado por poco varios accidentes.

Entre los desastres que se acaban de evitar se encuentra el caso de un Boeing 737 de *British Airways*. El 6 de enero de 1984, el avión operaba entre Milán y Manchester y transportaba a unos 60 pasajeros. Los dos pilotos del Boeing 737 vieron un objeto volador no identificado chocar contra ellos a una velocidad tan alta que bajaron instantáneamente por reflejo por miedo a ser golpeados. El extraño fenómeno ocurrió cuando la tripulación se preparaba para aterrizar en el aeropuerto de Manchester. Los pilotos informaron a los controladores que acababan de evitar por poco un objeto volador de naturaleza desconocida, pero los radares terrestres no habían registrado nada. Asustados y conmocionados por el suceso, al aterrizar los dos pilotos hicieron un informe que decía: *mirábamos hacia adelante, luego de repente a la derecha del avión vimos un objeto volador que venía hacia nosotros, y al pasar bajo el avión a muy alta velocidad, parecía un árbol de Navidad iluminado.*

Después de este evento, se llevó a cabo una investigación. Se han revisado y estudiado todas las vías posibles para encontrar una respuesta racional al fenómeno. Unas semanas después, los investigadores afirmaron: *en el pasado, cada vez que hemos llevado a cabo una investigación, hemos podido encontrar una respuesta, una explicación lógica, pero esta vez no es el caso del vuelo Boeing 737 de British Airways.* El caso se cerró por tratarse de un objeto volador no identificado.

En marzo de 1977, un experimentado piloto de *American Airlines* en un DC-10 voló de San Francisco a Boston. Desde su cabina, el capitán y su copiloto vieron un objeto muy brillante en el cielo. Al principio pensaron que el resplandor estaba ligado a un fenómeno natural. Poco a poco, la "luz brillante" se acercó al avión, haciendo maniobras muy extrañas. Se movió rápidamente de izquierda a derecha de una manera inusual y sorprendente. Según los pilotos, el comportamiento del objeto se volvió agresivo y amenazante. Entonces el DC-10 se comportó de forma extraña girando a la izquierda sin que los pilotos dieran la orden. Inmediatamente, la torre de control preguntó a los pilotos por qué giraban a la izquierda y les ordenó que reanudaran su curso inicial. El objeto volador no identificado se acercaba cada vez más a la aeronave. Finalmente, los pilotos recuperaron el control de la aeronave, pero los objetos aún estaban presentes. Cuando de repente, el dispositivo volador desapareció rápidamente en el aire. Unas horas más tarde, los pilotos lograron aterrizar la aeronave en su destino final. Después del aterrizaje, los pilotos se hicieron la siguiente pregunta: *¿debería reportarse el incidente?* Porque temían ser confundidos con tontos increíbles, y temían perder sus trabajos. Unos meses después, el incidente, el piloto y su supervisor se encontraron de nuevo durante un viaje de caza, el piloto había decidido hablar con su jefe sobre el accidente que había experimentado a bordo de su avión. La respuesta de su superior no tardó en llegar: *nada bueno sucede en la vida de un piloto que habla de todo esto, porque es muy mal visto por la jerarquía.*

En Irán, el 19 de septiembre de 1976, se informó de varias observaciones de objetos voladores sobre Teherán. Luces suspendidas en el aire aparecieron a unos cien kilómetros de distancia. Las autoridades iraníes respondieron desplegando la fuerza aérea para interceptar objetos voladores no identificados. En el aire, los pilotos de caza trataron de acercarse a objetos que estaban en posición estacionaria. Ellos describieron los objetos como muy brillantes y frecuentemente cambiando de color de un color a otro: rojo, verde, amarillo, azul, azul, blanco y así sucesivamente. Cuando los pilotos trataron de acercarse a ellos, los controles de sus aviones de combate dejaron de funcionar misteriosamente. Los pilotos declararon que la situación se estaba volviendo peligrosa. Así que decidieron regresar. Una vez lejos de las máquinas voladoras, los aviones de combate volvieron a funcionar normalmente. Sin embargo, al principio, las autoridades habían dado a los pilotos la orden de derribar los objetos. Entonces decidieron volver a acercarse a los objetos misteriosos, pero esta vez los objetos voladores no identificados dispararon proyectiles contra los combatientes. Los pilotos describieron los proyectiles como bolas de fuego. Los pilotos de caza trataron de defenderse preparando sus misiles, pero de repente los controles de disparo dejaron de funcionar. Los hombres repitieron el disparo varias veces, en vano, estaban en peligro. Algunos incluso intentaron expulsar, pero el equipo de la aeronave estaba fuera de servicio. Finalmente, los pilotos decidieron dar la vuelta y regresar a su base.

Se realizó una investigación en presencia de los aliados de la época, en este caso los americanos. La investigación reveló que los objetos voladores no identificados podían representar un peligro importante para la humanidad y que, por lo tanto, el fenómeno extraterrestre debía tratarse muy seriamente. Los investigadores afirmaron que la comunicación entre los pilotos de caza y la torre de control estaba simplemente cortada, que los radares estaban fuera de servicio. Todo esto demostró que los objetos voladores habían controlado toda la situación.

Recientemente, en Perth (Australia), la Autoridad Australiana de Seguridad del Transporte Aéreo publicó información de que una aeronave civil había evitado por poco una colisión con un objeto cilíndrico gris desconocido. La aeronave civil era propiedad de Skippers Aviation. En el momento del incidente, la aeronave sobrevolaba la ciudad de Perth a una altura de 3.800 pies, las condiciones meteorológicas eran ideales para volar. Cuando de repente el piloto vio un objeto volador cilíndrico muy extraño que se acercaba peligrosamente al avión. El muy experimentado piloto sintió que la colisión era inminente, en el último momento cambió de rumbo para evitar la colisión casi segura. Cuando el piloto y el primer oficial reportaron el incidente a la seguridad australiana, después de la investigación, los radares no habían registrado nada inusual. Así que los investigadores se dirigieron a los controladores militares. Afirmaron que no se habían realizado pruebas en la región. Conclusión de la investigación: *la aeronave probablemente se encontró con un objeto volador no identificado en el aire.*

Un avión de *Air China* fue alcanzado en el aire por un objeto volador no identificado. El 4 de junio de 2013, una compañía Boeing 757-200 volaba a una altitud de 8.000 metros poco después del despegue. Allí, el Boeing fue alcanzado en el aire por un objeto volador no identificado que deformaba la nariz del avión. En el momento del accidente, los pilotos oyeron un impacto ensordecedor, pero no vieron el objeto que los había golpeado. Ambos dijeron: *no queríamos correr ningún riesgo, nuestra decisión de dar marcha atrás fue unánime e inmediatamente aterrizamos en el aeropuerto más cercano, Shuanglin de Chengdu.* Los asustados pasajeros fueron evacuados rápidamente. Desde la pista muchos pasajeros vieron el daño causado a la nariz del avión. Muchas fotos fueron tomadas por los testigos. En tierra, los pilotos y los agentes de mantenimiento notaron el daño. La empresa china no comunicó el accidente, pero abrió discretamente una investigación. Se ha descartado la posibilidad de una posible colisión con otra aeronave. Las condiciones climáticas fueron favorables para el vuelo. También se descartó la posibilidad de una colisión con un pájaro, por un lado porque no había rastros de sangre en la nariz del avión y, por otro lado, a una altitud de 8.000 metros, las aves son raras. Los expertos testificaron que cuando se ve la huella perfectamente diseñada en el cuerpo del avión, parece un objeto volador no identificado con una forma circular clásica. También muestra que el objeto volador era sólido.

En Islamabad, Pakistán, el 20 de abril de 2012, se produjo un terrible desastre aéreo que causó la muerte de 130 personas. El Boeing 737 pakistaní de *Bhoja Air* se estrelló cerca del aeropuerto de Islamabad. Los medios de comunicación sugirieron que el desastre aéreo fue causado por la presencia de un objeto volador no identificado, que interrumpió el aterrizaje del Boeing 737. Según se informa, el desastre fue filmado por un residente local. El video mostraría un objeto volador triangular con tres fuentes de luz. Justo después del desastre, en el video, una de las fuentes de luz volaba extrañamente sobre el área del accidente. Unos minutos antes, los pilotos incluso advirtieron a la torre de control que estaban avergonzados y desorientados por una formación de luz muy extraña. Posteriormente, los pilotos informaron a la torre de control de Islamabad de que uno de sus tanques acababa de incendiarse, unos minutos más tarde, el avión de Bhoja Air se estrelló contra una zona residencial, a pocos kilómetros del aeropuerto. Cuando se recuperaron las cajas negras de la aeronave, deberían haber revelado la verdadera causa del desastre aéreo. Pero hasta ahora no se ha hecho pública ninguna declaración.

Los objetos voladores no identificados fueron y siguen siendo observados desde el continente por soldados, agentes de policía, gendarmes y la población civil. Directa o indirectamente, todos dan testimonio de la presencia de estos curiosos objetos voladores procedentes de otros lugares.

En Lituania, el 26 de junio de 1996, toda la fuerza policial de Vilnius fue movilizada por un objeto volador no identificado que se veía cerca de la ciudad. El objeto fue observado durante media hora por gendarmes que alertaron a toda la policía de la capital lituana por la noche. En Medininkai, a diez kilómetros de Vilnius y cerca de la aldea de Nemejis, un objeto volador circular y brillante aparcado a 20-30 metros sobre el nivel del suelo, mientras que los gendarmes escuchaban ruidos similares a crepitaciones eléctricas. Después de observarlo durante casi media hora, los gendarmes se acercaron al vehículo volador. Cuando llegaron a unos 50 metros, comenzó a moverse y a elevarse en el aire, y luego corrió hacia Vilnius. Los gendarmes alertaron a la policía, y el ejército también fue inmovilizado. Oficiales de policía acompañados por perros fueron a la escena. Los oficiales estudiaron cuidadosamente el terreno. Primero, midieron el nivel de radiación. La hierba sobre la que el objeto flotaba estaba marchita, sobre un perímetro de diez metros. El comisario de policía de Vilnius dijo a la radio local que el testimonio de los gendarmes era creíble.

En Rusia, en septiembre de 1996, los residentes de Vladivostok y Nakhodka pudieron observar varios objetos voladores no identificados, fenómeno del que informaron los periodistas. La prensa rusa reveló que los OVNIs tenían luces intermitentes de diferentes colores. Los objetos voladores habían sido vistos sobre el lago Ritsa en Nakhodka y Vladivostok. La defensa antiaérea de la región declaró que sus radares no detectaron ningún objeto no identificado. Sólo los pilotos de caza locales fueron citados en la prensa por haber observado dos veces objetos voladores no identificados durante sus vuelos de entrenamiento diurnos.

En los Estados Unidos, dos oficiales de policía patrullando durante la noche del 17 de abril de 1956 en el estado de Ohio, certificaron que habían recibido una llamada por radio de la estación de policía, reportando un auto abandonado en la carretera. En el lugar, los agentes encontraron un coche abandonado, pero recibieron una segunda llamada, en la que les dijeron que una mujer había llamado para denunciar un objeto volador no identificado. Los agentes de policía que patrullan la zona oyendo la conversación se rieron mientras decían: *puede que sea un testigo del planeta Venus*. La policía continuó la inspección del coche abandonado. Entonces vieron que se acercaba una luz azul brillante. Los agentes de policía sintieron que estaban siendo observados. Revelaron que nunca habían visto una máquina que no hiciera ruido, y nada la excedía. Estaban muy asustados. La observación duró unos minutos y luego el objeto se elevó rápidamente unos cien metros, y desapareció completamente de su campo de visión. Los dos oficiales se pusieron en contacto con sus colegas: *no sabemos si se trata del mismo objeto del que informaron los testigos unos minutos antes, pero vimos un dispositivo volador muy extraño*. A todos los policías de la zona se les ordenó seguir el curioso dispositivo, la misma frase se repitió varias veces. El asunto se tomó muy en serio, ya que se enviaron dos aviones de combate para interceptarlo. *Obviamente, el dispositivo no era una estrella brillante, dijeron los agentes, pero era un dispositivo que se movía a gran velocidad*. En un juego de escondite, los oficiales de policía se comunicaban por radio. Uno de ellos se llama Aeropuerto de Pittsburgh, que tiene una base aérea. Después de la verificación, el objeto volador apareció en sus radares, pero era imposible de identificar. En un momento dado, el vehículo volador dejó de moverse y permaneció inmóvil. Dos aviones de combate llegaron como refuerzos. Los cazadores estaban a punto de interceptar el dispositivo, cuando de repente desapareció a gran velocidad. Luego se redactó un informe. Después de una investigación para encubrir el caso, las autoridades concluyeron públicamente: *los agentes de policía en la noche del 17 de abril de 1956 probablemente vieron un globo meteorológico*. Pero los datos meteorológicos prueban lo contrario, el viento esa noche era demasiado flojo para que el globo alcanzara a los coches de policía. Como los policías no estaban de acuerdo con la conclusión de las autoridades, pocos días después las autoridades inventaron otra historia, otra hipótesis: *los policías de esa noche fueron víctimas de una ilusión óptica.* Fin de la cita!

En Washington, D.C., en 1952, extraños objetos voladores de los confines del universo aparecieron incluso sobre la Casa Blanca. Las luces blancas voladoras se movían a 200 kilómetros por hora y luego se aceleraban abruptamente a 12.000 kilómetros por hora. Las máquinas desconocidas también practicaban maniobras muy complejas y giraban a 90 grados muy rápidamente. Las autoridades han enviado incluso aviones de combate para interceptar objetos voladores. Cuando los aviones se acercaron a las luces blancas, los objetos desaparecieron rápidamente de los controles del radar, y luego, unos instantes después, los objetos reaparecieron en los radares, como un juego de gato y ratón.

El mayor astrofísico de la época dijo: *es inútil cazar objetos porque no podremos atraparlos. Son capaces de moverse de una galaxia a otra, viajan en el cosmos, como desean, y donde quieren ir, nuestras posibilidades de atraparlos son casi nulas, no importa lo que hagamos.*

Los habitantes de Washington continuaron aumentando el número de llamadas telefónicas que denunciaban el fenómeno tal como lo veían ante las autoridades. El evento de los platillos voladores fue noticia en la prensa. La Fuerza Aérea dio una conferencia de prensa: *las autoridades están tratando con cualquier cosa que pueda representar una amenaza para el país. Las luces observadas en Washington están relacionadas con un fenómeno atmosférico natural, no hay razón para preocuparse.*

En el Reino Unido, Escocia no sólo es famosa por tener fantasmas y castillos encantados, se han observado muchos avistamientos de OVNIS, incluso han sido filmados y fotografiados en los últimos años. ¿Se ha convertido Escocia en un país de acogida de objetos extraterrestres voladores? La pequeña ciudad de Bonnybridge es considerada incluso la capital mundial de las naves extraterrestres: un promedio de casi 300 observaciones por año.

A pocas decenas de kilómetros de Bonnybridge, en los suburbios de Edimburgo, un automovilista atestigua haber filmado un objeto luminoso inusual en una autopista. La bola muy brillante era casi del diámetro de la Luna, el objeto iba acompañado de otras más pequeñas. El testigo confirmó al periodista: *Estaba en shock, el tráfico era bastante pesado, así que muchas otras personas tuvieron que ver las luces. No sé qué era, lo que vi no era un avión. Las luces permanecieron inmóviles antes de desaparecer definitivamente.*

Unos días antes, sobre el Castillo de la Oscuridad, un testigo fotografió dos luces brillantes que sobresalían sobre el cielo gris.

Un jubilado de Rossie Ochil, al sur de Perth, dijo que por la noche estaba conduciendo por el campo y que vio un objeto volador con ruidos ensordecedores. Este testigo nos dice: *mi jeep está lejos del silencio, pero el ruido del motor estaba cubierto por el ruido, parecía como si miles de aspiradoras estuvieran funcionando al mismo tiempo.*

Otro objeto volador fue observado en la ciudad de Freuchie en el centro de Escocia. Esta vez, los objetos eran triangulares. Incluso pequeños seres grises fueron vistos. En los años 90, en la cercana ciudad de Tarbrax, dos hombres en un coche vieron un disco sobre la carretera. En retrospectiva, las víctimas se dieron cuenta de que no sabían lo que habían hecho durante una hora y media.

El 23 de septiembre de 1996, hacia las 20 horas, a unos 50 kilómetros de Bonnybrige, el lugar antes mencionado. Una pareja y su hijo pequeño estaban conduciendo cuando vieron un objeto triangular en posición estacionaria sobre el camino. La pareja decidió estacionarse para observar el fenómeno, se sorprendieron al ver una máquina suspendida así. El objeto estaba equipado con dos haces cilíndricos que proyectan los rayos de luz sobre el suelo. Los rayos se movían como si fuera una danza rítmica. Los testigos dijeron que nunca habían visto nada parecido, que eran conscientes de que no era ni un avión ni un helicóptero. Entonces, el objeto se levantó abruptamente, y desapareció rápidamente. El camino que habían tomado no era muy transitado, el lugar era un campo cerca del bosque, y había algunas casas aisladas. De camino a casa, vieron de nuevo el objeto triangular que venía a gran velocidad hacia su coche. El objeto se movía tan rápido que el niño, asustado, gritó: *Mamá, mamá, ¿qué pasa, se va a estrellar?* El dispositivo pasó sobre el coche antes de desaparecer de nuevo. De vuelta en casa, la madre decidió contárselo a una amiga: *no vas a creer lo que acabamos de ver cerca del bosque, vimos OVNIS.* El amigo de la familia no creía en la historia. La madre acompañó a su amiga a la escena del evento y testificó: *salimos de la carretera principal para tomar el atajo hacia el bosque, llegamos y allí vimos luces cilíndricas rojas, azules y verdes. Los objetos aún estaban presentes, una docena de objetos se elevaron del suelo. Me gustaría señalar que hemos vivido aquí toda nuestra vida y que conocemos bien la región. Luego nos detuvimos a observar el cielo en el que había cientos y cientos de pequeñas luces centelleantes. Sobre la colina, vimos una bola de luz naranja que no habíamos visto antes. Luego una neblina azulada se extendió frente al bosque. En la niebla, vimos pequeñas criaturas grises levantando madera y cilindros del suelo y llevándolos a un recipiente triangular. Las vigas parecían estar detrás de los barcos triangulares estacionados en el claro. Cuando fuimos al claro y vimos dos* criaturas marrones diferentes, muy grandes. Las grandes criaturas tenían una cara puntiaguda, la parte posterior de sus cráneos era plana. En un momento dado, una de las entidades puso el dorso de su mano en el suelo. No sé qué significa eso. Posteriormente, observamos que otras pequeñas criaturas grises estaban envueltas en lo que parecían ser burbujas jabonosas, de unos tres metros de circunferencia. Las criaturas dentro de las burbujas atravesaron los campos y se dirigieron a nuestro coche. Las burbujas subieron a ocho metros del coche. Justo antes de arrancar el coche, sentimos algo como si alguien estuviera jalando nuestras cabezas hacia la burbuja. Sentí que me iba a desmayar como si fuera a quedarme dormido, afortunadamente para nosotros, me recuperé a tiempo y arranqué el coche. Qué sensación tan extraña! Mientras tanto, mi compañero sentado atrás vio un pequeño gris cerca del auto a través de la ventana. Así que me dirigí al suelo, para salir rápidamente del lugar, y para entonces, todo el camino se había iluminado, una ráfaga de luz azul iluminaba el bosque. Nos fuimos a casa, completamente asustados. Poco después, mi hijo estaba arriba con uno de sus amigos jugando en su habitación, mi compañero y yo estábamos en la planta baja. De repente, oí los gritos de mi hijo, subí las escaleras. Los chicos me dijeron que habían visto una pequeña criatura blanca flotando detrás de la ventana, la criatura tenía formas de dientes de sierra. Cuando los chicos miraron a la criatura a los ojos, desapareció.

La madre también nos cuenta: hace unos años, en una noche estrellada, estaba en la ventana de mi habitación de arriba. La noche estaba en silencio, porque vivo en un lugar donde no hay ruidos, cuando de repente sobre mi cabeza, a unos diez metros, vi un enorme objeto volador, negro y silencioso. La máquina se movía muy lentamente sobre el techo. Fue increíble! Tubos, cajas, protuberancias fueron colocados bajo el objeto triangular. Entonces la extraña nave desapareció en una fracción de segundo.

En Zimbabwe, el 16 de septiembre de 1994, en los

83

suburbios de Harare, había una escuela como ninguna otra. El establecimiento tenía la reputación de ser muy chic. Durante el recreo de la mañana, los niños estaban jugando cuando escucharon un ruido inusual. Luego vieron un extraño objeto volador aterrizar junto al patio de la escuela. Los niños fueron testigos de un fenómeno extraordinario: dos entidades salieron del aparato, la primera se asentó sobre el objeto, y la segunda se dirigió hacia los escolares. Las criaturas que fueron descritas por los niños eran pequeñas en altura y vestidas con trajes negros, con grandes ojos negros sobre grandes cabezas. Las entidades miraban a los niños a los ojos para transmitirles mensajes telepáticos. Los asustados escolares salieron corriendo gritando para refugiarse en la escuela, tenían miedo de ser secuestrados. Más tarde, el evento tomó tal escala que los más grandes ufólogos y psicólogos fueron al lugar para interrogar a los niños sobre su encuentro con el *tercer tipo*. Los niños tenían entre ocho y doce años. Luego fueron entrevistados por separado por los especialistas. Una joven testificó el hecho paranormal: *vimos un objeto de plata aterrizar frente a la escuela, vimos dos extrañas criaturas saliendo, la entidad me miraba extrañamente así que corrí a refugiarme dentro de la escuela.* Entonces el psicólogo le preguntó a la chica:

- ¿Cómo te sentiste con esa mirada?

• *¡Tenía miedo! dijo la chica.*

- ¿De qué tenías miedo?

• *Tenía miedo, porque nunca antes había visto a una persona así, repulsiva.*

Otra joven fue entrevistada.

- ¿Has visto los ojos del humanoide? Preguntó el psicólogo.

• *Sí, vi sus ojos.*

- ¿Qué forma tenían?

• *Tenían forma de almendra, describe con sus manos.*

- ¿Dónde estaba la parte afilada de estos ojos?

• *En el templo.*

- ¿Cómo te sentiste cuando viste sus ojos?

• *Me asustó.*

- ¿De qué tenías miedo?

• *Sus ojos eran malvados, sentí como si quisiera llevarme.*

- Y tú, ¿quieres ir con él?

• *Por supuesto que no!*

- ¿Cuál fue tu reacción cuando sentiste que quería llevarte con él?

• *Empecé a asustarme y me eché atrás.*

Los otros niños dibujaron la nave espacial y los extraterrestres. Todos los escolares dieron sus testimonios, especialmente sobre las miradas intercambiadas con las entidades. Algunos habían tenido visiones extrañas: como si la Tierra estuviera siendo destruida por el hombre. Por supuesto, los niños nunca habían tenido tales ideas antes de su encuentro con entidades biológicas extraterrestres. A su vez, se entrevistó a los maestros, dijo el director de la escuela: "*Nunca antes había visto a los niños en ese estado*". *Durante el episodio paranormal, entraron corriendo en la escuela, asustados por lo que veían, algunos lloraban, tenían miedo. Bajo ninguna circunstancia los niños podrían haber inventado esto!* Como dice el refrán, la verdad sale de la boca de los niños.

Ondas de OVNIs en todo el planeta:

La ola mexicana de objetos voladores no identificados comenzó en

1991. Muchos avistamientos de OVNIS han sido vistos y filmados por múltiples testigos en todo el país. La mayor ola de observaciones fue reportada en la capital, la Ciudad de México, y especialmente alrededor del Monte Popocatepetl, específicamente sobre el volcán. El volcán Popocatépetl, que había estado dormido durante años, estaba a punto de despertar. El 11 de julio de 1991, alrededor de las nueve de la mañana, un equipo de montañeros observó objetos voladores sobre el volcán. Los escaladores enviaron un mensaje por radio a su campamento base, fue simplemente la primera ola de OVNIs del día. Ese mismo día, los habitantes de la Ciudad de México escudriñaron y, al mismo tiempo, filmaron el cielo, en el que habían aparecido muchos objetos voladores. Esto nunca antes se había observado en el país. Los OVNIS jugaban al escondite con los habitantes, usando cúmulos de nubes, y luego reaparecieron en el cielo azul, y esto repetidamente. Las imágenes filmadas del evento fueron analizadas por profesionales del canal de televisión nacional mexicano *Télévisia*. Han sido reconocidos como auténticos e infalibles. Posteriormente, las imágenes fueron transmitidas por el canal nacional mexicano. Desde los eventos, se han organizado muchos debates en el canal nacional para discutir el fenómeno OVNI. Porque ha ocupado un lugar importante en el país y se han hecho muchas preguntas al respecto. ¿Por qué los objetos voladores no identificados eligieron a México y por qué la ola de objetos comenzó en 1991?

Los especialistas examinaron estas preguntas y las respuestas se encontraron en uno de los códices escritos en 755 por los mayas, el *códice de Dresde*. Se especificó que un nuevo *Sol*, llamado el *Sol Tigre*, nacería el 11 de julio de 1991. El eclipse anunciaría dos grandes acontecimientos que cambiarían la vida de la humanidad: *un cambio en la Tierra y una conciencia cósmica resultante de los encuentros con los maestros de las estrellas.* Nuestra ciencia había anunciado el eclipse total con meses de antelación, pero nuestra ciencia no había predicho que aparecerían objetos voladores extraterrestres durante este evento. A diferencia de nosotros, los sacerdotes mayas habían predicho ambos eventos miles de años antes. De hecho, el pueblo de la Ciudad de México se había estado preparando para esta fecha histórica durante años.

La primera gran ola de objetos voladores alienígenas comenzó unos minutos antes del eclipse. En cada rincón de la ciudad, los habitantes se habían equipado con cámaras. En un momento dado, los objetos adoptaron una posición estacionaria, lo que dio la impresión de que ellos también estaban esperando a que ocurriera el eclipse. Un periodista, el más famoso de la cadena nacional intrigado por el fenómeno, ordenó a sus colaboradores que filmaran las naves alienígenas en primer plano, y luego realizaran ampliaciones digitales de las mismas. Unos segundos antes del eclipse total, muchos objetos voladores comenzaron a temblar en el cielo mientras se movían hacia el Sol. Después del evento, los objetos voladores todavía estaban presentes en el cielo mexicano, maniobrando en todas las direcciones. Un sacerdote incluso tomó fotos y dijo: *uno de los objetos que pude fotografiar era blanco y proyectó luces azules, los colores eran muy intensos. No tuve miedo de la manifestación, al contrario, lo que observé fue magnífico. Repitió la frase de un filósofo: « Si Dios está fuera de la verdad, yo permaneceré del lado de la verdad ».*

Los principales expertos del país examinaron todas las imágenes de la cadena mexicana tomadas durante el eclipse con un peine de dientes finos, y afirmaron que *se trataba de objetos voladores sólidos, no identificados y de apariencia metálica. Le pedimos al ejército que averiguara si no había habido una operación militar el mismo día, la respuesta de las autoridades fue negativa. También entrevistamos a los servicios meteorológicos, su respuesta también fue negativa.*

El 12 de julio de 1991, al día siguiente, los diarios de prensa nacionales se apoderaron del fenómeno, publicando fotos tomadas durante el eclipse. La ola (mexicana) de OVNIs duró tres años consecutivos. Los ciudadanos mexicanos elogiaron la transparencia de su gobierno, que dijo al público la verdad sobre el fenómeno paranormal.

En el siglo XX, Francia experimentó tres olas de objetos voladores no identificados. Ha habido muchos testimonios falsos, pero también ha habido casos reales.

- La primera ola de OVNIs comenzó en 1954 y duró tres meses.

- La segunda ola, más larga, ocurrió casi 20 años después, de 1973 a 1976.

La tercera ola de OVNIS duró sólo unos minutos el 5 de noviembre de 1990. Este lunes 5 de noviembre, hacia las 19 horas, miles de franceses vieron un extraño fenómeno en el cielo. Una tripulación que sobrevolaba el Macizo Central también lo vio. El objeto volador fue incluso filmado: tenía una forma triangular. Los testigos, que fueron numerosos, sobre todo en París y en la región parisina, definieron un gigantesco objeto volador luminoso delimitado por tres balizas blancas, acompañadas de humo blanco. Se movió lentamente durante unos minutos, y luego desapareció hacia la Torre Eiffel.

En Seine-et-Marne, hubo muchos testigos, entre ellos un ex piloto de aviación civil que dijo: *Nunca había visto un objeto de tal magnitud. Insiste: el objeto era gigantesco, tan grande que daba la impresión de que toda una ciudad flotaba lentamente en el aire sobre mi cabeza.*

En Midi-Pyrénées, la misma noche, otro testigo dijo: *después de mi trabajo, estaba a punto de irme a casa, eran casi las 7 de la tarde, estaba oscuro. Vi una luz blanca volando bajo en el cielo oscuro. La luz blanca se movía lentamente de sureste a noreste. Entonces el objeto volador se estabilizó y se estacionó sobre mi cabeza. Vi que se encendía una luz naranja perfectamente redonda y cuando también se encendió una segunda, entré en pánico. Luego se encendió una tercera luz naranja, unos segundos más tarde, las tres luces naranjas se apagaron simultáneamente. Así que vi pequeñas luces blancas a lo largo de toda la estructura de la máquina. Había otras personas presentes. Me pareció como pequeñas ventanas perfectamente alineadas en una longitud muy larga. Al estar cerca del enorme objeto, no pude determinar su forma o tamaño, cubría todo mi campo visual. La gigantesca máquina no hacía ningún ruido, se movía suavemente horizontalmente en dirección noreste. Unos minutos más tarde, las luces blancas se apagaron instantáneamente y luego todo desapareció, la observación duró unos diez minutos.* El testigo añadió que unos días después, llamó a las agencias de ufología para contarles lo que había visto. Cuando contó los hechos, la gente se rió de él, y él se arrepintió de haber hablado del enorme objeto volador no identificado.

En Beauvechain (Bélgica), la noche del 31 de marzo de 1990, se activó una alarma en la base aérea de Beauvechain alrededor de la medianoche. Una violación del espacio aéreo belga había sido detectada por los radares, dos aviones de combate preparados para despegar de la base. Antes del despegue, las autoridades belgas advirtieron a los pilotos que se trataba de un objeto volador triangular negro, con luces en los bordes y una especie de cúpula por encima. El objeto se movía lentamente, pero la máquina desconocida podía acelerar y volar muy rápido, era capaz de desafiar a cualquier dispositivo conocido en la Tierra.

La autorización de identificación fue otorgada a los pilotos. Afirmaron que una vez allí arriba, se acercaron a unos 32 km del misterioso objeto. Apareció en sus pantallas de radar. Al principio, los pilotos pensaron que era un avión. Cuando los cazas se acercaron, desapareció rápidamente de las pantallas de radar. Cuatro meses antes, otro objeto triangular ya había sido comunicado a las autoridades belgas.

El fenómeno del triángulo negro comenzó en la pequeña ciudad de Eupen, a pocos kilómetros de la frontera alemana. El 29 de noviembre de 1989, dos policías que patrullaban la ciudad observaron tres luces brillantes en el cielo. Los agentes declararon que las luces fijas provenían de un objeto sólido que volaba sin ruido. Decidieron seguirlo. El objeto se detuvo cerca del lago Gileppe, los agentes informaron que había estado suspendido sobre el lago durante una hora. Mientras tanto, pudieron observar una luz roja saliendo de la máquina y moviéndose autónomamente. La policía no estaba al final de su sorpresa. Posteriormente, apareció un segundo objeto similar, los oficiales decidieron notificar a su supervisor describiendo lo que estaban viendo. Los colegas se rieron de ellos: *¿has visto a Papá Noel?* Los agentes protestaron: *no, no, no, no, es serio, no estamos bromeando!* El mismo día, 14 policías y unos 100 testigos vieron el mismo fenómeno.

La prensa belga, en sus titulares, irrumpió en misteriosos objetos voladores. El ejército belga abrió una investigación. Según el análisis de los gráficos de los radares, los objetos voladores no identificados habían realizado maniobras y carreras direccionales y su comportamiento seguía sin ser explicado por nuestra ciencia. Se registraron cambios de velocidad increíbles: volaron a 320 km/hora, y en una fracción de segundo pudieron superar los 1110 km/hora, desafiando todas nuestras leyes de la física. Las autoridades belgas han sido transparentes a este respecto, han hecho pública toda la información que tienen en su poder y han declarado: *no sabemos de qué se trata.*

Tres años más tarde, el 31 de marzo de 1993, alrededor de la medianoche, esta vez fue el espacio británico el que fue violado. A unos 230 km al norte de Londres, los agentes de policía estaban haciendo sus rondas en la base militar de Cosford. Los oficiales ubicaron dos objetos de luz triangulares en una posición estacionaria en el cielo. Después de varios minutos de observación, regresaron a su cuartel general para reportarse. Se pidió a las autoridades británicas que llevaran a cabo una investigación titulada *"El incidente de Cosford"*. Los británicos afirmaron: *con respecto a los dos misteriosos objetos vistos por la policía, no sabemos exactamente si había uno o dos, pero si se trataba de un solo objeto, debe haber sido enorme.*

Unos minutos después de la aparición del OVNI en la base de Cosford, otro objeto triangular fue visto a unos 30 km de la base de Rugeley. Testigos civiles lo observaron, incluyendo una familia que incluso había salido de su auto para ver mejor. Más tarde, decidieron seguir el enorme objeto, pensando que aterrizaría en algún lugar. La aeronave volaba muy lentamente en un ángulo bajo. Tras la investigación, se pidió a los funcionarios del Ministerio del Interior que verificaran la información con el Ministerio de Defensa. Tras la verificación, las autoridades británicas descubrieron que ninguna aeronave militar o civil había sobrevolado la zona esa noche. Los investigadores dijeron: *no se trata de un simple brote de OVNIs, sino que es una cuestión de seguridad nacional británica.*

Sin embargo, el fenómeno cambió su enfoque y otra base militar también fue visitada por triángulos negros gigantes, la base Shaw Bury. Un oficial de la base responsable del clima vio un objeto sobrevolando la base militar. Los investigadores dijeron: el oficial del tiempo había visto el objeto dar la vuelta a toda la base militar. El objeto era triangular y emitía extraños zumbidos de muy baja frecuencia.   Uno de los soldados de la base sintió el zumbido en su cuerpo de una manera muy desconcertante. Incluso vio un rayo láser muy fino que salía del objeto y se movía por la base militar. El soldado dijo: *Tuve la sensación de que el objeto volador estaba buscando algo, unos minutos después, el rayo de luz se apagó y el objeto se fue muy rápidamente. Veo aviones de combate todos los días, pero nunca había visto nada igual en mi vida.* Los investigadores del Ministerio Británico, después de entrevistar a todos los testigos, declararon *que los relatos de los testigos eran muy consistentes y que todas las declaraciones iban en la misma dirección. Todos estuvieron de acuerdo en que un objeto volador triangular muy grande había avanzado en el aire con zumbidos y había desaparecido muy rápidamente.* En conclusión, el Ministerio británico cerró el caso: *los testigos vieron un objeto misterioso, un objeto volador no identificado.*

Siete años más tarde, el 5 de enero de 2000, en el condado de St. Clair, Illinois, Estados Unidos, alrededor de las cuatro de la mañana, un oficial de policía patrullaba una carretera que conducía al Líbano. Recibió una llamada de la oficina central: *recibimos una llamada de un camionero que informaba de un objeto volador en la zona del Líbano. El objeto es tan grande como una casa de dos pisos, con luces blancas y rojas parpadeando, ¿puede ir a ver?* El más cercano respondió bromeando: *¡si lo veo, no te lo diré!* El oficial de policía no lo creyó hasta que él mismo descubrió las luces. Describió por radio: *Veo luces muy blancas y brillantes, parece un avión, pero no creo que sea un avión, voy a mirar más de cerca. Veo el objeto triangular flotando en el aire y sin ningún ruido.* Unos minutos más tarde, el agente vio que el objeto giraba sobre sí mismo y luego desaparecía rápidamente. En ese momento, el oficial de policía se preguntó si no era un prototipo lanzado por el ejército estadounidense. Preguntó por radio: *¿puede ponerse en contacto con la base aérea de Scott, que estaba a pocos kilómetros de distancia, para* *averiguar si no era uno de sus dispositivos?*

La conversación fue escuchada por los otros agentes de policía que no estaban lejos del lugar.

En Silo, dos policías respondieron: *nosotros también vemos luces blancas en el cielo, ¡no sabemos lo que es!* Una vez más, las luces desaparecieron rápidamente. Unos minutos más tarde, esta vez en Millstadt, dos agentes de policía llamaron a su base para reportar un objeto volador en forma de V. Veinte minutos más tarde, en el Líbano, Connecticut, por cuarta vez en la misma noche, los agentes dijeron que habían visto el mismo objeto. Los periodistas investigaron el extraño y gigantesco objeto triangular.

Confirmaron la autenticidad de las conversaciones radiales de los policías, así como los testimonios civiles que confirmaron la tesis de que se trataba de artefactos de otro mundo.

Ha pasado mucho tiempo desde que se observaron los gigantescos triángulos negros. El 29 de junio de 1949, en Baltimore, Maryland, aproximadamente a las 6 p.m., un sargento de la Fuerza Aérea Americana de la Segunda Guerra Mundial observó en el cielo muchos de los triángulos negros agrupados en formación de vuelo. El ex veterano había dicho: *los objetos voladores formaban figuras aéreas, sin ruido alguno, no tenían alas ni tren de aterrizaje y maniobraban en el aire a velocidades inimaginables. Estas maniobras habrían sido muy difíciles de llevar a cabo para nosotros los humanos, ya que nuestros conocimientos y habilidades técnicas no eran suficientes.* El sargento y sus vecinos habían observado el espectáculo ofrecido por los misteriosos triángulos durante dos horas. Incluso tuvo tiempo de dibujar las máquinas voladoras tal y como las veía. Más tarde, el veterano decidió contactar a la Fuerza Aérea de los Estados Unidos para reportar el extraño fenómeno. El ejército estadounidense investigó y descubrió que ningún radar había registrado el fenómeno y que ningún piloto en vuelo había notado nada inusual.

Una historia aún más antigua del *triángulo volador negro* observado por el hombre se remonta a 1882. Dos astrónomos americanos estaban observando la luna llena con un telescopio cuando vieron dos gigantescos triángulos negros moviéndose en la Luna. Cubren gran parte de su área inferior. Este fenómeno apareció en los titulares de una revista científica estadounidense de la época. Los dos cómplices afirmaron haber visto dos triángulos negros moviéndose hacia la parte inferior de la Luna y acercándose el uno al otro. Así enmascararon casi un cuarto de la superficie lunar. Los astrónomos no tenían ninguna explicación sobre la naturaleza de los objetos triangulares, ya que el hombre aún no había inventado el avión.

Durante siglos el hombre ha afirmado haber visto y observado gigantescos triángulos negros capaces de volar a velocidades inimaginables.

Avistamientos de OVNIS sobre nuestros sitios estratégicos:

El fenómeno más espectacular en la historia del mundo ufológico tuvo lugar en la base militar de la OTAN en Inglaterra.

El 26 de diciembre de 1980, en Rendlesham, a 200 kilómetros al noreste de Londres, en una base militar muy segura que albergaba los misiles nucleares de la OTAN, alrededor de la una de la mañana, un soldado vio una luz en el cielo sobre la base militar. Inmediatamente lo notificó a las autoridades, y tres soldados fueron enviados al lugar del suceso. Observaron un brillo blanco muy brillante que iluminaba el bosque, los soldados se acercaban cada vez más al objeto luminoso. Entonces el objeto que había caído aterrizó. Los soldados incluso tocaron el dispositivo. Encontraron que la estructura era muy lisa, que el objeto tenía símbolos similares a las escrituras como los que podemos encontrar en los obeliscos de Egipto. Uno de los soldados dijo que durante la reunión, sintió que el objeto era enviarle mensajes telepáticos. El soldado sacó rápidamente su cuaderno para anotar cómo se sentía. Él notó interminables series de números. Al principio, el dispositivo desapareció, luego unos minutos más tarde reapareció, y luego desapareció de nuevo, completamente esta vez, para esa noche.

El Coronel de la base militar de Rendlesham fue informado inmediatamente de lo que acababa de ocurrir esa noche del 26 de diciembre de 1980. No quería creer la historia que acababa de ocurrir en su base militar, incluso se rió de ella con sus colegas. Dos días después, el coronel fue llamado por el jefe de policía de la base militar, el objeto volador no identificado estaba de vuelta, el coronel acompañado de sus soldados fue a la escena. El objeto volador había dejado huellas visibles en el suelo, pero también en los árboles. Sus ramas fueron arrancadas, incluso había marcas en los troncos. El coronel pidió a sus tropas que hicieran una inspección de la pista de tierra, tomaran fotografías y comprobaran el nivel de radioactividad utilizando un contador Geiger. Entonces un soldado gritó: ¡mírala! El coronel y los soldados vieron un enorme objeto volador rojo con contornos negros. Entonces los soldados vieron varias luces. He aquí un resumen de las palabras grabadas durante la conversación - versión original - entre los protagonistas en el campo y la sala de control:

- Veo una luz roja parpadeando delante de nosotros-dijo el coronel-.

- Pero, ¿dónde viste una luz? preguntó el puesto de control.

- Justo ahí, entre los árboles, sigue ahí.

- Sí, yo también lo veo, ¿qué podría ser?

No lo sabemos. Ella viene hacia aquí. ¡Tenemos el objeto diez grados al sur sobre el horizonte! Hay otros en el norte que se mueven rápido. ¡Oye, oye, oye, oye! Allí, el del sur viene hacia nosotros, oye, venía hacia nosotros, ¡es increíble! Algo así como un rayo desciende al suelo, ¡es increíble! ¡Eso es raro! Apaguen sus lámparas.

En la conversación original, podemos escuchar y ver el miedo en las voces de los testigos. El objeto permaneció en una posición estacionaria sobre la base militar, y luego envió un rayo de luz a un punto muy preciso del bosque. Allí, los sótanos contenían un gran stock de misiles nucleares! Unos minutos más tarde, el objeto explotó y se convirtió en cinco bolas brillantes que desaparecieron en la naturaleza. El objeto volador no identificado fue visto y registrado por los radares de la base militar. Posteriormente, el Coronel escribió un informe para el Ministerio de Defensa británico. Recientemente, el caso Rendlesham fue desclasificado y hecho público. Se ha convertido en el fenómeno OVNI más famoso de la historia militar, apoyado por pruebas, testimonios creíbles y un informe bien documentado.

En Maine, Estados Unidos, cerca de la frontera con Canadá, había una base aérea muy importante de Estados Unidos. La base de Loring también albergaba armas nucleares bajo alta vigilancia. En la noche del 27 de octubre de 1975, los soldados de servicio vieron cómo un objeto volador volaba fuera de la base. Estaba colgado en el aire, los soldados no sabían de qué se trataba. El misterioso objeto comenzó a moverse lentamente, así que los soldados decidieron llamar a la torre de control y preguntaron si había un helicóptero en sus radares. Al mismo tiempo, el controlador de tránsito aéreo detectó un objeto misterioso para el que no tenía identificación. Como el objeto volador no dio ninguna información, el controlador se tomó en serio el asunto e inmediatamente informó al capitán. Este último, equipado con binoculares, subió a la cima de la torre. Descubrió un objeto volador en movimiento, la torre de control confirmó que el objeto se movía y se movía alrededor de la base. Entonces el objeto desapareció rápidamente. El comandante ordenó patrullas alrededor de la base para asegurarse de que nadie hubiera entrado. La noche siguiente, durante la patrulla, los soldados volvieron a ver un objeto volador, pero esta vez estaba colocado dentro de la base y se dirigía en silencio hacia el arsenal de armas nucleares. Volvieron a llamar al puesto de control, pero esta vez los soldados apuntaron sus armas al objeto. La base militar estaba en alerta, la amenaza era inminente, el comandante notó que el objeto volador estaba por encima del arsenal nuclear. Tan pronto como ordenó que se disparara el fuego, el dispositivo desapareció en el aire. Unos minutos más tarde, dos mecánicos de la base estaban trabajando en un hangar, uno de ellos salió a tomar un poco de aire, vio el extraño objeto volador, así que advirtió a su colega. Ambos no podían creer lo que veían. Decidieron tomar un vehículo para seguir a la máquina que aterrizó frente a su vehículo. La alerta fue dada de nuevo porque el radar de la base grabó el dispositivo dentro del sitio. Momentos después, el objeto se movió hacia el norte de la base, por lo que el controlador anunció que la aeronave había abandonado el perímetro del radar y se dirigía a la frontera canadiense.

Esta es la única vez que las autoridades han reconocido que un dispositivo de origen desconocido ha entrado en una base militar con armas nucleares. Las autoridades no pudieron determinar exactamente de dónde provenía ni explicar a quién pertenecía el misterioso objeto volador. Durante este período, las bases nucleares más importantes de Estados Unidos fueron visitadas por objetos voladores no identificados. Como resultado, el Plan Rojo fue decretado por las autoridades, que especificaron que la amenaza de objetos voladores no identificados se estaba volviendo grave.

Después de la Segunda Guerra Mundial, comenzó la Guerra Fría entre los Estados Unidos y la Unión Soviética. Los dos países más poderosos de nuestro planeta están lanzando una carrera de armamentos nucleares. Las misiones de vigilancia mutua estaban enfurecidas. El mundo entero esperaba que algún día esto llevaría a un desastre global. Las instalaciones militares de ambos países fueron puestas bajo alta vigilancia día y noche. Durante este período, los OVNIS aparecieron con más frecuencia de lo habitual en todo el mundo.

En la Unión Soviética, la central nuclear de Sverdlovsk estaba muy vigilada. En junio de 1959, los radares del sitio detectaron un objeto volador no identificado. Los soldados presentes en el lugar vieron un dispositivo volando sobre la base. Un avión de combate fue enviado tras él. Al principio, el objeto escapó muy rápidamente, pero unos minutos más tarde, estaba de vuelta. Las demostraciones duraron 24 horas y luego el platillo volador desapareció definitivamente.

Años más tarde, el 4 de octubre de 1982, un objeto volador similar reapareció en otra base militar. La nueva visita tuvo lugar en la base militar de Usovo, en la Unión Soviética. El platillo volador fue observado por personal militar, pero también por civiles. Esta vez, el objeto era más amenazante, porque todas las luces de control en la base militar de Usovo temblaban, los misiles se activaron repentinamente sin razón aparente, comenzó la cuenta atrás. Un pánico general se apoderó del lugar durante interminables segundos, y los militares creyeron que el fin del mundo estaba cerca. A partir de entonces, el platillo volador desapareció permanentemente. Desde entonces, todo ha vuelto a la normalidad. Tiempo después, el comandante de la base militar dijo: el hecho de que todas las pantallas se encendieran espontáneamente nos sorprendió. En ese momento, no estábamos en condiciones de controlar la situación. Hace frío en la espalda, ya no sabía qué hacer, ante la situación que se nos impuso, me sentí impotente.

En la base militar de Maelstrom en Montana, Estados Unidos. A veinte metros bajo tierra había ocho misiles nucleares. La base estaba bajo el mando del oficial Robert Salas. Después del incidente dirá: "En la mañana del 24 de marzo de 1967, recibí una llamada de seguridad en la entrada de la base. Después de la primera alerta, que me advirtió unos minutos antes de la presencia de un objeto volador, los soldados me llamaron por segunda vez con una voz asustada diciéndome que un objeto volador no identificado estaba flotando sobre la entrada principal de la base. El soldado me describió el extraño objeto con precisión. Según él, el dispositivo estaba rodeado de luces rojas. Los cuatro soldados me confirmaron que estaban listos para abrir fuego. Después de la alerta de los guardias de seguridad, me di cuenta de que estaba perdiendo el control de ocho misiles. Simplemente fueron desactivados uno tras otro. Sabía que técnicamente esto era imposible, porque cada uno tiene su propia fuente de alimentación segura. Para el oficial, el incidente que acababa de ocurrir era simplemente inimaginable, inexplicable, increíble, razón por la cual escribió un informe a sus superiores.

La respuesta de la jerarquía no tardó en llegar, se le informó al oficial que un incidente similar había ocurrido al mismo tiempo, en otro lugar de lanzamiento, los misiles nucleares también habían sido desactivados. El agente también se enteró de que una semana antes se había producido un tercer incidente en las mismas circunstancias. Las autoridades han llevado a cabo sus investigaciones, pero no se ha dado ninguna explicación pública.

Avistamientos de OVNIS en nuestras instalaciones nucleares civiles:

Cuando aparecen objetos voladores no identificados en nuestro entorno, cerca de nuestras infraestructuras, liberan una energía electromagnética muy potente.

El 14 de agosto de 2003, enormes cortes de energía en serie golpearon el noreste de los Estados Unidos y el este de Canadá, creando monstruosos atascos de tráfico en las principales ciudades. Las autoridades declararon: no tenemos indicios de un posible acto terrorista, el corte de energía eléctrica sigue siendo de origen desconocido. Unas horas antes del apagón masivo, muchos testigos vieron OVNIs activados sobre plantas de energía nuclear en el noreste de los Estados Unidos. En las grandes ciudades, el corte de energía provocó movimientos de multitudes en el metro y en los trenes que ya no funcionaban. En Nueva York, las multitudes invadieron las calles para volver a casa. Largas filas de peatones entre los vehículos bloqueados por un calor aplastante. El apagón también interrumpió el tráfico aéreo, los vuelos fueron simplemente suspendidos en siete aeropuertos, incluyendo los tres aeropuertos alrededor de Nueva York, pero también en Cleveland, Detroit, y también en Canadá, Ottawa y Toronto.

Después de los incidentes, el alcalde de Nueva York dijo: el corte de energía nos causó problemas, afortunadamente los incidentes no causaron violencia, y la electricidad será gradualmente restaurada en todo el país.

América del Sur también se vio afectada por un apagón. En la noche del 24 de septiembre de 2011 a las 10 p.m., un apagón sin precedentes golpeó a Chile, sumergiendo al país en una oscuridad total. Nunca antes se había registrado un fallo de esta magnitud. La causa del apagón se atribuyó a un transformador principal que causó apagones sucesivos. Después del corte de luz, los testigos dijeron que vieron extrañas luces brillantes moviéndose a través del cielo. Algunos incluso filmaron el fenómeno, afirmando que nunca habían visto nada comparable. Estaban especialmente impresionados por el movimiento de los objetos y afirmaron que este movimiento sugería que las máquinas eran operadas por una cierta inteligencia. La gente en el auto reportó que su auto también se había averiado como si las baterías se hubieran agotado instantáneamente. Sus teléfonos celulares también estaban averiados.

Alrededor de las 11 de la noche, tras la desaparición permanente de los objetos voladores, todo volvió a funcionar con normalidad.

En noviembre de 2009, en Argentina, los habitantes de la ciudad de Joaquín Víctor González, en la provincia de Salta, vieron un gigantesco barco iluminar el cielo. Permaneció en una posición estacionaria sobre la ciudad durante unos minutos. Posteriormente, un apagón sumió a la ciudad y a la región de Salta en una oscuridad absoluta, con más de un millón de personas sin electricidad. Antes del apagón, los testigos afirmaron que un OVNI se dirigía a la central hidroeléctrica de la región. La prensa regional -Diario Popular y National Tribuno- mencionó el evento, aconsejando a la gente que tenga cuidado con este fenómeno.

En Estados Unidos, el 2 de noviembre de 1957, un policía en activo espió un objeto brillante en el cielo de la ciudad de Levelland. Otro agente de policía había informado anteriormente sobre un fenómeno idéntico, explicó en el informe: vi extraños destellos. Al principio, me pareció que estos destellos venían del camino. El OVNI se movía de este a oeste y se acercaba al suelo. Bloqueó muchos coches en la carretera, los vehículos habían dejado de funcionar de repente. Los conductores dijeron que sus baterías se habían agotado instantáneamente. Unos minutos más tarde, el objeto volador había desaparecido por completo. Poco después, como por arte de magia, todo volvió a la normalidad. Un gerente de proyecto del Libro Azul dijo: sabemos que algunas radiaciones o inducciones están relacionadas con la presencia de extraterrestres. Ahora sabemos que los OVNIS en general generan campos electromagnéticos muy potentes, que interrumpen y paralizan el funcionamiento de nuestras infraestructuras, ya sean eléctricas o electrónicas. Estas fuerzas afectan nuestro estado físico y moral de la misma manera.

En la ciudad de Nueva York, en noviembre de 1965, muchos neoyorquinos vieron una bola de luz. Esa noche, un gran corte de energía golpeó el continente norteamericano y lo sumió en un caos total. Más de ocho estados en los Estados Unidos y todo el norte de Canadá estaban en completa oscuridad, más de 30 millones de personas estaban sin electricidad. Unos minutos antes, en el aeropuerto Syracuse Hancock de Nueva York, un piloto de avión reportó extraños objetos voladores al acercarse a Nueva York, estimando que el objeto tenía unos 50 metros de diámetro. Otra tripulación informó de que se trataba de una embarcación voladora circular y de forma brillante. El dispositivo estaba situado encima de una central nuclear y cerca de una línea de alta tensión. El apagón duró casi 13 horas. Agentes del FBI fueron a la planta de energía nuclear. Los medios de comunicación informaron que el corte de energía se debió a una invasión alienígena. La revista Life, la más famosa del mundo, anunció que naves extraterrestres estarían en el origen del incidente.

Tres años después de estos incidentes, un comité de ciencia y aeronáutica decidió abrir una investigación. En 1968, un profesor señaló que los avistamientos de OVNIS coincidían con los apagones, y que se debía prestar seria atención al problema de los OVNIS y los extraterrestres.

Los físicos a su vez presentaron un informe a las autoridades del gobierno estadounidense: estudios sobre objetos voladores no identificados. Unos meses después, se creó la Comisión Cóndor, escribió un miembro de la Comisión: es el organismo científico y público más influyente en lo que respecta a los problemas extraterrestres. Cualquier demostración científica sobre el tema debe hacerse de acuerdo con la Comisión Cóndor.

Mucho ruido para nada, lleva a las autoridades a creer oficialmente, y en 1969 el proyecto Cóndor fue extrañamente abandonado. Oficialmente, la Fuerza Aérea también puso fin al proyecto del Libro Azul. Las autoridades simplemente abandonaron todos los proyectos que eran responsables de tratar el fenómeno OVNI. ¿Coincidencia?

Unos meses después, muchos testigos vieron dos ovnis sobre la central nuclear de Indian Point. Pocos días después, Nueva York se encontró de nuevo en la oscuridad, un corte gigantesco que hizo que algunos robaran y saquearan las tiendas. Siguieron muchos incidentes, causando muchas lesiones y más de 4000 arrestos. El entonces alcalde de Nueva York dijo: el apagón amenazó nuestra seguridad y tuvo un impacto en nuestra economía. De la noche a la mañana, causó terror en nuestros barrios, donde muchas tiendas fueron saqueadas e incendiadas.

Los expertos emitieron como una posibilidad de que los extraterrestres simplemente estaban robando nuestra energía. Otros asumieron que los alienígenas nos estaban demostrando que podían dominar nuestra tecnología. En cualquier caso, no se pueden descartar ambos casos.

También en Francia se vieron y filmaron muchos objetos

voladores sobre nuestras centrales nucleares. Al principio, los medios de comunicación franceses pensaron que eran simples aviones teledirigidos, pero luego se dieron cuenta de que se trataba de objetos voladores no identificados.

En 2012, un periodista de un canal público filmó con una cámara profesional, un OVNI sobre una central nuclear. Algún tiempo después, dijo: personalmente, nunca había visto un OVNI antes, lo que vi y filmé es real, el evento tuvo lugar el 8 de septiembre de 2012, alrededor de las 5:20 de la tarde, durante un rodaje en Zoufftgen, en Mosela, en la central nuclear de Cattenom. Pude seguir un brillo particularmente brillante en el visor de mi cámara. Después de la verificación, encontramos que no podía ser un efecto óptico debido al Sol o al lente de mi cámara, ni un reflejo de la luz causado por paneles solares, ni la estación espacial internacional de la ISS. No se programaron lanzamientos de globos para ese día en la región. Todo esto no fue posible. El mismo día en Alemania y Suiza, los testigos reportaron el mismo tipo de observaciones, algunos también filmaron y fotografiaron el fenómeno. Este es mi testimonio, no estoy tratando de convencer a la gente, sino simplemente de compartir.

También se produjo el desastre de la central nuclear de Fukushima, en Japón, que fue golpeada primero por un violento terremoto el 11 de marzo de 2011 y luego por un poderoso tsunami que devastó toda la región. Durante y después del desastre, muchos objetos voladores no identificados fueron vistos y filmados por la televisión japonesa sobre la central eléctrica. Muchas fotografías fueron tomadas después de la serie de explosiones debidas a los reactores en el emplazamiento nuclear. Al principio, los periodistas pensaron que habían filmado las explosiones en la planta, pero más tarde se dieron cuenta de que también habían filmado otras cosas. Los medios de comunicación permanecieron en silencio sobre los curiosos avistamientos de OVNIS.

Mucha gente se hace preguntas: ¿qué observaban los visitantes curiosos y qué hacían allí? ¿Quizás estaban allí para ver los daños causados por el desastre que acababa de azotar Japón?

Incidentes causados por extraterrestres:

En la costa de Carolina del Norte, en los Estados Unidos, en los últimos años se han producido terribles explosiones y extraños terremotos. La gente del área de Wilmington son víctimas de fenómenos aterradores, a plena luz del día o de noche.Testifican que a cualquier hora, escuchan ruidos ensordecedores acompañados de cañonazos, haciendo temblar las casas.

Víctimas de estos extraños fenómenos, algunas personas comienzan a tener miedo. Los testigos dicen que las explosiones han existido desde la infancia. Un residente, meteorólogo de profesión, habla: He vivido en la región durante mucho tiempo, en cada explosión registraba la hora y las condiciones meteorológicas. Incluso grabé las explosiones muy fuertes del 2 y 3 de marzo de 2013. Con buen tiempo en la región, las explosiones se escucharon en un radio de 20 kilómetros. Posteriormente, pude revisar las imágenes meteorológicas del 2 y 3 de marzo de 2013 y descubrí que no había habido actividad de tormentas en el área de Wilmingtonn en una distancia de 370 kilómetros. El tiempo no fue la causa de las explosiones que escuchamos esos dos días. El ejército contactado para informarse sobre posibles ejercicios militares en la región respondió que no se había llevado a cabo ninguna actividad militar.

Un geólogo también se encargó del misterioso caso, argumentó que alrededor del área de Wilmington no hay fallas sísmicas, y que las explosiones que se escuchan no están relacionadas con un terremoto. Los pescadores de la zona dijeron: cuando estamos pescando en el mar, en el momento de las explosiones, vemos que el ruido viene de las profundidades del mar. Otras personas en la región dicen: durante las explosiones vimos enormes objetos esféricos voladores de color rojo-naranja que aparecen sobre el mar. Estamos convencidos de que las explosiones y terremotos se originan en el mismo lugar en el mar, la molestia es causada por los extraterrestres y sus OVNIs.

América no es el único país del mundo que experimenta este tipo de eventos, el mismo fenómeno ocurre en Italia, Japón, Filipinas, etc.

En Sicilia, en diciembre de 2003, el pequeño pueblo de Canneto Di Caronia experimentó un extraño fenómeno. Empezó con un apartamento que se incendió. Después de la investigación, el origen del incendio provino del medidor de electricidad. Al día siguiente, se produjo un segundo incendio en un apartamento nuevo, aún causado por el medidor de electricidad. En pocas semanas, el gobierno italiano registró más de 400 incidentes similares. Los habitantes de la ciudad tuvieron que admitir que algo extraño estaba sucediendo, así que tuvieron que evacuar sus casas.

Científicos experimentados fueron enviados a la región para resolver el problema. Durante la investigación, el fenómeno continuó extendiéndose, los investigadores se vieron abrumados por estos hechos tan extraños. Después de varias semanas de investigación, ninguna respuesta pudo encontrar la causa del mal funcionamiento de los medidores de electricidad en la pequeña aldea. Un coordinador italiano de protección civil explicó el fenómeno, revelando que los avances actuales de nuestra ciencia no nos permitieron responder o avanzar en los acontecimientos de

Canneto. El funcionario de protección civil quiso explicar la investigación en detalle: tras nuestra investigación en las casas del pequeño pueblo de Canneto, llegamos a la conclusión de que los incidentes son causados por pulsos electromagnéticos extremadamente potentes procedentes del mar. Las operaciones de control se han detenido, porque todos nuestros instrumentos han sido desactivados, ya no se puede medir nada. Me hizo enojar mucho a mí y al resto del equipo. Me gustaría informarle que hemos decidido dar por terminada nuestra investigación.

Durante el mismo período, un pescador de la aldea de Canneto dijo que al final de la noche se iría a trabajar a la costa. A pocos metros de su barco, vio una bola de fuego saliendo del mar verticalmente, luego el objeto colgó sobre el mar durante unos minutos, y luego el pescador vio caer el objeto hacia atrás. El pescador no fue el único testigo que observó el fenómeno, otro habitante de la aldea alrededor de las cuatro de la mañana dijo que había visto el mismo fenómeno. En la región, se han realizado muchas observaciones de objetos voladores cerca del mar.

Así que un fotógrafo retirado afirma haber visto objetos voladores varias veces: la primera vez que vi un OVNI, estaba en mi balcón, el objeto volaba extrañamente como si fuera a chocar de un segundo al siguiente, corrí hacia mi cámara, logré tomar algunas fotos que revelé, y luego me di cuenta de que el objeto era de forma circular. Incluso tomé fotos durante la temporada de incendios. Es mucho más fácil notar objetos voladores de noche que a plena luz del día.

Al mismo tiempo, una noche, me acompañaban tres amigos, paseábamos por el pueblo, con "nuestros propios ojos", vimos cosas muy sorprendentes: las luces se elevaban hacia el cielo de una manera anormal. Entonces sentimos un intenso calor en nuestros cuerpos, causado por los OVNIs. Tuve que dejar mi cámara porque tenía dolor en el cuerpo. Me di cuenta de que tenía quemaduras en la cara y los hombros: dos quemaduras en la frente, la misma en los hombros. Mis amigos experimentaron idénticas sensaciones de calor y, a su vez, sufrieron quemaduras graves. Estábamos muy preocupados, fuimos al hospital. El médico se dio cuenta de las quemaduras, pero no pudo darnos la causa y nos dijo que nuestras heridas eran extrañas. Le dije al doctor que los incendios del Canneto y nuestras heridas podrían estar relacionadas. En otras palabras, la presencia de OVNIS o seres de otros lugares y nuestras quemaduras fueron evidencia de actividad extraterrestre en la Tierra. Después de eso, le di todas mis fotos de OVNIs a Seguridad Civil, pero nunca recibí una respuesta.

En 2007, los periodistas regionales tuvieron acceso al informe original de las autoridades regionales del Canneto Di Caronia. Un gran número de avistamientos de OVNIS en la región fueron incluidos en el archivo y al final se escribió en blanco y negro: los incidentes de Canneto fueron causados por extraterrestres.

Influencias alienígenas durante y después de la Segunda Guerra Mundial:

Los OVNIS también fueron observados en el cielo durante la Segunda Guerra Mundial, aparecieron en gran número en todo el mundo.

En la primavera de 1944, dos pilotos de la fuerza aérea británica declararon públicamente que vieron bolas de fuego en el cielo durante el cruce del Canal de la Mancha. Uno de ellos afirmó haber visto bolas de fuego sobre el espacio aéreo francés acercándose a su avión bombardero. Estaban dando vueltas alrededor de su avión. En vuelo, el primero en observar el fenómeno advirtió a su colega por radio, quien también los vio volando en su avión. El segundo le preguntó a su colega: ";¿Qué son estos objetos, aviones de combate? No, no lo creo", respondió el primero. Los bombarderos cambiaron de rumbo, giraron a la derecha a toda velocidad, arriesgando sus motores. Uno de los pilotos dijo que su avión temblaba como una hoja. A pesar de sus velocidades extremas, los bombarderos no pudieron superar a las bolas de fuego. Después de esta experiencia, al aterrizar los pilotos reportaron el incidente a las autoridades. Informaron que después de sus declaraciones, la gente se había reído de ellos.

Incluso el Primer Ministro británico, W. Churchill, quería estar informado de lo que estaba sucediendo en el aire. Pero no tuvo el valor de anunciar públicamente el hecho paranormal. Simplemente ordenó que el fenómeno OVNI se mantuviera en secreto durante un período de 50 años: un día, corresponderá a los futuros primeros ministros anunciar, decir y desclasificar los archivos de los objetos voladores no identificados.

Durante la Segunda Guerra Mundial, el Primer Ministro británico organizó una reunión de emergencia acompañado por generales estadounidenses y especialistas en OVNIs. No era la primera vez que estaba involucrado en un caso relacionado con el fenómeno OVNI.

Ya en octubre de 1912, Churchill había estado involucrado en otro caso de objetos voladores no identificados. El Ministro británico ya había sido interrogado por los eurodiputados, y tuvo que responder a preguntas del Parlamento sobre este fenómeno. El futuro Primer Ministro ha dicho que no está en condiciones de explicar el fenómeno de los OVNIs, por no hablar del fenómeno de los extraterrestres.

Incluso después de la Segunda Guerra Mundial, el Primer Ministro británico continuó aprendiendo sobre estos fenómenos paranormales. Particularmente con respecto a la ola de OVNIs de

1952 en Washington, escribió una nota al Secretario de Estado de Ultramar preguntándole cuánto crédito se debe dar a los platillos voladores. Dijo que le gustaría saber más.

Antes del comienzo de la Segunda Guerra Mundial, se registró en todo el mundo una oleada significativa de observaciones de objetos voladores extraterrestres.

En Alemania, en 1936, se informó del accidente de un platillo volador en medio de la Selva Negra. Entonces el objeto fue recuperado por los nazis. Desde que llegó al poder, Adolf Hitler, el número uno del Tercer Reich, mostró alto y claro, frente a la multitud, la superioridad de la Alemania nazi sobre el resto del mundo, razón por la cual Alemania dominaría y conquistaría el mundo. ¿Qué le permitió al Führer tener tal confianza, y especialmente anunciar públicamente la superioridad del Tercer Reich? ¿Cómo se las arreglaron los nazis para tener el ejército mejor equipado y más avanzado? En comparación con el resto del mundo, tenían armas avanzadas, aviones de sigilo y de reacción, bombarderos de precisión y misiles teledirigidos. Incluso hoy en día, la tecnología nazi nos deja perplejos, ¿tenían ayuda externa como se dice? En cualquier caso, todos estos conocimientos e invenciones tecnológicas nazis sólo podían venir del otro lado. El Tercer Reich estaba a punto de desarrollar la bomba atómica. Durante la guerra, los científicos alemanes incluso construyeron reactores nucleares para controlar la fisión nuclear, y fueron capaces de convertir uranio en plutonio. Más sorprendente aún: los científicos alemanes habían logrado incluso desarrollar cohetes V1 y V2, así como misiles balísticos de largo alcance, cohetes capaces de abandonar nuestra atmósfera. ¿Cómo lograron acceder a todos estos inventos que trascienden la comprensión, la lógica y la imaginación humanas? Los nazis tenían tecnologías mucho mejores que el resto del mundo! ¿Qué hongos habían absorbido los nazis para tener tal inteligencia?

Durante la Primera Guerra Mundial, Hitler había experimentado más de un evento paranormal. El Führer afirmó que durante los intensos bombardeos se había refugiado en una trinchera, en la que había recibido un mensaje telepático de una deidad que le ordenaba abandonar la zona inmediatamente. El führer que obedecía esta orden se alejó. Unos momentos más tarde, un proyectil explotó en la trinchera donde estaba unos minutos antes, matando a todos sus camaradas. Este hecho definitorio del Führer nunca lo olvidó, creyendo que la divinidad lo guiaba. Durante sus discursos públicos, estaba tan obsesionado con este evento que lo declaró con orgullo: Dios me dio la fuerza, Dios decide, eligió mi destino para dirigir Alemania. El Führer admiraba las civilizaciones antiguas, estaba fascinado, obsesionado con los textos antiguos, especialmente los escritos en sánscrito. Antes de la Segunda Guerra Mundial, el Führer ordenó que la investigación se iniciara en todo el mundo con un único objetivo: descubrir un arma poderosa o el poder de una conciencia, de una civilización inteligente desconocida enterrada en algún lugar. Antes de llegar al poder, el Führer, inspirado en textos antiguos, ya se había fijado como objetivo un símbolo llamativo para él, cuyo diseño se convertiría simplemente en el símbolo del Tercer Reich: la esvástica de las antiguas civilizaciones sería la esvástica del siglo XX.

El símbolo (la esvástica) que se encuentra en casi todos los textos antiguos también está grabado en las piedras de restos antiguos de todo el mundo. Para las civilizaciones antiguas, significaba felicidad, poder, prosperidad, poder. El führer simbólico no había inventado nada para el Tercer Reich, la esvástica existía desde hacía miles de años, pero ¿quién la había inventado y por qué?

Según los antiguos textos indios, el símbolo provenía de otro mundo y era el símbolo favorito del dios Brahma. ¿Sabían los nazis algo sobre la existencia de extraterrestres en la Tierra? Para el Tercer Reich, la esvástica era el símbolo que llevaba la raza aria. En las creencias del Tercer Reich, en el pasado, esta así llamada raza habría sido superior a otras y habría tenido poder total sobre la Tierra. Además, el Führer se había rodeado de gente que creía en la existencia de extraterrestres. Durante la guerra, el Tercer Reich poseía, entre otras cosas, nueve compañías en diferentes campos tecnológicos. Entre estas empresas, una en particular interesaba al Führer: la empresa Vril. Vril tenía la reputación de guardar sus secretos, era uno de sus miembros: Heinrich Himmler comandante de las SS, Hermann Goering, comandante de la Fuerza Aérea, líder del partido nazi Martin Bormann, etc. Vril fue dirigida por Maria Orsic. ¿Pero quién era María Orsic? ¿Qué significa el nombre Vril? María Orsic era una joven muy misteriosa, nacida el 31 de octubre de 1895 en Zagreb, de padre croata y madre austriaca. En 1919, Maria Orsic se fue a vivir a Munich. Durante su infancia, María Orsic dijo que había experimentado un acontecimiento paranormal, que afirmaba haber entrado repentinamente en trance. Más tarde, capturó telepáticamente la información en un idioma extraño y desconocido. En su segundo estado, María comenzó a escribir muchos textos en un lenguaje misterioso. Según ella, los mensajes telepáticos que recibió le fueron transmitidos desde la estrella Aldebaran, Aldebaran es la estrella que forma el ojo de la constelación de Tauro, a 68 años de las luces de la Tierra. A su llegada a Munich en 1919, Maria Orsic fundó la compañía Vril. El personal de la empresa estaba formado únicamente por mujeres jóvenes con el pelo muy largo. Para el Tercer Reich, Vril se refería a la carrera venidera. Una raza llamada Vrilia vivía en la Tierra y dominaba poderes psíquicos como la telepatía, la telequinesia, etc., de los cuales derivó una fuerza universal. En los antiguos textos hindúes, esta fuerza se llama Prana, que significa fuerza vital. Vril es una energía que puede ser manifestada y explicada de muchas maneras. El fundador de la compañía explicó: Vril es una poderosa energía espiritual. Este destino no es accesible para todos. Aquellos que logran capturar energía tienen una misión específica que cumplir en la Tierra. María Orsic dijo que con la energía espiritual que recibió, ella desarrollaría esta misión. Capturó mensajes muy específicos, vinculados a tecnologías muy avanzadas, en este caso platillos voladores. Los nazis estaban muy interesados en estas tecnologías. Con razón le pidieron a María que colaborara con los científicos del Tercer Reich. Durante la Segunda Guerra Mundial, la tecnología nazi siguió progresando. En particular, los nazis habían planeado explorar la propulsión anti-gravedad.

Uno de sus proyectos antigravedad fue el RWS-1, con sede en Silesia. El proyecto RWS-1 fue dirigido por el profesor Walter Gerlach, rodeado de sus colegas: los profesores Thirring y Jordan. El proyecto nazi se llamaba Glocken, o la Campana. Los experimentos del proyecto Glocken se llevaron a cabo en el emplazamiento minero de Wencelaus en Polonia. Este sitio no está lejos de la frontera checoslovaca. Su propósito era producir un platillo volador en forma de campana, alimentado por energía nuclear. Más tarde, después de un accidente fatal, los nazis consideraron que el proyecto RWS-1 era demasiado peligroso. Después de realizar pruebas de propulsión nuclear, los científicos nazis se centraron en el proyecto Vril de Maria Orsic, basado únicamente en la propulsión electromagnética, que se consideraba mucho menos peligrosa, más estable y, sobre todo, más fiable. La primera prueba del disco volador Vril-1 se llevó a cabo en 1941. El objeto volador antigravedad medía 11,5 metros de circunferencia y tenía una velocidad máxima de 12.000 kilómetros por hora. En la cadena de producción, los Vril 7 y 8 fueron considerados más eficientes, más prometedores, especialmente por su confiabilidad. El primer platillo volador creado por los nazis estaba equipado con armas de peso medio, fue el Haunebu 1 que despegó por primera vez en 1944. La Haunebu 1 era una máquina de 25 metros con una velocidad media de 4.800 kilómetros por hora y una velocidad máxima de 17.000 kilómetros por hora.

Luego vino la construcción de Haunebu 3, que fue bastante impresionante por su tamaño de 71 metros. El dispositivo podía transportar 32 personas, habría volado más de una vez e incluso fue filmado en vuelo, a una velocidad máxima de 7000 km/hora.

El Haunebu 4, habría medido 120 metros de diámetro, una tripulación de 60 hombres habría sido requisada sólo para maniobrarlo. Pero los Haunebu 4 nunca vieron la luz del día, porque el fin de la guerra detuvo su producción. Muchos proyectos nazis no han visto la luz del día, entre estos proyectos no realizados se encuentra el Astronef, un platillo volador en forma de cigarro. El objeto debía construirse en los astilleros Zeppelin, el Astronef debía tener una longitud de 139 metros y debía llevar platillos voladores más pequeños. El objeto debía construirse para viajes espaciales de larga duración, pero la nave sólo existía sobre el papel. Antes del final de la guerra, el Führer ordenó destruir la mayoría de los platillos voladores y quemar todos los planos. Hitler incluso ordenó que la mayoría de los científicos que trabajaban en estos proyectos fueran asesinados, temiendo que los estadounidenses y los soviéticos se hicieran cargo de proyectos de alto secreto.

Y surge una nueva pregunta: ¿adónde fueron todos los platillos voladores después de la guerra? ¿Recuperaron los aliados el resto de los platillos voladores de los nazis? En cuanto a las poblaciones de platillos voladores nazis, es posible que los soviéticos las hayan incautado, ya que la mayor parte de la experimentación y fabricación se llevó a cabo en Alemania Oriental y también en Polonia y Checoslovaquia. Los estadounidenses, por su parte, han recuperado a muchos de los investigadores y científicos nazis. Entre los científicos, el más talentoso de su generación fue un tal Wernher Von Braun. Este hombre fue el origen de la invención de los cohetes: V1 y V2. Unos años más tarde, Wernher Von Braun se convertiría en una figura destacada en las misiones espaciales Apolo. A su llegada a los Estados Unidos, Braun fue interrogado por los estadounidenses sobre el conocimiento tecnológico altamente avanzado del Tercer Reich. Von Braun dijo: durante la guerra, las presencias no humanas nos ayudaron a poseer tecnologías muy avanzadas. Wernher Von Braun no fue el único científico nazi que afirmó esto. Otros científicos, como Victor Schamberger, también admitieron que los extranjeros habían traído sus conocimientos técnicos a la Alemania nazi. A su vez, el físico Hermann Oberth mencionó que la avanzada tecnología de los nazis provenía de otro mundo.

Maria Orsic sabía antes de la Segunda Guerra Mundial que los extraterrestres estaban presentes en la Tierra porque ya estaba en contacto con ellos. María simplemente inventó el hecho de que estaba recibiendo mensajes telepáticos de otro planeta, esta cobertura le permitió no revelar la realidad y mantener cierta discreción sobre los extraterrestres. Antes del final de la guerra, María Orsic dejó una carta a los miembros de la sociedad Vril en la que decía que escaparía con la ayuda de entidades de otro mundo! Al final de la Segunda Guerra Mundial, algunos líderes nazis simplemente desaparecieron y nunca fueron encontrados. Entre los desaparecidos había un tal Hans Kammler (general). ¿Hicieron el mismo viaje que María Orsic? ¿Fueron los nazis el primer estado de la Tierra en hacer un pacto con estos demonios alienígenas?

Después de la Segunda Guerra Mundial, en Escandinavia en 1946 se observaron muchos objetos voladores luminosos. Incluso hubo un choque de un objeto volador, especialmente en Suecia. Científicos americanos participaron en el análisis del objeto del accidente. Después de estudiar el pecio, los investigadores descubrieron que el objeto había pertenecido a los nazis. Esto confirmaría la tesis de que los estadounidenses y los soviéticos eran conscientes de que los nazis poseían tecnologías muy avanzadas.

Estados Unidos también sabía que los nazis tenían bases secretas en la Antártida. Los estadounidenses lanzaron la Operación Salto de Altura en diciembre de 1946. Esta operación militar fue dirigida por el almirante Richard Byrd. El objetivo de la misión era destruir las bases secretas nazis en la Antártida. Se desplegó una poderosa fuerza militar: un portaaviones, doce barcos de superficie, un submarino, veinte helicópteros y unos 5.000 soldados. Durante la misión, el Almirante inició un reconocimiento aéreo a gran escala sobre la Antártida, incluso en la zona de Queen Mand Land. Al principio, todo salió según lo planeado para los americanos. Pero de repente, lo inesperado e inexplicable sucedió, la misión de salto de altura, que debía durar seis meses, se detuvo repentinamente sólo dos meses después de su inicio. El almirante y sus tropas huyeron rápidamente y abandonaron la costa antártica. La decisión de retirarse fue causada por un daño inexplicable a su portaaviones. Incluso habría habido bajas. Pocos días después de su regreso a Estados Unidos, el Almirante Byrd dijo en una conferencia de prensa: en la costa antártica, vimos objetos voladores, que se movían muy rápidamente, capaces de moverse de un polo a otro en un período de tiempo muy corto. En caso de una nueva guerra, la amenaza vendría del Polo Sur.

Para la KGB, el Almirante Byrd se enfrentó sin duda a una civilización muy avanzada, con tecnologías mucho mejores que las nuestras. ¿Qué se encontraron el Almirante Byrd y su ejército en la costa antártica para evitar llevar a cabo la misión de salto de altura hasta el final? ¿Se enfrentaron a los supervivientes nazis y a sus platillos voladores? Esto es poco probable, porque se trata de armas muy sofisticadas, y si los nazis las hubieran poseído, podrían haber ganado la guerra sin ningún problema.
Sin embargo, este no fue el caso.

¿Había una base alienígena escondida en el Polo Sur? Los estadounidenses y los soviéticos ya sabían que los nazis tenían bases en la Antártida. En 1938, el portaaviones Neuschwabenland del Tercer Reich ya había sido visto por los americanos en dirección a la Antártida. La Alemania nazi había apodado Neuschwabenland (Nueva Suabia) al continente antártico. Los americanos y los soviéticos no tenían ninguna duda de que la Antártida era simplemente un lugar de encuentro entre alienígenas y nazis que habrían formado algún tipo de alianza contra el resto del mundo.

¿Los alienígenas manipularon a los nazis? Cuando provocaron la Segunda Guerra Mundial, ¿tenían la idea muy concreta de exterminar toda la vida humana en la Tierra?

Veinte años después de la Segunda Guerra Mundial, durante la guerra de Vietnam en el sur del país, reaparecieron objetos voladores no identificados en el punto álgido de la guerra. Los estadounidenses que estaban fuertemente involucrados en la guerra no habían prestado demasiada atención al fenómeno, y minimizaron los avistamientos de OVNIS.

En junio de 1966, en Nha Trang, en una de las bases

americanas, durante una noche para entretener a los soldados, se organizó una proyección al aire libre. Los soldados testificaron después. Durante la sesión, alrededor de las 9:45 p.m., apareció una luz brillante del norte de la base, que perturbó un poco la sesión. Los soldados pensaron que eran bengalas, pero a medida que avanzaban notaron que las luces se movían de forma extraña y a velocidades muy altas. Empezaron a entrar en pánico cuando un apagón generalizado sumergió la base en la oscuridad total. El personal se tomó muy en serio el incidente y solicitó una investigación.

Dos años más tarde, en junio de 1968, en una zona delimitada entre el norte y el sur de Vietnam, los soldados patrullaron la zona de Cua Viet en una noche de rutina. Durante su misión, informaron al comandante de que estaban siendo atacados por misteriosos objetos voladores, y que no eran conscientes de la naturaleza de estos objetos. Un barco fue enviado a la escena, los marineros vieron dos curiosos objetos flotando en el aire. Estaban mirando las intensas luces, cuando de repente se produjo una explosión que destruyó completamente su nave. Entonces los objetos desaparecieron rápidamente en el cielo. El misterioso ataque mató a varias personas y sólo hubo dos supervivientes en el barco enviados como refuerzos unas horas antes. Los sobrevivientes le dijeron al comandante que los objetos voladores los habían seguido durante horas antes de atacarlos. Esa misma noche, no lejos del accidente, se observó otro fenómeno de la misma naturaleza. Los soldados notaron que los mismos objetos estaban de vuelta. La orden era disparar a las máquinas voladoras. Pero los platillos voladores no se alejaron, sino todo lo contrario. Los misteriosos objetos continuaron acercándose a las naves, mientras las bombardeaban. Se estaban acercando cada vez más. Los soldados dijeron que los platillos voladores eran de forma circular, equipados con portillos. A través de los ojos de buey, describieron que en cada objeto había dos entidades no humanas, pero que ningún arma salía de los artefactos. Una base americana estaba cerca, los barcos trataron de acercarse a la base a toda velocidad, pero los OVNIS no soltaron a los barcos. A estos últimos se les estaban acabando las municiones y el combustible. Dos cazas fantasmas F4 fueron enviados para proteger los barcos, los cazas se acercaron a los objetos lanzando bombas, los objetos finalmente desaparecieron.

Después de la batalla, los americanos hicieron balance de los daños. Los expertos del personal tuvieron que admitir que los objetos voladores no identificados habían disparado contra el barco usando las mismas armas que el ejército estadounidense. Los estadounidenses se dieron cuenta de que los objetos voladores podían usar nuestras armas y volverlas contra nosotros. Esa misma noche, en la zona, un barco australiano, esta vez de la Marina Real, observó los mismos objetos que se acercaban a ella, lanzando una bomba que mató a dos personas e hirió a varias otras, causando graves daños materiales.

Tras estos trágicos sucesos, la Fuerza Aérea y la Marina Real de los Estados Unidos convocaron una reunión de crisis y abrieron una investigación para resolver el inesperado problema. Después de la investigación, los expertos admiraron que los fragmentos de misiles disparados contra el barco australiano fueran Aliados. Los números de serie de los escombros recogidos del buque dañado identificaron al propietario del misil. Provenían de los dos cazadores de fantasmas del F4, que habían sido enviados a cazar platillos voladores. Una vez más, los aliados se dieron cuenta de que los objetos voladores extraterrestres bien podrían usar nuestras armas y volverlas contra nosotros. Después de estos acontecimientos, el ejército estadounidense decidió dejar de disparar contra objetos voladores no identificados.

Unos años después de la guerra de Vietnam, antiguos oficiales de las Fuerzas Armadas estadounidenses afirmaron que nuestro ejército estaba a menudo en contacto con objetos voladores extraterrestres equipados con tecnologías mucho mejores que las nuestras. Los pilotos de caza a menudo los veían en el aire y se preguntaban de dónde venían estos misteriosos dispositivos. ¿Y quién puede usarlos? Cabe señalar que los OVNIS a menudo venían a provocarnos, nuestros aviones volaban a unos 900 km/hora y los objetos desconocidos no estaban muy lejos. Las máquinas vinieron a encontrarse con nuestros pilotos realizando trucos inapropiados para un piloto humano, luego desaparecieron a muy altas velocidades. Muchos casos de observación de estos OVNIS no han sido reportados, ya que los soldados temían arruinar sus carreras. A veces, los objetos voladores nos hacían sentir miserables, atacaban los edificios de nuestras patrullas y causaban graves daños, lo que podía llegar hasta la tragedia, causando la pérdida de vidas humanas.

Los antiguos oficiales afirman que las mismas observaciones siguen ocurriendo hoy en día en los frentes de guerra, particularmente en Afganistán. La observación de estas máquinas voladoras no identificadas sigue siendo relevante en todos los conflictos.

Lo mismo ocurría antes de que, en septiembre de 1950, se enviaran tres aviones de combate en misión para bombardear un convoy militar enemigo. Durante el vuelo, los cazas americanos tuvieron buena visibilidad. Nuestros pilotos llegaron a su objetivo, listos para disparar contra el convoy, cuando de repente aparecieron ante ellos dos enormes y curiosos barcos. Los pilotos se sorprendieron por el tamaño de los objetos y su velocidad, que estimaron en 2000 km/h. Uno de los pilotos intentó disparar un misil para derribar los dispositivos, pero el misil estaba fuera de servicio, no se fue. Los otros pilotos se enfrentaron al mismo problema, sus misiles no funcionaban. Los tres se dieron cuenta de que los misiles habían sido neutralizados por OVNIs. Dos de los cazadores decidieron regresar a su base. El tercero continuó su misión. Unos minutos más tarde, el avión de combate, hambriento de combustible, se vio obligado a regresar a su base. Entonces los objetos voladores desaparecieron de los radares. Durante la guerra, se reportaron cerca de 20 de los mismos casos.

Entre 1952 y 1958, las fuerzas estadounidenses y la Marina Real registraron numerosas pérdidas causadas por estos objetos voladores. Los oficiales superiores de la fuerza aérea de ambos países concluyeron hablando sobre el fenómeno OVNI: tendrá que ser tomado en serio, porque pueden ser terriblemente peligrosos.

Conquista del espacio: presencia extraterrestre en la luna y en marzo:

Después de la Segunda Guerra Mundial, comenzó una feroz carrera por una seria conquista espacial entre los Estados Unidos y la Unión Soviética. Ambas potencias sabían que la primera en dominar el espacio se convertiría en la nación más poderosa de nuestro mundo. Ambos aportaron grandes recursos financieros para poner en marcha los primeros cohetes y cumplir sus objetivos.

En 1957, los primeros en lanzar un satélite en órbita fueron los soviéticos Sputnik 1.

En 1961, fue de nuevo la Unión Soviética la que envió al primer cosmonauta al espacio: Yuri Gagarin dio la vuelta a la Tierra y regresó a salvo.

Unos años más tarde, los estadounidenses prepararon en silencio algo más grande e hicieron la diferencia. La misión más famosa de la conquista del espacio fue la misión Apolo 11, que comenzó el 16 de julio de 1969. El 21 de julio de 1969, los famosos astronautas Neil Armstrong y Buzz Aldrin se convirtieron en los primeros hombres en caminar sobre la Luna.

Pero, ¿cuál era el verdadero sentido de ser el primero en caminar sobre la luna? ¿Fue una simple misión demostrar al mundo que Estados Unidos era el país más poderoso de nuestro planeta, o había algo muy importante que encontrar en la Luna? Entonces, los americanos lanzaron sucesivamente varias misiones Apolo, oficialmente la última misión fue Apolo 17, y de repente los americanos anunciaron el cese completo de las misiones Apolo en la Luna.

El 16 de agosto de 1976, extraoficialmente, Estados Unidos, asociado con la Unión Soviética, lanzó en secreto una nueva misión Apolo 20, llamada: el regreso a la Luna.

Cabe señalar que unos meses antes, la misión Apolo15 observó una extraña anomalía en la Luna cartografiada por los científicos: un objeto que no debería haber estado allí. La misión del Apolo 20 era determinar la naturaleza del misterioso objeto. Cabe señalar que en ese momento, ambas potencias se encontraban en medio de la Guerra Fría. Así que para que colaboraran en un proyecto, tenía que haber una razón muy importante. Al llegar a la Luna, la tripulación del Apolo 20 notó - una anomalía previamente notada por el Apolo 15- una gigantesca nave espacial en forma de cigarro, que estaba en muy malas condiciones, lo que tendía a probar que la aeronave había estado en la Luna durante mucho tiempo. Las dimensiones de la nave espacial alienígena eran de 500 metros de altura y 2500 metros de largo. A bordo de la máquina espacial, los astronautas hicieron un inquietante descubrimiento. Encontraron un cuerpo femenino en forma de humanoide. Este cuerpo fue momificado, y muy cercano a la especie humana. La criatura tenía un cuerpo pequeño, piel oscura, pelo negro y grandes ojos de almendra. A bordo del barco también había una gran cabina de mando, similar a las de la serie Star-Trek.

Anteriormente, durante la misión Apolo 11, los astronautas habían observado objetos voladores no identificados que los acompañaban en su camino hacia la Luna.

Todas las misiones de la NASA a la Luna han proporcionado imágenes inquietantes de la existencia de actividad extraterrestre.

Las fotos tomadas por Apolo 16 mostraban más que estructuras asombrosas, los especialistas han apodado esta parte de la Luna, la fortaleza. Las imágenes mostraban una fortaleza con tres estructuras en forma de flecha coronadas por una fortificación. En su centro, había un círculo perfectamente ejecutado. En el centro, una torre circular que se asemeja a la torre de enfriamiento de una central nuclear. El sitio estaba perfectamente construido, lo que excluía cualquier posibilidad de formación natural.

La complejidad del lugar demostró que la construcción había sido erigida por una conciencia inteligente. El sitio también tenía su propia defensa. La construcción demostró que el sitio también producía energía. El sitio tenía unos 1500 metros de diámetro.

Junto al yacimiento se descubrió una gigantesca antena parabólica que servía de soporte con cuatro pies de altura. Cerca, también había un reflector parabólico, luego un segundo reflector montado sobre una masa sólida que estaba orientada por un cierto mecanismo. Todo esto para poder manipular el sistema con gran precisión: para escuchar a la Tierra, o incluso a los otros planetas del Universo. La similitud con nuestras antenas terrestres era obvia, la única diferencia era que estos objetos eran inmensamente grandes. Apolo 8 ya había enviado varias fotos interesantes que mostraban otras estructuras gigantescas y complejas. Algunos tópicos también mostraron que las estructuras descubiertas se asemejaban a algunas de nuestras construcciones en la Tierra. Muy cerca de la cara oculta de la Luna, en la parte superior, se observaron estructuras en forma de puente: una H sobredimensionada, junto a un enorme tubo de vidrio. Los edificios van acompañados de otras estructuras aún más sorprendentes, gigantescas, inexplicables.

Durante la misión Apolo 14, el satélite filmó y fotografió el viaje. Esto llevó al descubrimiento de un cráter circular. En este cráter, había un grupo de cinco pequeñas cúpulas que emitían extrañas luces azules. Un gigantesco objeto circular también fue fotografiado por Apolo 11. Cada vez que los especialistas que analizaron las fotos concluyeron que los objetos voladores encontrados en la superficie lunar no fueron por casualidad, y que las infraestructuras fueron construidas por entidades con una tecnología más avanzada que la nuestra y una inteligencia superior a la nuestra.

La misión del Apolo 8 era dar la vuelta a la Luna completamente antes de que aterrizara. Durante esta misión, Apolo 8 filmó muchos objetos voladores, y también una especie de chimenea que proyectaba humo negro. Todos estos elementos no deberían haber estado en la superficie lunar, sino que mostraban claramente que la actividad extraterrestre estaba presente en la Luna.

Gracias a la misión Apolo 17, también sabemos que la superficie de la Luna es muy rica en Helio 3, mucho más que la Tierra. Este recurso es conocido por sus aplicaciones en la fusión nuclear. ¿Las entidades extraterrestres se beneficiarían de la riqueza lunar para sus actividades?

El hombre no sabe qué decir sobre este fenómeno, trata de ocultar la existencia de los extraterrestres. Así, todas las fotos y películas tomadas durante las misiones Apolo, fueron retocadas pura y simplemente para no revelar la presencia de extraterrestres. No será la primera ni la última vez. Un ex empleado de la NASA confirmó que las imágenes habían sido retocadas por expertos y especialistas. Ella dijo: un día, vi a un colega retocando imágenes reportadas por las misiones Apolo, le pregunté a mi colega qué estaba haciendo? ¡Si lo que estaba borrando era un platillo volador! Mi colega se cruzó de brazos y dijo con una sonrisa brillante: No puedo responder a su pregunta.

El ex-empleado de la NASA todavía testificó: También había preguntado a otros empleados sobre estos retoques de imágenes de OVNIS y construcciones alienígenas encontradas en la Luna. La mayoría de los empleados eran conscientes de ello. Nuestras conversaciones se llevaron a cabo fuera de las oficinas. También le pregunté a una de mis colegas sobre lo que sabía sobre la presencia alienígena en la Luna. Muchas cosas que me dice, pero hay que borrar todas las imágenes de la vida extraterrestre. Al final, me pidió que nunca le repitiera nada a nadie sobre nuestra conversación.

En 1988, desde el Centro Espacial de Baikonur, los soviéticos y los europeos enviaron al espacio dos sondas espaciales, Phobos 1 y Phobos 2. La misión de las dos sondas era estudiar el planeta Marte para una posible futura misión de exploración. El 28 de marzo de 1989, desde la Tierra, los controladores de satélite observaron la pérdida repentina y permanente de la sonda Phobos 2. Fobos 1 ya se había perdido unos días antes en las mismas circunstancias. Antes de su desaparición, Fobos 2 transmitió imágenes a la Tierra, mostrando una enorme sombra elíptica en forma de cigarro. Esta forma estaba en movimiento sobre Marte. Su tamaño era astronómico, estimado entre 25 y 27 kilómetros. Para los investigadores, era un objeto volador no identificado. Se sugirió que la enorme nave voladora había destruido la sonda Phobos 2, lo que debe haber sentido que la sonda Phobos era una amenaza para ella, ya que la sonda se acercaba cada vez más al misterioso OVNI.

Unos años antes, en 1971, la NASA lanzó la sonda Mariner 9 hacia Marte. Unos meses más tarde, la sonda envió imágenes sorprendentes que demostraron que, en el planeta rojo, existían estructuras inesperadas para los humanos: en este caso, eran pirámides. Las mismas estructuras piramidales que las que conocemos en la Tierra.

En 1976, las sondas Viking 1 y Viking 2 de la superficie de Marte mostraron imágenes de un rostro esculpido en forma de humanoide desde una altura de 1873 metros. Los satélites también transmitieron las coordenadas de un complejo piramidal descubierto en la región de Sidonia, a 41° de latitud norte y 12,8° de longitud oeste. La cara esculpida se estimó en 2,5 kilómetros de largo, 1,5 kilómetros de ancho y 400 metros de alto. Todo estaba representado en la famosa escultura: los ojos, la nariz, la boca llena de dientes, el detalle del corte de pelo y un gorro que evocaba la Némesis de los faraones egipcios. Las pirámides marcianas tienen tres caras, cada cara de las pirámides tiene una base de unos tres kilómetros y una altura de un kilómetro. Otras imágenes sorprendentes fueron recogidas por las sondas. En Marte, hay monolitos similares a los de Stonehenge. Fueron resaltados en las imágenes capturadas por las sondas Vikingas.

Durante su reconocimiento, el Orbiter de la NASA también envió imágenes y fotografías analizadas por la agencia espacial estadounidense. Procedían de una de las regiones montañosas de Marte: la región de Nilosyrtis Mensae. Estas estructuras en Marte no se debieron a la naturaleza. Sin duda, hubo muchos cometas que cayeron sobre Marte, pero de ninguna manera pudieron crear una pirámide o un rostro de apariencia humana. Para construir estos edificios se requiere una tecnología muy avanzada. El hecho de que encontremos las mismas estructuras en la Tierra plantea preguntas y sorpresas.

¿No significaría esto que en el pasado ya había seres inteligentes y que habrían dejado las mismas huellas en la Tierra que en Marte? ¿No sería eso una prueba para que el hombre se haga la pregunta un día: quién creó tales cosas?

Los robots Spirit, Curiosity, Opportunity de la NASA han estado viajando por el planeta rojo diariamente. Las máquinas han transmitido miles de imágenes a la Tierra, y no es sorprendente descubrir regularmente formas o construcciones misteriosas. El robot de la Curiosidad incluso tomó fotografías que probaban que una cuchara flotante gigante había sido descubierta en Marte. Puede parecer completamente surrealista, pero la foto tomada por Curiosity mostraba que la cuchara gigante estaba flotando alrededor de Marte, mientras su sombra emergía en la superficie del planeta rojo.

Recientemente, la NASA también ha visto una estructura en forma de cúpula sobre una cresta. Para algunos, la existencia de la cúpula descubierta en Marte implica que alguien en el pasado necesariamente la ha levantado. Otros piensan que es un OVNI, obviamente de construcción o un OVNI, no debería estar en el planeta rojo.

La organización india de investigación espacial reveló recientemente una foto de Marte. Esta es la imagen de un cañón en la región de Valles Marineris cerca de Marte Ecuador, que parecería un hongo nuclear. Este descubrimiento da lugar necesariamente a una nueva hipótesis. Según los expertos, sería una nube de metano que indica la presencia de una forma de vida, pero también podría ser el resultado de una explosión nuclear. En ambos casos, esto podría proporcionar evidencia de la existencia extraterrestre en Marte. Lo más sorprendente es que las autoridades siempre están tratando de ocultar todo esto.

Algunos teóricos creen que las civilizaciones antiguas han sido víctimas de numerosas explosiones nucleares en el Planeta Rojo. Un físico americano dice: en el pasado, el planeta Marte fue víctima de una masacre nuclear. Presenta una teoría sobre la desaparición de la vida en Marte. En el pasado, una guerra nuclear supuestamente tuvo lugar en Marte entre dos colonias alienígenas. El físico se basaría en el color de la roca marciana, que es de color rojizo. Este color podría haber sido creado por múltiples explosiones debidas a las tecnologías de fisión y fusión atómica, es decir, bombardeos nucleares.

¿Ha habido alguna explosión nuclear en Marte? Si este es el caso, podría explicarse por el hecho de que una conciencia inteligente ha tratado de sacar agua del subsuelo marciano para permitir la vida en este planeta.

Los rusos contra los alienígenas: estudios y experimentos:

Durante varias décadas, la Unión Soviética ha poseído información y ha sido consciente de la existencia de varias civilizaciones extraterrestres. Para algunos de nosotros, no es sorprendente observar la presencia de objetos voladores no identificados en nuestro espacio aéreo.

Los científicos del gobierno soviético han adquirido un conocimiento notable del fenómeno. Han decidido arrojar luz sobre la vida extraterrestre durante años, y explican: la revelación del fenómeno extraterrestre a todo el mundo es de gran importancia. Durante la era soviética, el Ministerio de Defensa trabajó en un proyecto secreto para crear una especie de híbrido sobrehumano. En el marco de este proyecto, los científicos han podido establecer contacto con entidades biológicas extraterrestres. Por primera vez, en un día de invierno en Moscú, el director de proyecto del antiguo proyecto secreto reveló a los periodistas información sobre la presencia de extranjeros en nuestro país. Durante la entrevista, los periodistas quedaron gratamente sorprendidos por las revelaciones realizadas por el científico.

Un alto funcionario, Teniente General del Ministerio de Defensa soviético, también miembro de la Academia de Ciencias Naturales, dijo que a finales de la década de 1980, un grupo de investigadores del personal logró establecer contacto con entidades extraterrestres. En 1983 y 1984, el entonces Ministerio de Defensa (KGB) organizó un estudio a gran escala sobre los fenómenos paranormales. Los expertos habían llegado hace tiempo a la conclusión de que los OVNIS aparecían en lugares muy específicos, principalmente donde se disponía de equipo militar y se estaban probando armas.

He aquí un resumen de lo que el Estado Mayor soviético encontró secretamente: podemos decir que hemos aprendido a hablar sobre la existencia de OVNIS en Vladimirovka. En ese momento, habíamos incrementado significativamente el número de vuelos militares, y cuando la intensidad de nuestro tráfico aumenta, la probabilidad de ver avistamientos de OVNIS también aumenta.

Después de años de pruebas, la comisión llegó a la conclusión de que el número de objetos voladores no identificados está aumentando año tras año. Los pilotos a menudo han observado OVNIS en el cielo, pero tienen un deber de confidencialidad sobre el tema, al igual que los astronautas. Las conversaciones entre ellos eran y son confidenciales, por lo que podrían discutir sus experiencias relacionadas con el fenómeno, pero públicamente, tienen miedo de hablar de ello y no tienen derecho a hacerlo. Este tema requiere un enfoque serio, estudios e información sostenida en lo que se refiere a nuestra seguridad, pero el tema sigue estando prohibido en los Estados Unidos y Rusia.

Un teniente general dirigió una unidad de expertos en el personal, cuya tarea era examinar diferentes fenómenos paranormales. El proyecto principal fue un programa estatal sobre el descubrimiento de recursos humanos intelectuales. El objetivo del programa era invertir el cerebro humano con superpoderes que hicieran de todos un hombre poderoso en todo el sentido de la palabra. El consejo científico del programa estaba encabezado por académicos de gran renombre. Más de doscientos profesionales cualificados de todas las repúblicas de la Unión Soviética participaron en el proyecto. Los académicos afirmaron: en el curso de nuestra investigación, hemos llegado a la conclusión de que el hombre es un sistema energético y también una fuente de información que recibe y emite en todo momento. Por esta razón, puede muy bien desarrollar su capacidad de recibir información paranormal. Para identificar esta fuente externa de información, se crearon tres grupos: un grupo de científicos, un grupo militar y un tercero compuesto por mujeres. Finalmente, es el grupo de mujeres el que ha hecho los progresos más significativos durante esta investigación.

Los científicos afirmaron: nuestro objetivo era ponernos en contacto con representantes de las civilizaciones extraterrestres y lo hemos logrado. Se ha desarrollado un método especial para permitir que el cerebro humano se conecte durante el contacto extraterrestre. Tuvimos que ajustar el aspecto energético del cerebro humano a una frecuencia particular, como con una radio. Durante el experimento no se utilizaron medicamentos, drogas o métodos similares. Se ha desarrollado un sistema especial de pruebas para detectar información falsa como alucinaciones o locura de los sujetos participantes. Los resultados experimentales fueron muy impresionantes: seis de los participantes tuvieron la oportunidad de tener contacto físico con extraterrestres, dos de ellos incluso lograron visitar una de sus naves.

Los representantes de las civilizaciones extraterrestres han ido dando información en masa. En particular, hablaron sobre su estructura de gobierno y su sistema educativo, y no se pudo obtener información militar. El tema favorito de las entidades extraterrestres era el intercambio de información para diagnosticar y tratar diversas enfermedades. El responsable del experimento dijo: los extraterrestres consideran a los humanos como nietos en relación con ellos. También dijo: nuestra civilización es demasiado joven para interesarse por ellos, no promueven el diálogo, no ven ningún interés en él. Como ellos, nosotros pertenecemos al Universo, pero ellos nos observan, porque nuestras acciones pueden dañarnos y también dañar a otras civilizaciones.

El proceso de comunicación con los extranjeros se desarrolló a lo largo de varios años, hasta que la política intervino. En 1993, el estudio ruso se detuvo y los grupos se disolvieron. Una minoría ha conseguido conservar un pequeño número de documentos. La otra parte de los documentos, incluidos los informes y las fotos, se encuentra en los archivos del Ministerio de Defensa ruso. Sin embargo, el núcleo del equipo de investigación ha sido bien preservado. Poco después, el mismo equipo relanzó el experimento de nuevo.

Los participantes respondieron a las preguntas del diario La Pravda: el mismo proceso de trabajo continúa hoy en día. También dijeron a los medios de comunicación: ¿por qué ocultar cosas importantes a la gente, por el contrario, el hombre debe prepararse para los nuevos desafíos de la vida extraterrestre.

En mi investigación, empecé a darme cuenta de que el fenómeno podría eventualmente existir. Creía en ella sin creer realmente en ella, porque el hecho paranormal me parecía surrealista, incomprensible e irreal.

Mi experiencia personal del fenómeno paranormal:

Más tarde, después de hacer mi investigación, una mañana estaba desayunando, y como quería ver las noticias en la televisión, fui al mando a distancia. Antes de captarlo, el televisor se encendió solo cuando no había tocado nada. Vi aparecer parásitos rojos y verdes en la pantalla. Esto era inusual, por no decir más. Entonces las cadenas empezaron a desplazarse automáticamente, pensé que estaba solo en casa. Entonces la televisión se apagó, y unos segundos más tarde se volvió a encender, aún por sí sola. Soy un técnico en electrónica, lo que estaba pasando era técnicamente imposible. No tenías que ser un experto para ver que algo fuera estaba en control.

Una noche, uno de mis amigos me llamó y me preguntó si me quedaba en casa. Yo le respondí: sí, allí estaré. Tenía a alguien a quien llamar rápidamente y luego me llamaba para hablar en voz baja. Unos segundos después de colgar, mi teléfono sonó de nuevo, contesté, pero no tenía ningún interlocutor en el otro extremo, nadie me contestó, pero escuché una discusión perfecta, en este caso, fue mi camarada quien me había llamado, y quien estaba hablando con uno de sus amigos. Un cuarto de hora después, como estaba previsto, mi camarada me llamó y me dijo, ahora hablemos en voz baja. No pude mantener el evento que me acababa de ocurrir; le conté en detalle la conversación que había tenido unos minutos antes con una tercera persona. Muy preocupado, me contestó mi camarada: ¿cómo es posible? No sabía qué decirle, porque no sabía lo que él sabía sobre el extraño fenómeno paranormal.

Esa misma noche, me estaba preparando para ir a la cama, y cuando me quité el suéter, de repente un objeto salió de mi pecho. Se cayó al suelo, de dónde venía cuando no tenía bolsillos en mi suéter o camiseta. Este objeto, que no tenía valor en sí mismo, había desaparecido unas semanas antes. Y lo encontré a mis pies. Después de este evento, me fui a la cama sin paranoia, pero perfectamente consciente de que algo anormal estaba sucediendo a mi alrededor. Antes de dormirme, sentí brevemente una mano apoyada en mi espalda, pero todavía estaba sola en casa. Al principio, estas manifestaciones del fenómeno me asustaban, y no me atrevía a decírselo a nadie, sino que me preguntaba: ¿sería posible que el fenómeno existiera realmente? Al mismo tiempo, los objetos de la casa fueron desapareciendo poco a poco, y los mismos reaparecieron algún tiempo después. Se movieron misteriosamente de lugar, aunque yo soy una persona muy ordenada. Los extraños acontecimientos se multiplicaban. Con el tiempo, también me di cuenta de que mis ropas se volvían brillantes, cubiertas de partículas diminutas y muy brillantes incrustadas en la tela, era imposible para mí deshacerme de ellas. Brillaron en la luz, y luego desaparecieron gradualmente. Más tarde, noté que el interior de mi traje de novia estaba manchado de sangre y no había razón para que las manchas estuvieran dentro de mi chaqueta. Las pocas veces que lo usé, sentí un terrible desasosiego, hasta tal punto que me transformé completamente: ya no era yo mismo. Para saber de dónde venía esta terrible angustia, me quité la chaqueta e inmediatamente volví a mi estado natural.

Al mismo tiempo, una noche, quise ir al cine, pero antes de la proyección, pasé por una tienda de electrodomésticos. Tomé el folleto en el que estaba el dispositivo que me interesaba. En esta página, hice una marca doblando dos veces el ángulo de la página. Pero antes de ir al cine, finalmente tiré el folleto en un contenedor público. Unos días después, estaba en un tren subterráneo lleno de pasajeros. Cuando uno de los pasajeros se bajó del coche, decidí sentarme, y en el asiento había un folleto que empecé a hojear. Preguntándome si no había tenido ya la misma revista, me di cuenta de que acababa de encontrar el folleto tirado en un cubo de basura. La página se dobló dos veces como lo había hecho unos días antes.

Los eventos extraños se multiplicaron. Un día, mientras tomaba el transporte público a casa, durante el viaje, antes de que se cerraran las puertas, en la parte inferior del tren, vi de lejos una sombra muy borrosa que se acercaba muy lentamente hacia mí, para finalmente tomar mi lugar a mi lado. Junto a mí, una señora miraba hacia abajo, y dijo en voz alta, moviendo la cabeza; pero ¿qué es esta cosa extraña? Ella se dirigió a mí: ¿qué es? Intenté responderle, pero mi cuerpo se entumeció inmediatamente, estaba tenso, incapaz de decir o hacer nada. La sentencia que dijo la señora me tranquilizó, porque probablemente había visto lo mismo que yo. El mismo día, volvía cansado a casa y, para olvidarme de todos estos acontecimientos, decidí ver un partido de fútbol. Mientras veía la televisión, vi una sombra borrosa moviéndose a mi lado. Entonces algo tocó mi mano derecha. La acción se había realizado mecánicamente como si un robot me hubiera tocado. Unos segundos después, tuve una experiencia emocional impresionante que duró unos minutos, una emoción extraña que nunca antes había experimentado. Sentí dentro de mi cuerpo una calidez excepcional, indescriptible. Una vez más, me hice la siguiente pregunta: ¿pueden existir realmente todos estos acontecimientos?

Unas semanas después, una mañana, me di cuenta de inmediato de que mi despertar no iba como de costumbre; tenía dolor de cabeza, especialmente en la sien derecha. Me di cuenta de que algo anormal había sucedido mientras dormía. Durante el día, también sentía que algo se movía dentro de mi cráneo. Era consciente de que mi cuerpo estaba siendo manipulado, controlado por algo mucho más fuerte de lo que se pueda imaginar. En cualquier caso, ya no controlaba nada, ya no tenía el control de mi cuerpo. Las mañanas siguientes, tuve problemas para levantarme. Mi cuerpo estaba cansado, sentía fatiga generalizada y me era imposible moverme. Durante días y meses, luché para volver a mis actividades, mi cuerpo ya no respondía, ¿qué me estaba pasando?

Por supuesto, fui a ver a mi médico, pero no tuve el valor de describir los detalles de lo que me estaba pasando, como si hablar estuviera prohibido. Tuve un bloqueo terrible. Incluso si yo fuera libre de hablar, ¿cómo explicar lo que estaba sucediendo, cómo explicar tales acontecimientos? En la sala, durante la consulta, sentimos una presencia detrás de nosotros. De repente oímos un ruido fuerte y ensordecedor. Ambos tuvimos el reflejo de darnos la vuelta para ver qué estaba pasando. Mi médico me miró y me dijo: "¿Has oído eso? Así que, por curiosidad, le pregunté al médico si esto ocurría a menudo en su consultorio. Me contestó que nunca antes había oído tanto ruido, que era extraño, sorprendente y aterrador. Cuando me fui, me di cuenta de que la demostración era para mí.
Iba a entenderlo todo más tarde.

Sabía que no había nada que hacer con mis persistentes dolores de cabeza, especialmente por la noche. Antes de que llegaran, olí como en un hospital, entonces mis músculos empezaron a tensarse de la cabeza a los pies. Me dio una sensación muy extraña, difícil de describir como si una conciencia estuviera tomando posesión de mi cuerpo. Con el tiempo, empecé a oler olores alimenticios que apreciaba especialmente, como el olor a almendras, pimientos rellenos, patatas, etc. A veces podía oler las rosas cuando no había flores en mi casa, porque era alérgico a ellas. No usé perfume por las mismas razones. A veces, tenía que oler productos alimenticios que no me gustaban, como pescado crudo o pescado cocido.

A medida que avanzaba, me di cuenta de que los olores eran un medio de comunicación entre las entidades y yo. Me di cuenta de que los olores estaban cambiando mi forma de pensar, actuar y comportarme con los demás. Todos estos cambios me perjudicaron mucho, porque durante ese período empecé a huir de la sociedad, sentí que todo lo que el hombre hacía en la tierra estaba mal, luchaba con la gente sin razón, los veía de una manera diferente, como si fueran sólo postes o árboles. Me había vuelto frío como una serpiente, completamente deshumanizado de la noche a la mañana. En mi entorno, la gente notó mi transformación, afortunadamente recuperé el control al ver que las entidades tenían muy malas intenciones hacia el hombre y nuestro mundo.

Unos meses más tarde, antes de irme a la cama mientras cerraba las persianas, era la luna llena. En ese mes de junio, el cielo estaba despejado, y me quedé unos minutos en la ventana para admirar la luna redonda. De repente, en el lado izquierdo de la estrella, vi un objeto enorme, una esfera gigantesca tan grande como la Luna. El dispositivo se colocó en el mismo paralelo que la Luna. Se movía horizontalmente. Unos segundos más tarde, estaba perfectamente alineado con la Luna, y allí vi luces multicolores que se iluminaban verticalmente una tras otra. Luego empezaron a parpadear, sólo para apagarse unos segundos después. El inmenso objeto continuó moviéndose. En algún momento, al no tener ya el objeto en mi campo de visión, me moví al otro lado del balcón para observar el resto del evento. Esperé durante largos minutos, innecesariamente, porque el objeto había desaparecido definitivamente. El fenómeno duró unos dos minutos, en tan poco tiempo, vi un espectáculo inolvidable: el objeto era monstruoso, inmensamente grande y nunca en mi vida, había visto luces tan intensas, tan claras, de una vivacidad indescriptible. En retrospectiva, me di cuenta de que este programa era para mí, y me demostró que estaba en buen contacto con los extraterrestres.

Un poco más tarde, un testigo en Bélgica dijo: durante una noche normal, el perro empezó a ladrar de repente mientras miraba por la ventana. Para calmar al animal, salí, la Luna estaba llena. Al principio pensé que había visto la Luna, pero en realidad estaba detrás de mí. Un objeto curioso y misterioso era del mismo tamaño que ella, el aparato era impresionante, me asustaba. Cuando llegué a casa, el perro dejó de ladrar, miré a través de la ventana para ver si el fenómeno seguía presente: el enorme objeto finalmente había desaparecido.

Después del episodio del gigantesco objeto, durante una noche pasada en París, acababa de dejar a mis amigos, estaba en mis pensamientos caminando por el centro de la capital. Cuando de repente mi cabeza se enderezó hacia el cielo oscuro de París. Cuando miré hacia arriba, vi un extraño resplandor rojo, muy brillante e intenso, el objeto se movía en mi dirección. Se estaba moviendo de una manera muy inestable, moviéndose extrañamente. Me dio la impresión de que iba a chocar y luego desapareció detrás de los edificios. La máquina no parecía muy grande, tenía unos diez metros de diámetro. Durante la observación, mi cuerpo se había puesto tenso, estaba completamente paralizado y sólo podía mover los ojos. Miré a mi alrededor, si la gente había visto lo mismo que yo, obviamente no, porque seguían caminando sin ninguna reacción. Después del evento, mi cuerpo fue liberado gradualmente, me detuve por un momento para fumar un cigarrillo y recuperar mis sentidos. Pero unos minutos más tarde, el objeto hizo su segunda aparición, en el mismo lugar del cielo, en las mismas condiciones que la primera vez. Pero allí, el objeto se escondía y luego aparecía detrás de los edificios, como un juego de escondite, y luego el dispositivo desaparecía de nuevo. Estuve atrapado allí durante largos minutos observando el fenómeno. Un minuto más tarde, la máquina reapareció por tercera vez, iba muy rápido realizando maniobras en zigzag de una forma muy extraña. Luego, rápidamente comenzó a moverse de arriba hacia abajo mientras continuaba girando de izquierda a derecha. Finalmente, el dispositivo hizo un círculo completo y luego desapareció definitivamente.

Unas semanas más tarde, volví a ver aparecer un objeto de apariencia similar, esta vez por sólo unos segundos.

Durante este período, tuve muchas preguntas sobre el fenómeno paranormal. Consciente de lo que me estaba pasando, me pregunté: ¿por qué a mí? ¿Qué querían de mí? Realmente no estaba orgulloso de la situación en la que me encontraba. Estaba muy preocupada por los hechos paranormales, porque no me atrevía a contárselos a nadie. Era difícil de vivir y de soportar, esta carga pesaba mucho en mi equilibrio.

Poco a poco me di cuenta de que si las entidades hubieran podido ponerse en contacto conmigo, probablemente estarían en contacto con otros seres humanos de todo el mundo.

Abduciones alienígenas temporales:

En noviembre de 1977, a altas horas de la noche, una joven y sus amigos bromeaban en su coche. Ella nos dijo: estábamos bromeando, cuando uno de nosotros dijo: "Vi un resplandor en el cielo", otro dijo: "es un OVNI". Nos reímos a carcajadas, una de nuestras amigas empezó a asustarse y entró en pánico. La luz se estaba acercando, nos escondimos detrás de los asientos. Estaba conduciendo, mis amigos empezaron a gritar: "Tengo miedo, tengo miedo". Entonces detuve el auto y bajé las ventanillas para observar el objeto. Parecía un sueño, pero el fenómeno era real, era un objeto volador que se movía. Más tarde, siempre recordaría lo que realmente sucedió esa noche, la extraña nave espacial se acercó mucho a mi auto, y me dejé llevar por algo que no podía explicar. Luego me encontré en una mesa extraña, desnudo, tumbado de espaldas. Vi entidades extrañas a mi alrededor. Luego penetraron mis partes íntimas con un objeto frío y duro, me dolía, me sentía como si me estuvieran violando. Cinco años más tarde, un destello apareció en mi patio trasero. Al mismo tiempo, sentí un relámpago en mi pecho, luego vi seis entidades en el patio regresando a su máquina ovalada que habían puesto allí. Al día siguiente, cuando me desperté, mis ojos estaban tan hinchados que no podía abrirlos, mi madre me llevó al hospital. El doctor dijo que miré demasiado al Sol. Después de un tratamiento de 15 días, lo primero que quería hacer era revisar los rastros, las marcas dejadas en el patio, y saber lo que había producido este destello que había visto unos días antes. El diagrama representaba dos ojos superpuestos, las huellas del suelo eran ovaladas sobre un área de doce metros de diámetro, todo esto me impactó. El suelo donde aparecieron las marcas se ha vuelto duro como la piedra y la hierba ya no crece en él. Cuando llueve, la zona queda impermeabilizada, y si nieva, las marcas del suelo permanecen visibles. Mi madre decía a menudo: "Estas son las marcas famosas, son rastros del OVNI". Uno de nuestros vecinos vio el objeto volador aterrizar en nuestro patio, antes de llegar al suelo, el platillo volador causó un poderoso relámpago. Nuestro vecino también dijo que cuando el OVNI aterrizó, todas las luces se apagaron en su casa, y la energía volvió a encenderse tan pronto como el objeto se fue.

En Israel, el 15 de septiembre de 1996, en la ciudad de Nazaret, se denunciaron numerosos secuestros extraterrestres. Ya en esta ciudad, hace 2000 años, la leyenda cuenta que Jesús desapareció porque fue secuestrado. Un residente de Nazaret testificó: el 15 de septiembre de 1996, yo estaba caminando alrededor de la oficina de correos a 400 metros de mi casa, cuando vi una enorme embarcación circular acercándose a unos pocos metros de donde yo estaba. Vi cinco luces triangulares debajo de la nave, el color de cada una era diferente. Había una luz roja, una luz marrón, una luz azul, una luz amarilla, una luz naranja. La parte superior del objeto estaba iluminada por el color blanco. Estaba mirando la nave, y luego fui absorbido por el platillo volador. Me encontré dentro del objeto, rodeado de pequeñas criaturas. Llevaban un traje verde, su piel también era verde. Una de las criaturas me pareció una mujer. La habitación en la que estaba de pie estaba hecha de materiales cristalinos. Vi extrañas criaturas que me alcanzaban a la altura de la cadera. Otra criatura femenina llevaba algún tipo de sombrero o casco. Entonces apareció una entidad más grande que las otras. De repente, los más pequeños me rodearon, y el más grande lanzó como una orden a los que la rodeaban. Entonces oí el sonido de un disco rayado, y una de las pequeñas entidades se me acercó lanzándome un polvo amarillo en la parte superior de mi cuerpo. Eso es todo lo que recuerdo. Luego me desperté junto al campo de deportes de una escuela no muy lejos de donde había sido secuestrado. Estaba asustada, completamente confundida, me tomó unos minutos volver a la normalidad. Luego fui a la policía para contarles mi dolorosa historia. Los agentes de policía vieron el polvo amarillo en mi cuerpo y me aconsejaron que fuera al hospital para hacerme pruebas. Las consultas y los resultados de uso, los exámenes revelaron que el 55% del polvo amarillo estaba compuesto de sustancias químicas encontradas en la Tierra y el 45% restante era de naturaleza desconocida. Como resultado de todo esto, me sentí muy mal, debilitado, ya no era la misma persona que antes. El polvo amarillo de otro mundo transformó mi vida, desafortunadamente, las quemaduras se hicieron visibles en mi cara y brazo izquierdo. Ya no podía lavarme porque mi piel ya no podía tolerar el contacto con el agua, y entonces sufrí una inflamación de mis partes íntimas. Debido a la reunión (que yo diría increíble, infeliz e inimaginable), perdí completamente el equilibrio. El secuestro alteró completamente mi vida, me destruyó, ya no puedo ni dormir. Esto ha estado sucediendo durante unos años y mi situación sigue siendo la misma, he tomado una decisión, tengo que vivir con ello. Las secuelas me hacen vivir una verdadera pesadilla, probablemente las autoridades están esperando a que muera, sólo para tener la libertad de examinar mejor mi cuerpo?

Un empresario neoyorquino también afirma haber sido secuestrado por extraterrestres: mi primer secuestro tuvo lugar mientras dormía. No recuerdo cómo ni bajo qué circunstancias. Sin embargo, recuerdo que cuando abrí los ojos, estaba en una habitación redonda. A mi alrededor había seres extraños, con cabezas grandes y ojos negros. Algunos eran más pequeños y de color azul muy brillante. No podía despertarme completamente, todo a mi alrededor estaba borroso, no creía realmente que existiera. Me estaba haciendo una pregunta: ¿cómo llegué aquí? Empecé a gritar, estaba muy asustada. A partir de ese momento, las entidades pusieron en marcha una máquina, acompañadas de una voz, las letras electrónicas eran repetitivas y muy tranquilizadoras, en ese momento las entidades me preguntaron: ¿qué más podemos hacer para evitar que grites?

Después del extraño fenómeno, unos amigos vinieron a visitarme a mi casa.

Durante la noche, me enteré de que ellos también habían sido secuestrados por extraterrestres. Sin embargo, estas personas no tenían ningún interés en el fenómeno extraterrestre. Por la noche, un astronauta que era uno de mis invitados me dijo: "Anoche, cuando me acosté, sentí una sensación extraña e invasiva, me dio una sensación extraña como si hubiera sido drogado. Fue un momento muy agradable, extraño, como si hubiera estado en contacto con el Universo. La otra persona en mi habitación había experimentado las mismas sensaciones. El hombre de negocios también dijo: al principio, el contacto alienígena era aterrador. Después, traté de analizar todo, pero no encontré ninguna respuesta o explicación, me puso nervioso, ¡fue terrible! Cuando quise superar mi incomodidad, mis ansiedades, algo inexplicable me impidió tener una vida como la que tenía antes de conocer a los extraterrestres. A menudo iba al lugar donde vi por primera vez el OVNI. Los visitantes se aprovecharon de mis debilidades, de mis ansiedades. A menudo se presentaban y empezaban a venir a mi casa con frecuencia, pero sabían que yo tenía miedo de sus experiencias aterradoras y desagradables. Con un poco de retrospectiva, creo que las entidades practicaron el secuestro de humanos para examinarnos, para saber quiénes somos, para conocer nuestra sexualidad, nuestra herencia genética. Pero no sabemos de dónde vienen ni por qué están aquí. ¿Cuál es el secreto de su identidad?

También en Francia se produjo un secuestro extraterrestre, dice el testigo: durante mi vida, he observado objetos voladores en varias ocasiones. La primera vez que me secuestraron, tenía ocho años. Me encontré dentro de un platillo volador. Siempre he permanecido en silencio. Unos años más tarde, me tomó mucho coràje empezar a hablar de los hechos. La segunda vez que vi un OVNI, estaba caminando con un compañero de escuela. De repente, vimos un vehículo volador en forma de cigarro a unos 200 metros del suelo. Era de color naranja y se nos acercó, sentíamos como si estuviéramos siendo observados. Luego se detuvo y se movió lentamente. Lo observamos durante 20 minutos y de repente desapareció. Durante nuestra observación, experimentamos sensaciones extrañas y agradables. Cabe señalar que cuando fuimos testigos de este hecho paranormal, sólo éramos niños pequeños, no nos dimos cuenta de su importancia.

Veinte años más tarde, el niño había crecido bien, dijo: Estaba en mi coche con un pasajero, estábamos conduciendo por una carretera rural, cuando desde lejos vi una bola de fuego. Al principio pensé que era un tractor en llamas, me acerqué para ver qué era: ningún tractor en llamas, sólo una gran bola luminosa que cambiaba de color con frecuencia. Era un misterioso objeto volador, vimos y notamos que estaba equipado con portillos. Entonces sentí que mi cuerpo se paralizaba hasta el punto de no moverse. Mientras tanto, mi coche iba conduciendo, pero yo no era el que lo guiaba, porque mi cuerpo estaba inmovilizado, no podía controlar nada. Después de eso, un poderoso mensaje telepático me dice: somos extraterrestres, cállate, no le digas nada a nadie, porque no tienes derecho a hablar de ello. Miré a la persona que estaba a mi lado, no sabía si tenía los mismos sentimientos que yo, así que no hablé con él, porque era imposible para mí, como si estuviera estrictamente prohibido hablar del evento. Me di cuenta de que estaba conectado con el objeto. ¿Por qué medio, la conexión? ¡No estoy seguro de eso! Llegué a casa, pero no sé cómo. Esta situación de olvido me parecía más que extraña. Me tomó unos minutos entender y analizar lo que realmente me había pasado. Me di cuenta de que faltaba un momento en mi noche. Me había ido a casa alrededor de las 11 de la noche, y pensé que no podría haber tardado tanto en llegar en unos pocos kilómetros. Quería explicarme con mi esposa, pero no podía, era imposible, siempre había algo que me impedía hablar. Sin embargo, puse toda mi energía en tratar de hablar sobre el famoso fenómeno. Además, durante muchos años, no pude decírselo a nadie, me costó mucho valor hablar del extraño fenómeno de hoy.

Un médico finlandés también afirmó que había sido secuestrada por extranjeros. Durante una visita a Checoslovaquia, la doctora conoció a una estadounidense. Ella testificó de lo siguiente su historia: durante la cena, hablamos de diferentes temas, pero el que más me intrigó fue la historia de los extraterrestres. Me habló de un viaje en un OVNI. Después de eso, me burlé un poco de él, ¿por qué no me llevas a dar una vuelta?

Un día, estaba en casa leyendo un libro. Durante mi lectura, de repente por la ventana, vi un objeto curioso de unos cincuenta metros de largo. Completamente asustada, me di cuenta de que me enfrentaba a algo que veía por primera vez. Más tarde, me di cuenta de que esa noche había sido secuestrada: fue una agitación en mi vida. Entonces recordé que estaba acostado en una mesa de operaciones. Soy médico de profesión, me interesaba la ciencia extraterrestre. Durante el experimento, pude ver que el conocimiento tecnológico de las entidades extraterrestres era mucho más avanzado que el nuestro. Los alienígenas tienen otras prácticas médicas, tienen técnicas basadas en rayos láser de colores, no podía entender sus métodos. La experiencia me ha llevado a creer que nuestro mundo está controlado, manipulado, por entidades biológicas extraterrestres.

En Francia, en enero de 1998, en el pequeño pueblo de Haravilliers en el Val-d'Oise, un grupo de amigos se reunió para un viaje de caza. El primero en llegar al lugar de encuentro dijo: mientras esperaba a mis amigos, conecté mi radio. Alrededor de las siete de la mañana, vi una masa negra deslizándose justo encima de mí. Como mi coche estaba equipado con un techo abierto y transparente, pude ver que el vehículo volador proyectaba rayos de luz de todos los colores sobre el suelo, acompañados de una explosión como nunca antes había oído. El objeto no era un avión, ya que pasé toda mi carrera en la aviación como controlador técnico de aviones de combate. La forma del dispositivo era circular, de unos cincuenta metros de diámetro. El dispositivo estaba volando bajo, pensé que se iba a estrellar eventualmente. Luego, de repente, desapareció y perdí el conocimiento. En su camino al punto de encuentro, los otros cuatro cazadores vieron el mismo fenómeno. Ellos a su vez perdieron el conocimiento. Lo más extraño de la historia y lo más incomprensible es que en un momento dado todos los coches de los cazadores estaban reunidos en el mismo aparcamiento, mientras sus ocupantes estaban inconscientes. Además, los cazadores no fueron las únicas víctimas del paso del objeto. Varios habitantes de la pequeña aldea de Haravilliers incluso tuvieron un despertar un tanto inusual; en particular, el alcalde de la aldea que se despertó alrededor del mediodía y toda su familia, si bien por lo general es muy temprano en la mañana del 10 de enero de 1998, se le esperaba para una reunión importante.

Unos meses después, uno de los cinco cazadores recordó lo que le había ocurrido en la mañana del 10 de enero. Afirmó que había sido succionado por el objeto volador. La parte inferior del dispositivo se había abierto como un lente de cámara. Una vez dentro, testificó que el objeto había comenzado a volar a una velocidad inimaginable. Debido a la velocidad vertiginosa, dormía y se despertaba alternativamente. También reveló que en un momento dado estaba rodeado de entidades extraterrestres sin verlas claramente, y que dentro del dispositivo había una atmósfera militar helada. Él dijo: ¡En ningún momento tuve miedo! Cabe señalar que el testigo era un ex soldado que ocupaba un lugar importante en la jerarquía.

Uno de los secuestros alienígenas más espectaculares e increíbles que podemos imaginar ocurrió el 30 de noviembre de 1989 en Manhattan, Nueva York, alrededor de las tres de la mañana. Una joven, Linda Cortile, se despertó suspendida en el aire sobre su edificio. Al principio, pensó que estaba soñando, pero se dio cuenta de que estaba realmente suspendida en el aire. La víctima afirmó haber sido absorbida por un rayo de luz azul y luego transportada en un avión sobrevolando su edificio. A bordo, fue sometida a exámenes médicos por extranjeros, los grises, que la trajeron de vuelta sobre su cama y de repente la liberaron. Su regreso violento no dejó de despertar a su marido. Cuando regresó al apartamento, temiendo que sus dos hijos y su compañero hubieran sido asesinados por extraterrestres, se aseguró de que estuvieran intactos. Durante el evento, muchos testigos vieron el fenómeno ante sus ojos, incluyendo a dos oficiales de policía. Afirmaron haber presenciado el secuestro de la joven: durante el secuestro, el coche de la empresa estaba aparcado no lejos de la avenida Franklin Roosevelt, a pocos metros del lugar del secuestro. Afirmaron que la víctima flotaba en el aire hacia el OVNI. El tamaño de la máquina era aproximadamente tres cuartos del tamaño del edificio. Entonces, el objeto habría subido al East River y al puente de Brooklyn. Unas semanas después, la policía visitó a la joven para testificar sobre lo que habían visto esa noche. Estaban particularmente preocupados por si la víctima estaba viva y sana. Hay que decir que estos agentes formaban parte del servicio secreto. La noche del secuestro, los oficiales escoltaron al Secretario General de la ONU.

Así pues, el máximo dirigente de las Naciones Unidas fue testigo del secuestro de la joven por extranjeros.

Muchas personas dijeron que vieron y sacaron el secuestro de sus autos. Describieron un objeto volador que venía del Puente de Brooklyn, donde era más visible, hacia el apartamento de la joven (unos 400 metros). Afirmaron que en un momento dado, las luces del puente se habían apagado y parte de Manhattan estaba sin electricidad. Durante la presencia del objeto volador no identificado, los coches en la cubierta fueron inmovilizados (batería fuera de servicio), los testigos vieron a la joven mujer flotando en el aire hacia el objeto, acompañada por seres extraños. Declararon que durante el evento, tuvieron que protegerse los ojos porque el dispositivo emitía una energía poderosa. La mayoría de los que asistieron al secuestro tuvieron tiempo de hacer dibujos. Sin embargo, todos los dibujos describen la misma escena. Algún tiempo después, la víctima traumatizada decidió buscar ayuda de ufólogos y médicos calificados. Gracias a las radiografías, los médicos descubrieron implantes de origen desconocido en su cuerpo, especialmente en las fosas nasales, pero también un implante metálico incrustado en el cráneo de la joven.

En todo el mundo ha habido secuestros individuales, pero también secuestros masivos, casos de secuestros en los que toda una familia ha sido víctima de entidades biológicas extraterrestres.

El 4 de abril de 1996, una familia que vivía en Gratfon, en el este de Australia, afirmó haber sido secuestrada por extraterrestres mientras conducía por la carretera de Bruxner entre Lismore y Casino. Después de pasar un día con amigos, el padre y la madre de familia, acompañados por sus dos hijos, se prepararon para regresar a casa. Dejaron a sus amigos alrededor de las 7 de la tarde, antes de tomar la carretera, la familia decidió comer. Cuando la pequeña familia volvió a partir, ya estaba oscuro. Después de viajar unos kilómetros, el padre notó dos extrañas luces en el cielo. Al mismo tiempo, su esposa observó más luces en el lado izquierdo de su coche: unas 200 luces de hadas en verde brillante y blanco. Entonces se dieron cuenta de que las extrañas luces habían desaparecido. Cuando llegaron a casa, el padre se dio cuenta de que el viaje había sido más largo de lo habitual, sin saber ni comprender lo que había ocurrido durante el viaje. Unas horas más tarde, la familia descubrió síntomas extraños en sus cuerpos. El padre desarrolló ampollas sorprendentes en el dedo del pie. El resto de la familia sufría de síntomas similares a los de la gripe y hemorragias nasales. Mientras que antes, toda la familia gozaba de una salud perfecta. Pocos días después, el padre decidió consultar a un hipno-terapeuta que le había sido recomendado por una asociación especializada en ufología. Bajo hipnosis, el hombre recordó haber visto: dos grandes entidades (más de dos metros) con una cabeza muy grande, grandes ojos negros, dos agujeros en lugar de la nariz, una pequeña boca sin labios y pequeños dedos de los pies. La madre y su hija también recordaron haber sido secuestradas por entidades extraterrestres, la madre dijo: Vi que las entidades estaban metiendo algo así como una pistola de plata en mi cuello. El padre se dio cuenta de que los extraterrestres podían comunicarse telepáticamente con los humanos: recuerdo muy bien el pensamiento de los extraterrestres, ellos pensaban que yo era una persona hermosa. Momentos después de recibir mensajes telepáticos, los recuerdo tumbados en lo que parecía ser una mesa de operaciones. Había luces a mi izquierda y arriba, tres luces redondas. Entonces noté un brazo mecánico al final de la mesa equipado con otros cuatro elementos. Empecé a gritar, quería encontrar a mi familia, y de repente me encontré en mi coche con mi familia. Posteriormente, el padre realizó muchas otras sesiones de hipnosis. Durante las sesiones, el hombre recordó en detalle la noche del secuestro, así como otros secuestros extraterrestres que había sufrido de niño: a los cuatro, ocho y catorce años. La familia continuó experimentando otros síntomas extraños e inapropiados. El padre dijo que los extraterrestres eran capaces de leer el estado emocional de las personas, y especialmente de saber de antemano lo que sucederá en el futuro. En ese momento, la historia generó una amplia cobertura en los medios de comunicación.

En la mayoría de los casos, las víctimas son secuestradas por extranjeros desde una edad temprana. Una joven testificó de un tercer tipo de encuentro: en ese momento, yo era una joven, mientras ordenaba mis cosas en mi habitación, sentí una presencia inusual a mi alrededor. Entonces vi una pequeña silueta con una luz azul al pie de mi cama. La entidad se inclinó sobre mi cama sin tocarme. Esta presencia fue muy fugaz. Unos años más tarde, yo tenía 25 años, en una noche normal, vi una luz azul y la habitación donde estaba iluminada. Estaba asustada, ansiosa, tensa, entonces vi una entidad aparecer frente a mí, y también sentí una presencia detrás de mí. Me di cuenta de que no podía moverme. Sentí que la entidad que estaba a mi lado me decía que no debía preocuparme y que todo iría bien, para tranquilizarme, la entidad me tomaba de la mano. Entonces vi a otra entidad que tenía en su mano una especie de varilla de metal muy larga. Entonces sentí que la entidad estaba haciendo algo con el tallo en mi hombro derecho aplicando algo de presión. En ese momento, tenía mucho dolor, estaba en un estado terrible. Intenté despertar a mi marido que dormía profundamente a mi lado, sin nada que hacer. Tuve una experiencia más que desagradable, tuve una impresión de sumisión, de inquietud. Lo más chocante fue la propia reunión, que yo calificaría de trágica. La mirada de la entidad que sostiene mi mano izquierda era una mirada que te quita todo, una mirada que decía, ahora me perteneces. Le conté a mi esposo sobre el terrible episodio, porque se sorprendió al verme en este estado. Unas semanas después de mi encuentro con entidades extraterrestres, apareció un objeto volador junto a nuestra casa. Estaba en una posición estacionaria, llamé a mi esposo y a mis hijos para ver el OVNI colgando sobre nuestra casa. Le dije a mi familia con gran emoción: "¡Créeme ahora! »

Pocos días después, la familia fue visitada de nuevo por las entidades. Mi marido aún no había regresado del trabajo, volvía a casa tarde por la noche. Por la noche, en la habitación de mi hijo, oímos como pequeños pasos de perro, pero no vi nada especial. Después de eso, les pedí a mis hijos que no se fueran a la cama inmediatamente. Unos minutos más tarde, volvimos a oír pequeños pasos repetitivos, pero no pudimos ver nada. Durante la noche, mis hijos fueron visitados por entidades extraterrestres. Uno de ellos recuerda haber visto las entidades: "No vi sus rostros, sólo sus cuerpos eran vagamente visibles, ya habían venido a visitarme varias veces, no sólo esa noche. No recuerdo lo que me dijeron o lo que me hicieron, sólo escuché frases telepáticas en mi cabeza, ¡no recuerdo las frases que estaban diciendo!

En Indianápolis, Estados Unidos, esta vez es un fenómeno paranormal relacionado con un detective que trabaja en el estado de Indiana. El cazarrecompensas buscaba fugitivos por todo el país. El 30 de marzo de 2009, después de un día estresante, el joven detective fue a su casa, conduciendo por una carretera en los suburbios de Indianápolis para reunirse con su familia. Durante el viaje, el detective vio un dispositivo inusual volando en el cielo desde la distancia. El objeto tenía una luz naranja y se movía hacia el sur. El testigo dijo: en lugar de ir a casa, decidí seguir el objeto. En un momento dado, la luz comenzó a crecer más y más, antes de desaparecer detrás de los árboles. Así que me desvié para tener una mejor visión, quería tomar una foto. El coche empezó a temblar y yo empecé a asustarme. Después de eso, lo único que recuerdo es perder el conocimiento. Unas horas más tarde, me encontré al lado de mi coche, ni siquiera reconocí dónde estaba. Miré la hora en el salpicadero y en mi reloj, había una diferencia de 1 hora y media entre los dos relojes. Me miré en el espejo, tenía sangre en el bigote, mi pistola que siempre llevo encima estaba en el asiento del pasajero. Arranqué el coche, quería irme a casa, los indicadores de a bordo estaban aterrorizados. Conduje por unos minutos cuando finalmente reconocí el lugar donde estaba, todo me parecía extraño. Cuando llegué a casa, mi familia se dio cuenta de que no estaba bien. Por la noche, antes de irme a la cama, me di una ducha, así que descubrí dos heridas extrañas en el pecho, algo se me escapaba. Al día siguiente por la mañana, empecé a tener flashes de la famosa noche del 30 de marzo de 2009. En estos flashes, me encontré en una habitación que no estaba iluminada por las lámparas habituales como en una casa, aquí, las luces que vi venían de una pared frente a mí, era muy brillante. Entonces, tres entidades aparecieron a mi izquierda en una especie de niebla, no las vi claramente. Apenas podía verlos, me miraban a mí. Las criaturas tenían ojos grandes, simples aberturas nasales. Obligué a mi vista a distinguir su boca y su piel, lo que me recordó a la piel de elefante, áspera y gruesa. Unos momentos más tarde, una de las criaturas se me acercó, llevando una caja en sus manos que me dio. Éste no pesaba mucho, pero en él estaban grabadas inscripciones que no pude descifrar. Tenía la impresión de que las entidades me estaban esperando para hacer algo con esta caja. ¡No entendí nada! Entonces, por extraño que parezca, me encontré acostado en una mesa, las entidades me miraban sin moverse. Un extraño brazo articulado se acercó a mi cara, y sentí que mi cuerpo se calentaba cada vez más. Estaba en completa oscuridad, y no podía mover mi cuerpo, que cada vez era más pesado. El pánico se apoderó de mí porque no entendía lo que me estaba pasando. No soy una persona pequeña, soy un ex marinero que trabaja para la policía, persigo a los más grandes criminales del país, no le temo a nada, pero no me gusta cuando no controlo una situación. Pero con estos extraños seres, no tenía absolutamente ningún control sobre nada. No sé qué han hecho conmigo ni en qué me convertiré como resultado de esta desafortunada experiencia. En general, soy una persona más reservada, pero ahora mismo, necesitaba hablar con alguien al respecto. Decidí confiar en un investigador especializado en ufología. Le conté en detalle lo que realmente sucedió esa noche, mi coche, cuyo sistema eléctrico completamente roto ya no funcionaba como antes del evento. El investigador trató de comprender el fenómeno paranormal. Luego me pidió que le contara algunos de los momentos más destacados de mi infancia. Le di al investigador un recuerdo de 1967. En una noche como cualquier otra, mi hermano mayor y yo nos preparábamos para acostarnos en nuestras literas: mi hermano me dejaba la de arriba, me hacía sentir como un niño grande. Esa misma noche, nos habíamos reído mucho, cuando de repente me pareció ver un rayo. Teníamos miedo de las tormentas, y debido a la extraña luz que salía de la ventana, pensamos que se avecinaba una gran tormenta. La luz se hacía cada vez más brillante, las camas empezaban a temblar, ¡era aterrador! Unos minutos después, la luz había desaparecido, llamé a mi hermano, pero no respondió. Mi hermano ya no estaba en su cama, corrí hacia el pasillo, así que sentí que algo "me estaba absorbiendo".

Finalmente, estaba en un lugar desconocido, algo así como un túnel bien iluminado, en el que oí ruidos y vibraciones, al final del túnel vi a mi hermano. Lo llamé, no me miró y se fue. Por mi parte, me encontré en una habitación, tumbado en una mesa ovalada mientras esperaba a mi hermano. Fue bastante extraño y muy desagradable. Tres entidades de diferentes tamaños ocupaban la habitación. La más pequeña de las entidades se acercó a donde yo estaba, me miró directamente a los ojos con sus ojos grandes y negros, y entonces todo se volvió borroso, perdí el conocimiento. Entré en razón frente a nuestra casa. Mi madre estaba afuera y nos había estado llamando durante cuatro horas interminables. Ella me abrazó, yo estaba temblando, y me preguntaba dónde estaba mi hermano, yo miré hacia arriba, él estaba de pie junto a la casa. Lo miré a los ojos, tenía "una mirada vacía". Nunca podré olvidar su mirada, estas imágenes quedan grabadas en mi memoria, cada vez que pienso en esta escena dolorosa, se me pone la piel de gallina. Mi memoria es tan vívida como una herida que nunca sanará. Durante los dos secuestros (1967 y 2009), vi prácticamente las mismas entidades biológicas extraterrestres. Algún tiempo después, traté de ponerme en contacto con mi hermano mayor, pero no fue fácil. Ya no nos hablábamos como si alguien o algo nos impidiera vernos y tener una relación fraternal. Cuando hablamos del fenómeno paranormal, es como si volviéramos a poner el cuchillo en la herida. Nos volvimos a encontrar con mi hermano en presencia del ufólogo. Allí, mi hermano mayor comenzó la discusión diciendo: desde el comienzo de estos secuestros, he estado tomando notas, tengo un archivo bien lleno.

Dicho esto, no era la primera vez que nuestra familia se veía afectada por los secuestros. Y no somos ni la primera ni la última familia afectada de cerca por el fenómeno extraterrestre. Otras personas en la Tierra han sido víctimas de "secuestros" alienígenas. En realidad, en la familia, nunca hemos discutido el fenómeno entre nosotros. Ahora es el momento de hablar de ello en detalle y en términos concretos, de poner palabras a la desgracia que tanto afectaba a nuestra familia. En 1969, había un hipódromo cerca de nosotros, decidimos ir allí para una competición. Nuestra madre conducía el coche, nuestra abuela estaba en el asiento del acompañante, mi hermano y yo estábamos sentados en la parte de atrás comiendo caramelos. Nuestra abuela se dio la vuelta para decirnos que teníamos que comer los dulces con cuidado para no ahogarnos, y fue entonces cuando vio una luz naranja detrás del coche. El resplandor iluminó gran parte del bosque. Ella nos dice: "¿Qué es esta cosa? "Le asustó. Nuestra madre trató de calmarnos cuando el coche se calmó de repente como si nos quedáramos sin gasolina. Allí, vimos un enorme objeto parado encima del coche, y fuimos extrañamente absorbidos por el objeto. Me encontré dentro de un enorme objeto del tamaño de cuatro campos de fútbol, estaba asustado, pero traté de mantener la calma. Desde muy lejos, escuché la voz de mi madre, la voz de mi abuela, pero también la de mi hermano. Entonces vi una extraña hormiga gigante, ¡nunca había visto nada igual! ¿Podría existir tal criatura? La hormiga se me acercó. Tenía una cabeza ovalada, con dos enormes ojos laterales, un cuello largo, piernas gigantescas. La extrañeza se sucedía, me acosté en una mesa, aún escuchando los gritos de mi pueblo, completamente aterrorizado, pero no los vi. Había tres piedras negras en la mesa donde yacía, y vi un objeto que descendía hacia mí. El objeto bloqueó mi cabeza, mi cuerpo permaneciendo fuera de la cámara. Entonces vi a mi hermano a mi izquierda, que también estaba tumbado en una mesa, aterrorizado como el resto de la familia. Entonces no recuerdo cómo mi hermano y yo terminamos en el auto, en el que nuestra madre estaba dormida del lado del pasajero. En cuanto a nuestra abuela, estaba lejos del coche en medio de la carretera.

A todo esto, el hermano menor, contestó el detective: escuché atentamente a mi hermano, a decir verdad, no recordaba este secuestro familiar, pero ahora recuerdo muy bien toda esta desafortunada aventura. Me siento como si hubiera sido violada por alguien, algo muy sucio. Desde entonces, nadie en la familia se ha atrevido a volver a hablar de ello, como si hubiera una prohibición de hablar de "esto" entre nosotros. Después de estos acontecimientos, nuestra vida familiar fue alterada, modificada en el sentido equivocado de la palabra. El deseo de nuestra madre era ver a estos niños crecer felices, pero los demonios alienígenas habían decidido lo contrario. Más tarde, nuestra madre finalmente decidió hablar y confirmar lo que realmente había sucedido, para dar testimonio de la pesadilla que habíamos experimentado y del miedo que permanece en nuestro interior.

Después de todas las declaraciones de la familia, el inspector-ufólogo les propuso si estaban de acuerdo en someterse al detector de mentiras, la propuesta fue aceptada por toda la familia. El investigador nombró a uno de los mejores especialistas del estado de Indiana. El hermano mayor fue elegido para la prueba del detector de mentiras, tuvo que responder y testificar durante el período de 1966 a 2010. Unas horas más tarde, llegaron los resultados: el testigo tenía razón en un 99,1%, y añadió: si es necesario responder de nuevo bajo el control del detector de mentiras, no lo dudaré, sé lo que vi y experimenté, ¡sé de lo que estoy hablando!

El hermanito dice: "Quiero que la investigación vaya más allá, que denuncie este flagelo extendido por todo el mundo". El investigador decidió inspeccionar a fondo el coche del hermano menor secuestrado el 30 de marzo de 2009. Para hacer hablar al coche, el investigador utilizó grandes medios. Se dio cuenta de que al arrancar el coche, los indicadores del salpicadero entraron en pánico, que la caja electrónica se había quemado. Luego, al caminar alrededor del vehículo con una simple brújula, se dio cuenta de que la brújula estaba entrando en pánico en todas las direcciones, lo que le hizo pensar que el coche había sido atraído por un campo electromagnético muy fuerte. Esta fue la razón por la que los indicadores del coche estaban completamente fuera de control y también explicó por qué la caja electrónica estaba defectuosa. Pero el ufólogo no cerró el trato, siguió inspeccionando el coche con un contador Geiger, el dispositivo indicó que el coche había sufrido una radiación muy fuerte. El ufólogo le preguntó al joven detective: ¿le sangró la nariz durante o después del secuestro? ¿Tenías quemaduras en el cuerpo? El joven detective respondió: sí, luego me miré en el espejo, y de hecho tenía sangre en el bigote, y también marcas de quemaduras en el pecho.

Después de conducir cuidadosamente la investigación, y de recoger todas las pruebas del fenómeno paranormal, el investigador-ufólogo clasificó las incidencias del CE-4, de tres estrellas, como un cuarto tipo de encuentro. La indicación oficial corresponde a secuestros por fuerzas extraterrestres. Después de la designación oficial del fenómeno, el anciano afirma: para los escépticos y cartesianos, que no creen en la existencia extraterrestre, deberían llegar a lo obvio, ¡el fenómeno extraterrestre es muy real! El más joven lo confirma: después de todos estos acontecimientos en la familia, ya no soy la misma persona, me he convertido en otro hombre, he cambiado mucho, me he vuelto paranoico, incluso he instalado cámaras de vigilancia por toda mi casa, en caso de que el fenómeno se repita, porque no sé si algún día no volverán. Tengo un miedo especial por mis dos hijos, cada vez que los veo, espero un cambio inusual en su aspecto. Si hubiera un cambio en sus ojos, sabría quién está detrás de ello. Si los extraterrestres vinieran a buscar a mis hijos, entonces no habría nada que hacer, son todos poderosos, pueden hacer con nosotros lo que quieran y volver en cualquier momento.

Secuestro y manipulación genética:

Otros casos más intrigantes y preocupantes son reportados en todo el mundo. Testimonios y pruebas muestran la brutalidad, la monstruosidad de las entidades biológicas extraterrestres hacia el hombre.

Una pareja en Detroit, EE.UU., había estado tratando de tener un hijo durante años sin éxito. Su médico incluso les había informado de que nunca podrían tener hijos. La pareja se decidió. Después de una noche con amigos, la joven se fue a casa. Durante su viaje, cuenta su calvario: iba camino a casa, conducía a pocos kilómetros de Detroit, y de repente mi coche se averió. Al mismo tiempo, un objeto volador con luces púrpuras descendió gradualmente en mi dirección y luego aterrizó. Salieron seres extraños, nunca había visto nada igual, me entró el pánico. Las entidades se me acercaron y me llevaron dentro de su recipiente circular. Las extrañas criaturas comenzaron a tocar mis partes íntimas. Llevaban trajes especiales, que se parecían a los de nuestros astronautas. Los seres curiosos me examinaron. Sobre mi cabeza, había luces cegadoras de diferentes colores, todas acompañadas de ruidos ensordecedores y aterradores. Me hicieron pruebas médicas. La prueba fue muy desagradable y sigue siendo la experiencia más aterradora de mi vida. Entonces, un humanoide con una gran jeringa me inyectó una sustancia viscosa de color púrpura, estaba en tal dolor que perdí el conocimiento. Cuando me desperté, estaba tumbado junto a mi coche. Habían pasado cuatro horas entre mi secuestro y mi despertar. Denuncié el caso a la policía de Detroit que lo investigó. En el sitio del paquete, los investigadores encontraron que el nivel de radiación era mucho más alto de lo normal, y que los fuertes campos magnéticos estaban pasando a través de él.

Un tiempo después, la víctima comenzó a experimentar sensaciones extrañas, decidió hacerse una prueba de embarazo que resultó positiva. Fue al médico, que le había dicho un poco antes que nunca tendría hijos. Después de examinarla, se enteró de que estaba embarazada de un niño extraño, un híbrido no humano, mitad hombre, mitad extraterrestre. A pesar de las pruebas acumuladas de que la joven había sido efectivamente víctima de un secuestro alienígena, su marido decidió dejarla, convencido de que el embarazo era el resultado de la infidelidad.

Otra joven que también fue secuestrada por extraterrestres testifica: desde que nací, mis padres me han dado una educación cristiana. Después de mis estudios, tuve una maravillosa carrera como fotógrafo: tuve el privilegio de fotografiar a gente famosa en nuestro mundo. Tenía todo para ser una joven feliz. Cuando una noche, mientras dormía, me desperté de repente; estaba en un ascensor, paralizado y sin ningún recuerdo de cómo había llegado allí. En el ascensor, había pegado mis ojos y nariz a la puerta metálica, donde estaba la ranura, en el centro. Cuando se abrieron las puertas, vi una enorme habitación ocupada por entidades extrañas. No eran muy bonitas de ver. Cuando descubrí la enorme sala, pude ver mesas, como nuestras mesas de operaciones en el quirófano. En sus mesas, los humanos yacían boca arriba. Al principio, pensé que estaban muertos. En cada una de las mesas, un alienígena manipulaba al humano mentiroso. Entonces empecé a gritar, a gritar, a creer que era mi turno de morir. Estas entidades en forma de insecto gris con enormes ojos negros en sus grandes cabezas, y sus diminutos cuerpos, no eran hermosos de ver. Cuando grité, una de las grandes entidades me golpeó en el cuello e inmediatamente me desmayé, como si estuviera anestesiado. Más tarde, me desperté en una pequeña habitación, solo y acostado en una mesa, estaba completamente desorientado. No sabía dónde estaba. Traté de controlarme, pero no pude. Entonces, dos entidades vinieron a mí, y pusieron una varilla de metal en mi cuello, para tomar una muestra de piel, e introdujeron algo en mi nariz. En el pasado, me había sometido a varios procedimientos quirúrgicos, sabía cuáles eran los efectos de la anestesia, reconocí estas mismas sensaciones cuando me extirparon. Como si una droga se estuviera infiltrando en mi cuerpo, no podemos hacer nada, no podemos luchar, estamos indefensos ante el fenómeno. Unos momentos después, uno de los extraterrestres, el más alto, se me acercó y me miró a los ojos hasta que me desmayé. Me desperté en casa, en mi cama, allí, pensé que había perdido la cabeza por completo, pero en el fondo, sabía que no había tenido una alucinación.

Antes, yo estaba lejos de creer que esas cosas existían, por no hablar de que el secuestro podía ocurrir. Desafortunadamente para mí, unas semanas después, fui víctima de un nuevo secuestro, otra experiencia con los mismos seres biológicos monstruosos. Durante mi segundo secuestro, las criaturas tomaron un feto híbrido de mi vientre, que no tenía ni idea de que llevaba. Mi historia puede ser chocante, traer tal testimonio de mi desafortunada experiencia no es insignificante. Sé lo absurdo que puede ser secuestrar a una mujer por extraterrestres para implantarle un feto extraterrestre. Desafortunadamente, ahora tengo que vivir con esta carga. Yo no elegí eso, el fenómeno me lo impusieron entidades que no sabía que existían.

Otro ejemplo intolerable es la mujer italiana que afirmó haber sido secuestrada en múltiples ocasiones por seres extraterrestres.

Según se informa, ella tuvo 18 embarazos como resultado de estos secuestros paranormales. Incluso se filmó el último aborto de un feto híbrido. Poco después, la víctima ya no pudo mantener este secreto, por lo que se puso en contacto con periodistas, un presentador de televisión y un especialista en ufología. Simplemente decidió hablar, para revelar la increíble historia que había vivido desde que tenía cuatro años. Ahora, a la edad de 41 años, nos dice: hay criaturas extraterrestres en el Universo que no conocen el valor de la palabra amor. Las entidades no tienen sentimientos, su comportamiento con los humanos es monstruoso. Los extraterrestres nos necesitan para crear una "raza" híbrida porque no pueden reproducirse debido a problemas genéticos relacionados con la radiación que contamina su propio planeta. Como prueba, los vídeos muestran cómo es el feto humanoide: no es muy bonito de ver, es un verdadero monstruo. En el video, también podemos ver una especie de polvo blanco, que fue encontrado en la casa de la víctima. Fuera de su casa, las imágenes también muestran un círculo de hierba quemada. Este polvo blanco ha sido analizado por laboratorios especializados. El análisis encontró que si el polvo se aplica a nuestra piel, en la oscuridad, la piel se vuelve luminosa. Los resultados son sorprendentes, ya que está compuesto por elementos que no son luminiscentes por naturaleza. Esto demuestra que fue creado utilizando campos magnéticos muy altos, probablemente equivalentes a los de un acelerador del CERN. La víctima obviamente no tenía tal equipo en su casa, dijo: los extraterrestres usarían el polvo, cuando estuvieran en contacto con humanos, para protegerse a sí mismos y a los humanos de virus potencialmente mortales para ambas especies. La víctima testificó: las entidades comenzaron a secuestrarme cuando tenía cuatro años para estudiarme. Cuando llegó a la edad adulta, los extraterrestres le practicaron la inseminación artificial. Durante todos estos años, llevó 18 fetos. La joven conservó el embrión durante unos dos meses y después de ese tiempo, las entidades lo recuperaron y continuaron cultivándolo por sí mismas. La víctima continuó sus revelaciones: una vez, los extraterrestres regresaron con lo que parecía un bebé híbrido. Sabía que era mi hijo, en parte humano, también tenía ojos grandes como los de las entidades clásicas, y piel verde. Los alienígenas me dijeron que iban a llevar al bebé híbrido muy lejos de la Tierra. Cada vez que venían a mi casa, filmaba sus ovnis. Durante su visita, me dijeron que había otra "raza" alienígena en nuestro suelo, "muy peligrosa" y capaz de iniciar una guerra en la Tierra.

Los periodistas le hicieron algunas preguntas a la víctima: ¿Cómo es que los extraterrestres secuestran a los humanos? ¿Y viven entre nosotros? Cuéntanoslo todo! La víctima respondió: los extraterrestres bajan del cielo con sus objetos voladores, luego eligen a sus víctimas con un rayo de luz. Después de ser golpeados por el rayo, las víctimas se desmayan y los llevan a su nave espacial. A veces se invitan a nuestras casas y hacen con nosotros lo que quieren. Cuando era más joven, mi padre a menudo se enojaba porque yo desaparecía durante horas en medio de la noche. Mi padre pensó que salía con amigos, cuando de hecho, fui secuestrada por monstruos alienígenas. Las entidades me hicieron creer que los humanos eran la "raza" más compatible para su especie, porque el ADN humano es compatible con el suyo, por lo que somos su única esperanza de supervivencia. Los únicos que pueden evitar que su "raza" se extinga. La sangre humana recolectada de las víctimas sería utilizada por los extraterrestres para tratarse a sí mismos. De hecho, viven entre nosotros. Vienen de muy lejos y no tienen intención de irse pronto. Cabe señalar que lo extraordinario no viajó 2000 años/luz sólo para zigzaguear a través de nuestro cielo y salir. No! las entidades biológicas tienen bases en la Tierra y en la Luna, están aquí por mucho tiempo. Les mostró a los periodistas y al presentador de televisión un escáner de su cerebro. En la imagen, un implante de metal es visible, la víctima dice que lo ha tenido en su cráneo durante años. Como instrumento, las entidades habrían utilizado una varilla con la que habrían colocado el implante en su cerebro a través de su nariz.

Secuestros finales:

En octubre de 1978, en el aeropuerto de Moorabbin, cerca de Melbourne, Australia, un joven entusiasta de la aviación de 20 años alquiló un pequeño avión Cessna 182 y despegó del aeropuerto de Moorabbin alrededor de las 6:20 p.m. hacia King's Island. Al principio del vuelo, todo fue muy bien, estaba volando a 5.000 pies. Después de 40 minutos de vuelo, el piloto llamó a la torre de control, la conexión no era muy buena, especificó que debajo de él a 5000 pies, vio un gigantesco objeto volador de color verde. Alertó de nuevo al control de tráfico aéreo de que el objeto acababa de pasar a una velocidad vertiginosa y que se había colocado por encima de él. El piloto comenzó a preocuparse y se mantuvo en contacto con la torre de control. Poco después, anunció que vio varios objetos voladores que circulaban en su avión. En la grabación original, el controlador notó cierto temor en la voz del joven al enfrentarse a objetos voladores no identificados. Unos minutos más tarde, el joven piloto ya no respondió a la torre de control. La sorprendente desaparición del pequeño avión se registró el 21 de octubre de 1978 a las 19:00 y 5 minutos. El caso cobró impulso cuando los medios de comunicación australianos se interesaron mucho por la desaparición. Se realizaron importantes investigaciones para encontrar los escombros del avión. Pocos días después de la desaparición de la pequeña aeronave, un testigo afirmó haber visto la aeronave en el aire, porque no hay tráfico aéreo en la zona. Estaba convencido de que vio el avión perdido. Mientras el avión sobrevolaba la zona, él estaba en su jardín esperando a su novia para cenar. Unas semanas después, tomó la decisión de investigar por su cuenta. Primero, entrevistará a los pilotos del especialista Cessna. La mayoría de los pilotos respondieron: si el avión se hubiera estrellado contra el océano, habría explotado y allí se habrían encontrado escombros, pero no fue así. El investigador, mientras continuaba su investigación, decidió ir a ver a la familia de la persona desaparecida. La teoría de una crisis nerviosa o de un posible suicidio había sido considerada por los investigadores, pero estas sospechas fueron descartadas por la familia, que afirmaba que el joven tenía planes, una novia y que amaba demasiado a su familia para hacer eso. Su hermano mayor dijo: mi hermano no era una persona deprimida, no dejó ninguna carta de despedida, ni contrató ningún seguro de vida. No tenía ninguna razón para inventar tal cosa y nadie ganó nada en su desaparición. Al cuestionarse a sí mismo, el investigador retomó el asunto desde el principio: si el avión se hubiera estrellado contra el océano, los escombros habrían flotado a la superficie, porque el Cessna es un avión muy ligero. La tesis del suicidio o de la desaparición voluntaria debe ser descartada, ya que la familia ha sido formal al respecto.

Luego el hombre investigó a posibles testigos visuales que, el mismo día, podrían haber observado la desaparición del avión. Mientras buscaba, el investigador conoció a un testigo anciano apasionado por la fotografía. Dijo que la misma noche en que el joven piloto desapareció, estaba fotografiando la puesta de sol. Cuando reveló sus fotos, notó algo sorprendente: una extraña y misteriosa anomalía colgaba en el aire. Recordó perfectamente haber visto un avión de Cessna sobrevolando la zona esa misma noche. También confirmó que nunca había visto algo así flotando en el aire antes en su vida. Luego fue a consultar a un equipo de expertos para que analizaran las fotos. Después de una evaluación experta, los especialistas encontraron que se trataba de un objeto volador no identificado hecho de material sólido. ¿Fue el objeto volador que el joven piloto reportó a la torre de control antes de desaparecer? Otro testimonio disipó todas las dudas, algunos residentes afirmaron que esa noche estaban jugando al tenis, y afirmaron haber visto el avión moverse del suroeste al noroeste, declarando que el cielo estaba despejado. Y luego vieron un objeto muy grande volando sobre el avión. Decían que nunca habían visto un objeto así en su vida.

Uno de los jugadores de tenis dio más detalles: un objeto volador de color verde claro fue colocado encima del avión. Posteriormente, el objeto volador descendió verticalmente muy cerca de la aeronave, y luego ambos desaparecieron al mismo tiempo en el cielo a una velocidad vertiginosa.

Siguiendo estas revelaciones, el padre del joven piloto declaró: es necesario admitir la idea de que en el Universo existen entidades biológicas más avanzadas que nosotros. Ahora todo lo que quiero es que mi hijo sea tratado bien en su mundo!

Sus bases submarinas:

Para observar los OVNIS, el hombre está acostumbrado a mirar hacia arriba, lo cual es bastante normal, pero dicho esto, deberíamos bajar la cabeza y aprender a mirar hacia abajo ahora.

Durante muchos años, objetos voladores no identificados han sido reportados cada vez más arriba y especialmente en nuestros océanos, como es el caso de la isla de Santa Catalina en California. Los OVNIS son vistos a menudo parados a unos pocos metros sobre el mar en los que se hunden unos segundos después. Estos objetos se conocen como OANI, objeto acuático no identificado o OSNI, objeto sumergible no identificado.

Un residente de Avalon reportó haber observado y reportado un OVNI a las autoridades. Había visto el objeto mientras navegaba con sus padres. El testigo marcado por el evento explicó: a mi suegro y a mi madre les encantaba navegar. En los años 80, casi todos los fines de semana alquilábamos un velero en Santa Catalina, conocíamos muy bien la región. El 15 de junio de 1982, alrededor de las 8 de la noche, teníamos un extraño aparato delante de nuestros ojos. Fue mi madre la que dio la alerta gritando a mi suegro para que mirara a babor y le dijo: "¿Qué es esto? "El objeto luminoso se movía muy rápidamente bajo el agua, nos asustamos. Mi suegro había hecho su carrera en la marina, había navegado por todo el mundo y tenía muchos conocimientos sobre barcos y submarinos. La observación del fenómeno duró unos cinco minutos. Nos alejamos del extraño objeto navegando hacia el oeste, a diferencia de la máquina que seguía corriendo hacia el este. Nunca le he contado a nadie sobre este fenómeno, ni siquiera con mis padres, apenas hablamos de ello. Un día, le pregunté a mi suegro qué podía ser un OVNI, simplemente me aconsejó que olvidara el evento, y que no volviera a donde habíamos visto el dispositivo. La máquina era circular, de unos quince metros de diámetro, era brillante y emitía una cierta cantidad de calor que nos hacía sentir muy bien. Después de eso, mis padres dejaron de navegar porque mi madre había quedado muy conmocionada por el fenómeno. Actualmente vivo a menos de 32 kilómetros de este lugar. Llevo varios años siendo testigo de este fenómeno, y a veces sigo pensando en él, tengo la impresión de que ocurrió ayer, es muy extraño.

Dentro de un perímetro de unos treinta kilómetros de la isla Santa Catalina, muchos OVNIs (OVNIs u osni) son observados con frecuencia. Santa Catalina es una isla comercial por lo que cada día muchos barcos utilizan las aguas que conectan la isla con el continente americano. Las primeras observaciones de osnis se remontan a 1966. Ese año, un hombre, a primera hora de la mañana, observó y filmó un misterioso artefacto sumergido, que poco después sobrevoló la isla a más de 300 kilómetros por hora, sin hacer ruido, y desapareció en el cielo. Esto fue sólo el comienzo de una larga serie de observaciones de osnis, capaces de bucear bajo el agua y emerger a velocidades muy altas. Los alienígenas de Catalina eligieron el agua para crear sus bases personales.

En enero de 1968, el periódico californiano The Long Bitch Independent informó que el sheriff de Avalon, un pequeño pueblo de la isla Catalina, también había visto a un Oani. Habría visto el objeto acuático luminoso iluminar el agua y luego explotar sin razón aparente.

En diciembre de 1968, un fiscal vio un curioso OVNI columpiándose en el aire, y luego se detuvo sobre el agua en el Estrecho de la Isla Catalina, sólo para desmaterializarse en el aire. Entonces el hombre conectó su walkie-talkie con la esperanza de hacer contacto con el dispositivo, pero era un barco que respondía, también había visto el objeto volar en el aire. El caso pasó a las noticias de la televisión. Muchos testigos afirman haber visto objetos luminosos sobre la isla de Catalina.

En marzo de 1977, el periódico Los Angeles Time informó que mucha gente había visto dispositivos de luz en forma de gota sobre la isla Catalina y había declarado el hecho paranormal al sheriff. Entre los observadores del fenómeno se encontraban testigos fiables, como oficiales militares y de policía. La mayoría de los testigos declararon que no podía ser un fenómeno natural, ya que todos habían visto la misma cosa, el mismo día, a varios kilómetros de distancia.

En 1980, la aparición de un oani causó la pérdida de una vida. Ese mismo año, un piloto y su primo despegaron de Santa Catalina y volaron a Las Vegas en un pequeño avión turístico: el gaitero Cherokee. Mientras volaban sobre el estrecho, los dos hombres vieron un misterioso objeto en la superficie del agua. Los dos curiosos decidieron acercarse a ella para verla más de cerca. En ese momento, la aeronave envió un haz de luz hacia la aeronave, que de repente se desvió de su trayectoria. Fuera de control, se produjo una caída de 300 metros y el avión se estrelló contra el agua con los dos hombres a bordo. Cuando la ayuda llegó al lugar del accidente, encontraron al piloto vivo con múltiples fracturas, pero para su primo, ya era demasiado tarde. Posteriormente, se llevó a cabo una investigación para determinar la causa exacta del accidente. Después de varios meses de búsqueda, nunca se encontraron los restos del avión. Para los investigadores y especialistas en ufología, no hay duda de que las entidades extraterrestres tienen bases bajo las aguas de Catalina. Cabe destacar que los habitantes de la isla Catalina también son víctimas de ruidos extraños y ensordecedores procedentes del océano. Los ruidos siguen siendo inexplicables para nuestra ciencia. Los habitantes de la isla están convencidos de que son causados por objetos voladores no identificados.

Durante la primera Guerra del Golfo en 1991, el portaaviones americano USS-Nimitz estaba frente al Océano Pacífico y estaba a punto de regresar a Estados Unidos. Un soldado de este portaaviones, después de varios años de silencio, da testimonio de la increíble historia que vivió en el USS-Nimitz en agosto de 1991. Como de costumbre al final de su trabajo, el soldado salía a cubierta para ver el amanecer. Una mañana al amanecer, de repente sonó la alarma, advirtiendo de un peligro inminente. A partir de ese momento, el soldado sólo tuvo 30 segundos para entrar en el barco, pero cuando llegó a la primera puerta, ya era demasiado tarde: todos estaban cerrados. Fue condenado a permanecer fuera del portaaviones. Unos minutos más tarde, empezó a escuchar zumbidos que sentía en su interior. Entró en pánico cuando miró a estribor: un objeto muy grande - más grande que el portaaviones- estaba emergiendo del océano. El gigantesco objeto se elevó a pocos metros sobre el mar, iluminando gran parte del océano. El soldado no sabía si era este objeto el que iluminaba el agua, o si había otro objeto bajo la superficie. Inmediatamente se dio cuenta de que el dispositivo no era parte de nuestro mundo, paralizado por el miedo, se agachó esperando el siguiente paso. El OVNI tenía ojos de buey que iluminaban el interior del avión. Luego, el gigantesco dispositivo se alejó unos 200 metros y permaneció en posición estacionaria durante 15 minutos, zumbando. Durante la manifestación, el soldado no vio ningún color. Entonces el monstruo volador fue ganando altura gradualmente, y de repente, a una velocidad vertiginosa, se hizo pequeño en el cielo. Después del incidente, el soldado fue interrogado por sus superiores: ¿vio algo extraño o anormal? El joven, aterrorizado y aún conmocionado, no dijo nada a sus superiores y dijo que estaba listo para volver al trabajo.

En Shag Harbour, Nueva Escocia, Canadá, en la tarde del 4 de octubre de 1967, en una carretera departamental junto al mar, muchos testigos vieron una luz amarillenta en el cielo desde sus coches. El objeto volador parecía estar en problemas, cuando de repente se sumergió en el mar. Al principio, los espectadores pensaron que era un avión. Uno de los testigos informó a la policía que un avión se había estrellado contra el mar. Pero mientras tanto, otros testificaron que algo desconocido había caído al mar. Uno de ellos había visto un dispositivo que primero había colgado sobre el mar durante unos segundos y luego se sumergió en el agua.

Algún tiempo después, los agentes de policía fueron enviados a la zona para averiguar los hechos. Pidieron ayuda a los pescadores cercanos. Durante la búsqueda, el sargento vio una luz amarillenta bajo el agua. Para acercarse al misterioso resplandor y ver si había alguna posible víctima, la policía abordó uno de los barcos de pesca, pero la luz amarilla desapareció de repente. Los investigadores que llegaron al lugar no encontraron nada. Todos abandonaron la búsqueda alrededor de las tres de la mañana. Al día siguiente, el ejército canadiense reanudó la búsqueda, enviando incluso equipo pesado: un buque de guerra equipado con radares y buzos. Se ha definido un perímetro de 40 kilómetros cuadrados. Después de unas horas de búsqueda, uno de los radares detectó un objeto sospechoso e inusual con un comportamiento extraño bajo la superficie. La nave se acercó. El objeto parecía estar neutralizado, los buceadores fueron enviados al extraño fenómeno. Mientras tanto, los radares detectaron un segundo objeto desconocido, los buceadores notaron que el segundo objeto estaba montado sobre el primero. Sin embargo, simultáneamente en las cercanías, un submarino canadiense detectó un submarino soviético. Así que el equipo de buceo se vio obligado a dispersarse por razones de seguridad. Mientras tanto, los dos objetos voladores no identificados aprovecharon la oportunidad para escapar, y salieron del agua a gran velocidad para finalmente desaparecer en el cielo.

Una de las bases militares estadounidenses en Cuba también observó OVNIS. El caso fue revelado recientemente por un ex oficial militar destacado en la Bahía de Guantánamo entre 1968 y 1969. Contó su increíble historia: yo era el encargado de vigilar las vallas de la base de la Bahía de Guantánamo durante el período en que la Guerra Fría entre Estados Unidos y la URSS estaba en pleno apogeo. Todos los "Marines" fueron sorprendidos por la cantidad de OVNIS que pasaban por encima y alrededor de la base. Prácticamente visible todas las noches, la distancia entre los dispositivos y la base militar era de unos 100 metros. A simple vista, los objetos eran como cascos opacos y nebulosos que emitían un rastro de luz roja. Cuando estaba de servicio en el lado sur, vi muchos aterrizajes y osnis saliendo del océano. Al caer la noche, sus actividades eran densas. Después del aterrizaje, los objetos con grandes luces azules se movían bajo el agua y luego desaparecían lentamente a las profundidades. Una tarde, alrededor de las 7 de la tarde, estaba de servicio en la entrada principal. Me di la vuelta fuera de la base, a través de la valla, todo estaba desierto, pero algo me llamó la atención. Detrás de un bungalow custodiado por los cubanos, había una enorme nube blanca cerca del suelo. Emitía una luz azul-blanca que parpadeaba. Le pedí al coronel presente que me describiera lo que estaba viendo, sin decirle nada más. Entonces el vehículo volador ganó altura y se dirigió de vuelta a la guardia cubana. Allí, la torre de observación nos pidió que nos fuéramos inmediatamente, pero ya era demasiado tarde, el OVNI ya estaba encima de mí y de mi colega. Era callado, alto y guapo, y emitía luces azules y blancas que parpadeaban. Nos quedamos unos minutos para observar el platillo volador, hasta que nuestro sargento nos ordenó salir del lugar. Inmediatamente el objeto desapareció como un destello hacia arriba. Luego fuimos al cuartel construido sobre una colina de unos 200 pies de altura, nos enteramos de que un equipo de filmación había filmado todo el fenómeno paranormal.

Tuvo lugar una reunión entre un enorme osni en forma de V y un submarino nuclear de la Marina de los Estados Unidos. Un miembro de la tripulación del submarino testificó que observó un OVNI el 24 de octubre de 1989, mientras estaba de servicio. El hombre, unos años después de ver y observar el enorme objeto, dijo: "Estaba de servicio a bordo del submarino nuclear "Memphis SSN 698 Homeport" en Titusville, Florida, Cabo Cañaveral. Nuestra misión formaba parte de las misiones especiales. Estábamos a cargo de proteger el programa espacial de Cabo Cañaveral. Tuvimos que patrullar en el mar, mientras el transbordador estaba en su plataforma de lanzamiento. El 24 y 25 de octubre de 1989, nuestro submarino estaba operando a unos 250 kilómetros de la costa de Florida a una profundidad de 800 metros. Allí se encontró con problemas. El sistema electrónico de a bordo ya no estaba bajo control. Su capacidad de navegación estaba en peligro, su sistema de comunicación totalmente fuera de servicio. La electrónica a bordo indicaba que el reactor funcionaba muy mal. Todo esto representaba un grave peligro para nuestra seguridad. A partir de ese momento, el maestro ordenó que se desactivara el reactor y se cambiara a diesel. Cuando el barco salió a la superficie, tomé mi puesto de supervisor en el casco del barco, el barco todavía tenía problemas electrónicos, otros elementos mecánicos como los motores diesel y las turbinas funcionaban normalmente. Estaba mirando el cielo gris y lluvioso, cuando de repente se volvió rojizo. Vi a babor un enorme objeto volador en forma de V. Estaba asombrado y no podía creer lo que estaba viendo. Mi supervisor me ordenó que llamara al capitán. Unos minutos más tarde, el capitán apareció desde la torreta, pidiéndome que calculara con láser la distancia entre el objeto volador y nuestro edificio. El láser determinó que el punto más cercano al enorme OVNI estaba a doscientos metros, y el punto más lejano a un kilómetro! El OVNI llegó en un ángulo de cuarenta y cinco grados con respecto al submarino, ¡así que tenía ochocientos metros de largo! El objeto dio vueltas a nuestro alrededor y al pasar por la parte trasera del edificio, la electrónica de la nave, el sistema de comunicación y el sonar se interrumpieron de nuevo. La infraestructura estaba bañada por un resplandor rojizo. En ese momento, noté que la lluvia había cesado sobre el submarino. Cuando el OVNI terminó de sobrevolar el submarino de un extremo al otro, se levantó unos treinta metros y realizó un pase final en la parte trasera del submarino. El cielo se volvía cada vez más rojo, luego el dispositivo se alejó de nuestro submarino y en menos de quince segundos, el enorme objeto desapareció a gran velocidad. Una vez que el OVNI desapareció, el equipo volvió a funcionar normalmente, excepto por la radio y el sonar. Después de una rápida revisión de los sistemas, el capitán ordenó que se reiniciara el reactor y nuestra misión se reanudó. Al final de la misión, el comandante convocó a los suboficiales y a mí mismo a la sala de guardia, recomendando que no le dijéramos a nadie lo que habíamos visto. Unas horas más tarde, volvimos a nuestra base, y me pusieron bajo vigilancia.

Como yo era el único testigo que había medido por el medidor láser, la distancia entre el objeto no identificado y nuestro submarino, tenía datos fiables. La jerarquía me aconsejó encarecidamente que no hablara del evento. Si no cumplía, podría estar en serios problemas. Me tomó algunos años y mucho valor para dar mi testimonio, porque creo que todos tenemos derecho a la verdad!

Testigos de todo el mundo afirman que las bases extraterrestres están presentes en las profundidades de nuestros océanos. Por ejemplo, en la isla de Puffin Iceland, cerca de la costa irlandesa, un grupo de investigadores con sede en Shrewsbury trató de descubrir las razones de unas apariencias un tanto extrañas. Desde 1975, ha habido una actividad significativa de objetos voladores no identificados alrededor de la isla Puffin. Muchos testigos afirman haber visto barcos ligeros que salían del mar. El más famoso de estos testimonios se remonta a 1977. Todos los escolares habrían visto un objeto volando en el cielo. Todos estos testigos son más que creíbles entre ellos, hay muchos militares que han visto objetos zambullirse en el agua o salir de ella. En la región, muchas personas han sido víctimas de secuestros extraterrestres. Incluso afirman haber estado en contacto directo con criaturas humanoides de bases submarinas.

El Triángulo de las Bermudas es el lugar más misterioso del planeta. Se extiende desde Puerto Rico, las Islas Bermudas y Florida. El lugar es famoso por las muchas desapariciones inexplicables que parecen estar relacionadas con fenómenos paranormales. El triángulo de las Bermudas tendría incluso aberturas o un agujero de gusano que conectaría el espacio con la Tierra. Desde 1970, las autoridades estadounidenses han respondido a más de 8.000 llamadas de socorro. En esta zona, más de 50 barcos y 20 aviones desaparecieron misteriosamente. Los pilotos que volaron a través del Corredor de las Bermudas dieron su testimonio. La mayoría de ellos eran o son pilotos de aviación civil que nos dicen que en algún momento, el cielo que alguna vez estuvo despejado cambia en pocos minutos; que las nubes aparecen repentinamente hasta el punto de no ver nada, que los equipos electrónicos de la aeronave fallan y terminan fuera de servicio. Por esta razón, los pilotos completamente desorientados entran en una espiral, un vórtice misterioso. Los que tienen la suerte de sobrevivir a los torbellinos de este fenómeno inexplicable dicen que llegaron a su destino inicial más rápido de lo esperado. El mito de las Bermudas comenzó a conocerse después de un trágico accidente en 1945.   En ese momento, una aeronave que transportaba a 14 soldados en entrenamiento había desaparecido inexplicablemente en la costa sur de Florida. Poco después de esta desaparición, un equipo de 13 personas fue desplegado para encontrar el avión desaparecido. Posteriormente, los 13 salvadores también desaparecieron. Así es como nació la leyenda del Triángulo de las Bermudas o del Triángulo del Diablo. Desde entonces, ha habido muchas otras desapariciones allí, muchos aviones, pero también naufragios o grandes petroleros.

El triángulo del Lago Michigan tiene las mismas características que el triángulo de las Bermudas, con muchos barcos perdidos y nunca recuperados. En el triángulo del lago, se han reportado avistamientos de OVNIS en grandes cantidades durante años. En un perímetro muy preciso del lago, se registraron 40 desapariciones inexplicables de aviones. Quizás el incidente más conocido es el vuelo 2501 de Northwest Airlines, que partió de Nueva York con destino a Minneapolis en junio de 1950. El avión desapareció cerca de Benton Harbor. Durante y después de esta desaparición, se observaron muchos avistamientos de OVNIS en la región. La Administración Federal de Aviación Civil ha creado incluso una unidad especial para registrar todas las observaciones de extranjeros que se han denunciado.

El mismo tipo de fenómeno existe en otras partes del planeta, como es el caso del lago Baikal en Rusia. Es el lago de agua dulce más profundo del mundo, que siempre ha tenido una naturaleza misteriosa. Los pescadores dicen que han observado luces inexplicables en aguas profundas. Los nadadores dicen haber visto también extrañas criaturas bajo las aguas del lago. Los documentos soviéticos demuestran que se produjo un encuentro entre un equipo de buzos militares y varios seres humanoides vestidos de plata. Los informes de la época también nos dicen que los buceadores se entrenaban en el lago a una profundidad de unos 50 metros, y que se encontraron extrañamente con criaturas no humanas de naturaleza desconocida. Los buzos fueron tras los humanoides. Después de esta persecución, los humanoides atacaron a los buceadores severa y fatalmente. En el lado militar, el número de víctimas fue muy elevado, con tres hombres muertos y otros cuatro gravemente heridos. Las autoridades militares soviéticas de la época no dieron ninguna explicación sobre el accidente, considerando que la cuestión de los extraterrestres debía ser estudiada más a fondo. Unos años más tarde, los militares afirmaron que existían bases submarinas alienígenas bajo las aguas de nuestro mundo, que los alienígenas tenían naves capaces de volar, y que los mismos objetos eran bastante capaces de bucear bajo el agua y moverse muy rápidamente. Los militares soviéticos estaban muy familiarizados con el fenómeno. El ejército tiene suficiente experiencia y también tiene evidencia de la presencia de estos objetos voladores extraterrestres. Las entidades biológicas alienígenas han desarrollado tecnologías muy avanzadas, con capacidades y características muy superiores a las nuestras.

Durante una operación de rutina, un submarino soviético detectó seis objetos desconocidos en formación, moviéndose a una velocidad de más de 230 nudos (426 kilómetros por hora). El sonar del submarino determinó que los objetos se dirigían directamente hacia ellos. El comandante dio la orden de salir a la superficie. Durante la maniobra, la tripulación siguió vigilando el comportamiento de los objetos amenazantes, pero los artefactos extraterrestres subieron a la superficie y finalmente desaparecieron en el cielo.

Un caso similar fue reportado por el comandante de un submarino soviético. El fenómeno ocurrió dentro del perímetro del Triángulo de las Bermudas. El capitán certificó: bajo el agua no vimos visualmente los dispositivos extraterrestres, pero su presencia hizo que los instrumentos electrónicos a bordo "descarrilaran". En varias ocasiones, nos informaron de que los objetos no identificados estaban alcanzando velocidades superiores a 450 km/hora bajo el agua. Esto desafió todas las leyes de la física. Sólo había una explicación para todo esto: las criaturas que habían diseñado estos objetos estaban muy por encima de nosotros en el campo tecnológico.

Descubrimientos recientes de pirámides:

Recientemente, un científico oceánico descubrió dos pirámides en el Triángulo de las Bermudas a una profundidad de 2000 metros. Primero, el oceanólogo identificó una anomalía en las profundidades. Para resolver su pregunta, utilizó grandes medios tecnológicos y condujo al descubrimiento de dos sorprendentes pirámides en las profundidades del océano. Para determinar la naturaleza de las pirámides, analizó las estructuras piramidales y resultó que estaban hechas de cristal. Las pirámides del triángulo de las Bermudas serían más grandes que las pirámides de Giza. En una conferencia de prensa en las Bahamas, el científico presentó un informe detallado sobre las pirámides. Sus estructuras tendrían una forma triangular perfectamente lisa. La tecnología utilizada para construir el edificio sería desconocida para nuestra ciencia moderna, por lo que es difícil decir quién está detrás de esta construcción arquitectónica submarina. Los científicos consideraron varias perspectivas. Algunos creen que las pirámides se construyeron antes de que los postes se inclinaran.

Otros argumentan que en el pasado, fueron devorados por un poderoso terremoto que alteró completamente el paisaje.

Otros asumen que las pirámides fueron construidas por civilizaciones muy avanzadas. Inicialmente se preveía que fueran una fuente de energía, produciendo electricidad de forma natural y a voluntad. En otra reciente conferencia de prensa en Florida, periodistas y científicos utilizaron numerosas fotos tridimensionales para mostrar dos pirámides perfectamente lisas de impecable perfección.

Los ingenieros indicaron: es posible que la parte superior de las pirámides esté hecha de materia cristalina, esto explicaría por qué y cómo las pirámides habrían sido utilizadas para distribuir electricidad, como una especie de condensador eléctrico gigante y especialmente natural, capaz de recibir y almacenar las energías circundantes. Los especialistas afirmaron: cuanto más grande es la pirámide, más aumenta su capacidad de almacenamiento de energía. Se sabe que el cristal tiene aplicaciones energéticas, pero también se sabe que el cristal tiene propiedades piezoeléctricas naturales.

A veces la naturaleza nos ofrece sorpresas inesperadas. Recientemente, se han descubierto tres pirámides antiguas en la

Antártida. La actualización fue realizada por un equipo de científicos americanos y europeos. El primer informe sobre las pirámides apareció en la prensa recientemente. Hoy en día, estamos atravesando un período de cambio climático global. Esta alteración está provocando el derretimiento de los glaciares, y el manto blanco de la Antártida revela ahora algunas estructuras muy extrañas e inesperadas que han estado ocultas en los glaciares durante siglos. La naturaleza revelaría que el continente antártico fue alguna vez templado, lo que habría permitido que una civilización antigua desconocida desarrollara una actividad allí. Las imágenes aéreas muestran estructuras gigantescas en el Polo Sur. A través de estas imágenes aparecen tres pirámides extrañamente parecidas a las de Giza. Los egiptólogos habían sospechado durante mucho tiempo que la Esfinge era mucho más antigua de lo esperado, y estimaron que tenía más de 10.000 años de antigüedad. Sugirieron que las medidas de erosión hídrica eran evidentes. Tras estos análisis, hicieron una proyección y consideraron que si el clima en Egipto había cambiado tan rápidamente, no era imposible pensar que el clima en la Antártida había cambiado al mismo tiempo y de una manera tan espectacular. Surgen preguntas: ¿existen todavía estructuras ocultas por el hielo antártico? ¿Y se había desarrollado una civilización terrestre o extraterrestre muy avanzada en ese momento?   A través de una extensa investigación científica, los climatólogos han obtenido recientemente una serie de resultados extraños y reveladores de las partículas de polen. ¿Significaría esto que las palmeras y otra vegetación han cubierto las tierras antárticas?

Las pirámides estaban, y siguen estando, presentes en todos los continentes y seguimos descubriendo edificios antiguos que la naturaleza nos ocultaba! Se han encontrado tres grandes pirámides de diferentes tamaños cerca de la ciudad de Visoko en Bosnia, a pocos kilómetros de Sarajevo. Las pirámides de Bosnia fueron simplemente enterradas en la vegetación de la región de Visoko. Durante siglos, nadie se había fijado en los edificios escondidos.

No fue hasta 2005 que el descubrimiento tuvo lugar después de cuatro años de investigación geoarqueológica. La datación por radiocarbono reveló que su construcción se remontaría a más de 25.000 años atrás. Según los especialistas, las pirámides bosnias son una de las fuentes de energía más importantes del mundo. Los estudios fueron realizados por un equipo de físicos y astrónomos, y en presencia de egiptólogos. Después de varios años de trabajo, los científicos descubrieron que las pirámides de Visoko emitían importantes haces electromagnéticos verticales de más de 28 Kilohertz. La fuente de energía se midió en la mayor de las tres. Representarían el complejo piramidal más grande de nuestro mundo. Esta evidencia científica y arqueológica podría cambiar el curso de la historia humana. Los investigadores atestiguaron que la energía del haz electromagnético de la Gran Pirámide habría proporcionado a las antiguas civilizaciones una fuente de energía limpia y respetuosa con la naturaleza.

La gran pirámide conocida como la Pirámide del Sol mide 220 metros, es más grande y más importante que la gran pirámide de Giza. Los expertos dicen que deberíamos inspirarnos en estas fuentes de energía respetuosas con el medio ambiente. Pero el hombre prefiere trivializar todas las viejas prácticas y pasar su tiempo desinformando al público, ridiculizando o ignorando todas esas tecnologías antiguas de valor incalculable, que hoy podrían hacernos un servicio. El investigador y los especialistas no se detuvieron allí: continuaron informándonos sobre las pirámides de Bosnia. En los últimos años, se han llevado a cabo varios experimentos en el sitio de la Gran Pirámide. Se encontró que el rayo de energía fue colocado en la parte superior del edificio que actúa como un relé con el Sol. Esto explicaría la energía liberada que circula alrededor de la pirámide. En el interior del edificio, hay túneles, habitaciones, pasadizos muy complejos en los que es difícil orientarse. En uno de los túneles se descubrió un enorme bloque de cerámica. Algunos túneles permanecen bloqueados por una mezcla de arena, guijarros, guijarros y arcillas. El sistema de túneles está conectado a muchos monolitos que responden entre sí a través de la pirámide. Excavaciones recientes han descubierto muchas herramientas hechas de diferentes metales como el oro y la plata. Las pirámides están construidas a partir de rocas excavadas sedimentadas, granos de arena aglomerados por un cemento compuesto de partículas de carbono extremadamente resistentes - nada como nuestro cemento actual. Los expertos egipcios que participaron en su descubrimiento afirmaron: este tipo de pirámide es probablemente primitiva y por esta razón estos edificios han pasado desapercibidos a lo largo de los siglos. Es imposible creer que la naturaleza pueda crear bloques como los de Bosnia y darles la misma dirección. Los expertos egipcios dijeron a los periodistas que en el lado noreste de la colina, donde se concentran los bloques de piedra más grandes de la Gran Pirámide, son muy similares a las pirámides de la meseta de Giza.

Es en México, esta vez, donde recientemente se encontró una nueva pirámide. El nuevo edificio es aún más grande y sobre todo más imponente que la pirámide de Teotihuacán. En 2010, en un principio el descubrimiento pasó desapercibido para los arqueólogos, pero no para un especialista del Instituto Nacional de Antropología Histórica (INAH) en la región de la Acrópolis Tonina Chipas. Después del descubrimiento, los científicos encontraron que su altura era de 75 metros, y su edad se estimaba entre 711 y 1700 años. Se realizó una simulación tridimensional. Los investigadores demostraron que en la parte norte del sitio había uno de los edificios más grandes de Mesoamérica, comparable a las grandes ciudades mayas como Tikal o El

Marador en Guatemala. La nueva estructura tiene características únicas, ya que cuenta con siete plataformas, dispuestas en pisos específicos para soportar palacios, templos, viviendas y dos unidades administrativas. Lo que hace único este descubrimiento es la identificación de las funciones específicas de la sociedad dentro de la estructura: social, política, económica y religiosa. La estructura en sí está conectada por carreteras situadas en las elevaciones circundantes. Los científicos del INAH determinaron que el área del centro de la ciudad cubría de 10 a 12 hectáreas, el doble del área estimada al inicio de la investigación. Todas estas nuevas contribuciones no eran legibles en las otras pirámides mayas. El nuevo descubrimiento ha hecho de la región el sitio maya más importante conocido hoy en día. Antes de su descubrimiento, el lugar era una simple colina cubierta de barro y vegetación.

Agroglifos en nuestro paisaje:

En la mañana del 24 de julio de 1991, un equipo de corredores de Grasdorf, cerca de Hildesheim, en Alemania, descubrió un dibujo gigantesco.

El círculo de cultivo estaba en un campo de trigo en Grasdorf. El dibujo apareció en un área de 50 metros de ancho y 100 metros de largo. Una periodista informada de este fenómeno se dirigió al lugar para ver el enorme círculo de cultivos, del que tomó varias fotos y lo filmó. Cuando estaba dentro del círculo, el periodista sintió una extraña energía. Un equipo de científicos y dibujantes especialistas en círculos de granos también se enteraron del descubrimiento.

Durante la investigación, los científicos encontraron una radiactividad del 172% y un campo electromagnético de 3 a 4 veces superior al normal. A medida que avanzaban, se dieron cuenta de que el dibujo se asemejaba a símbolos pertenecientes a civilizaciones antiguas.

Los investigadores asumieron que era un mensaje para la memoria colectiva de la humanidad. En broma, decían: si fuera un ser humano el que hiciera este gigantesco círculo en una noche, sería simplemente un ser excepcional y un genio de orientación espacial, nos gustaría conocerlo. Los expertos se dieron cuenta de que el círculo de cultivo había aparecido en un lugar de culto que sería el más antiguo de Europa. El dibujo consta de 7 pictogramas y 13 círculos. Estos mismos símbolos están inscritos tanto en las pinturas rupestres escandinavas como en Tifinagh, que es el alfabeto milenario de los bereberes del norte de África. Después del estudio, los especialistas descifraron el mensaje del círculo de cultivo: los 13 círculos son una alineación de los planetas con el Sol y la Vía Láctea. Son seguidos por una conjunción que simboliza la cruz cósmica. Esta cruz es una alineación planetaria que causa una poderosa fuerza energética que actúa directamente sobre la corteza terrestre, y por la cual podríamos experimentar una alteración planetaria a gran escala. El mensaje del círculo de cultivo envía una indicación que el hombre debe tener en cuenta. Aún más sorprendente: tres placas redondas de tres metales diferentes, oro, plata y bronce, fueron encontradas en el interior del dibujo a una profundidad de 45 centímetros. Cada placa fue grabada con el mismo diseño que el círculo de cultivo. Los metales fueron valorados en Berlín, y los resultados demostraron que el método de fabricación de las tres placas no tenía precedentes. Después del análisis de la placa de plata, se compone de 99,9% de plata pura y 0,1% de aleación, su peso es de 4,98 kg, y su diámetro es de 23 centímetros. La placa de bronce pesa 3 kilos y mide 23 centímetros de diámetro. Está hecho de una aleación de cobre y estaño. En cuanto a la placa de oro, tiene 7 kilos de largo y 18 centímetros de diámetro, y está hecha de oro del tipo Alt gold. Los objetos fueron presentados a todo el mundo y se denominaron

Diálogo con el Universo.

Durante años, misteriosos dibujos (círculos de cultivo) han aparecido generalmente en los campos de trigo. Inglaterra es el país más famoso por estas extrañas apariciones. Los círculos aparecen a cualquier hora del día o de la noche. Sus dimensiones van de los 50 a los 150 metros de diámetro. Los testigos generalmente dicen que los dibujos se revelan en pocos minutos. Este fue el caso en particular de un testigo, un criador de caballos de Calne, que dijo: "Pasé por los campos, sigo el mismo camino varias veces al día, y media hora más tarde, en el camino de regreso, descubrí trigo tendido en una gran superficie en un lugar determinado. Sin embargo, conozco bien el lugar y en el momento de los hechos, no había nadie alrededor. ¿Quién podría haber hecho algo así? En la región, he visto a menudo luces inexplicables, el lugar se ha convertido en mítico, lleno de cosas misteriosas e inexplicables.

En la misma región de Calne, Inglaterra, un piloto de avión regional que transporta correo ha estado haciendo el mismo viaje durante ocho años, y testificó: Conozco muy bien la zona, he visto una serie de cosas extrañas, incluyendo luces en el cielo y soy incapaz de explicar de qué se trata. Una vez que estaba volando sobre un campo de trigo, no había nadie en el prado, ni coche ni tractor. 15 minutos más tarde, cuando volvimos a pasar, se dibujó un gigantesco círculo de cultivo en el lugar. El fenómeno había llegado en 15 minutos y a plena luz del día! Realmente no puedo explicar eso. La forma del dibujo estaba perfectamente hecha, el dibujo del círculo no estaba hecho de ninguna manera, tenía que significar algo y era increíblemente hermoso de ver. Un especialista en agroglifos de Calne dice: los humanos intentan reproducir dibujos en los campos de trigo, pero lo hacen muy poco y sobre todo con mucha torpeza. Esto es grotesco comparado con la complejidad de los gigantescos círculos de cultivo que aparecen en pocos minutos, cuando a un ser humano le tomaría varios días construir un círculo ridículo. Los agroglifos en los campos de trigo son un verdadero tema de estudio, un trabajo complejo e importante para nuestra civilización. Los dibujos son claros, nítidos y precisos. Creo que los agroglifos son una prueba maravillosa del contacto con nuestros primos.

Otro testigo sobre otro círculo de cultivo nos dijo: era un hermoso día soleado, llegué al campo y vi que algunos de los cereales estaban acostados. No entendí mucho, fue bastante sorprendente, no normal, vi formas claras y límites de círculos. ¿Cómo podría olvidarlo? Era de una importancia increíble, inimaginable.

El dueño del lugar dijo: "Llegué a la escena, no me sentía muy cómodo caminando en los círculos. Me sorprendió mucho ver este enorme círculo, era realmente inimaginable encontrar esto en mi tierra! En ese momento, no se encontró ninguna solución a este misterioso fenómeno.

Unos días más tarde, alrededor de las 11 de la noche, la dueña y su marido conducían de regreso a casa, el marido vio un resplandor en el cielo y pensó que se trataba de un avión. Unos momentos más tarde, la pequeña luz se convirtió en un objeto gigantesco que se movía silenciosamente, a una velocidad inimaginable. La pareja dijo: lo que vimos esa noche no era un avión. Nunca habíamos visto algo así en nuestras vidas, no sabíamos si había un vínculo con el círculo de cultivo dibujado en nuestra tierra.

En 1990, un fotógrafo del sur de Inglaterra vino a Wiltshire por curiosidad para observar los antiguos círculos de las cosechas. Equipado con una cámara, se instaló en una colina en el corazón del campo. El fotógrafo estaba filmando la configuración de los viejos dibujos, cuando alrededor de las 4:30 p.m., vio un resplandor. Afirmó haber filmado el resplandor que se movía sobre el campo de trigo y luego un objeto inusual en el campo. Pero las imágenes de la cámara empezaron a cambiar de color y luego temblaron. El fotógrafo argumentó que el objeto creaba parásitos. Finalmente, la imagen volvió a ser normal. El objeto no identificado siguió maniobrando sobre el campo de trigo, y pasó junto a un tractor en movimiento. De repente el tractor se detuvo, se descompuso y el objeto desapareció por completo. El fotógrafo dice que es lo más desconcertante que ha visto en su vida. El objeto luminoso era un OVNI, en el origen del círculo de cultivo. Después de sus revelaciones, el público en general lo acusó de falsificar las imágenes del video. Los críticos lo desconcertaron y decidió que se evaluaran las imágenes. Eligió a los mejores analistas de vídeo de Gran Bretaña, pidiendo que el vídeo se examinara con la mayor precisión posible. Después del examen de las imágenes, los expertos fueron formales, la cinta fue declarada original y auténtica. Afirmaban que el objeto era esférico y muy brillante. Posteriormente, los investigadores en la escena de la aparición del círculo de cultivos encontraron que las baterías de sus dispositivos electrónicos se estaban agotando instantáneamente? Estos dispositivos fueron simplemente sometidos a algo inexplicable por nuestra ciencia. En general, hay agroglifos en todo el mundo. Su significado es obviamente difícil de descifrar, y más aún de entender.

En Ohio, EE.UU., en 2003, los principales especialistas en círculos de cultivos del país se reunieron para dilucidar el fenómeno y desentrañar el misterio. Llevaron a cabo una investigación exhaustiva con considerables recursos técnicos. Destacaron que en una línea recta vista desde el cielo y dentro de un perímetro de 100 kilómetros, se encontraron cuatro círculos de cultivo. Demostraron que, de los 160 círculos de cultivo mapeados a través de los Estados Unidos, todos ellos se encuentran geográficamente en la misma línea recta, de una manera muy precisa. Después de realizar una investigación exhaustiva, dijeron: en los últimos años, de los 160 dibujos que han aparecido en los Estados Unidos, por múltiples razones, hemos encontrado que todos son de origen no humano.

En los últimos 30 años, miles de círculos de todos los tamaños han aparecido en campos de cereales en Wiltshire, Inglaterra, generalmente en campos de cebada o trigo. Un científico ha estado investigando el fenómeno durante más de 20 años. Se interesó mucho por cada aspecto de un círculo de cultivo. Siempre el primero en estar informado y presente en la escena para llevar a cabo una investigación exhaustiva, dijo: cada vez que llego a la escena, siento las mismas emociones, como si una mano gigante hubiera bajado del cielo para dibujar estas impresionantes figuras, extrañas y a la vez mágicas. Los agroglifos son, sin duda, mensajes codificados, información dada por una conciencia inteligente, tenemos dificultades para decodificar la mayoría de los agroglifos.

Un biofísico ha estado estudiando los círculos de las cosechas durante mucho tiempo. Argumentó: la primera investigación biofísica se centró en las semillas para determinar sus tasas de degradación y germinación. Esto determinó el desgaste en el interior del vástago del grano. Estudió los tallos en todo el mundo que estaban completamente tumbados después de la aparición y descripción de los dibujos: después de las tasaciones de los expertos, generalmente encontré que el tallo del trigo estaba doblado en varios lugares, y que había sido expuesto a una intensa energía. Este calentamiento no puede haber sido causado por el calor normal, ya que sería visible fuera de la varilla. La fuente de calor debe haberse formado dentro del tallo del trigo.

Otro experto de Wiltshire dice: durante la aparición de un círculo de cultivos, aparecen en el cielo objetos voladores no identificados, el fenómeno ocurrió en 1999. Después de hacer un dibujo en un campo de colza, el experto descubrió un círculo de cultivo que se asemeja a un antiguo dial telefónico, del que tomó su nombre. Esa misma noche, el experto se instaló dentro del círculo, y afirmó haber sentido algo extraño y fugaz, una sensación de tiempo cortado, y luego, de vuelta al momento presente, el lugar estaba lleno de energía. Cuando levantó la vista, se le apareció una luz en movimiento, se escondió dentro del cereal que aún estaba en pie. En un momento dado, la luz creció hasta los 60 centímetros de diámetro, su color se alternó frecuentemente durante unos segundos, luego la luz volvió a su forma original y desapareció de forma permanente.

Los agroglifos están en todos los continentes. En Australia. Un círculo de cultura ha surgido lejos de las ciudades y de la civilización. El especialista más renombrado de Australia investigó un círculo de cultivos que apareció en el verano de 1989. El investigador examinó y analizó el fenómeno en los detalles más pequeños, examinó un círculo de cultivo circular. Los tallos del trigo yacían en el sentido de las agujas del reloj. El círculo de cultivo representaba un círculo muy grande y luego otros cuatro círculos más pequeños al final del círculo grande. Para iniciar la investigación, el experto se centró en los tallos de los cereales que no estaban rotos ni pisoteados, y se dio cuenta de que estaban trenzados de una manera muy complicada, como se haría con una cesta de paja. Luego examinó el suelo fuera del dibujo tomando una muestra que parecía normal, y luego examinó el suelo dentro del círculo de cultivo. Dentro del círculo, la tierra parecía haber cambiado, se había vuelto dura como una piedra, tanto que tuvo que usar un martillo neumático para extraer un pedazo de ella. La muestra tomada dentro del círculo fue analizada en la Universidad de Melbourne. Después del análisis, los científicos de la Universidad encontraron que la muestra tenía una carga magnética inexplicable. Luego, el investigador regresó al lugar para realizar más análisis, equipado con una simple brújula para examinar la tierra, la brújula entró en pánico en todas las direcciones. El hecho le pareció extraño y decidió interrogar a los agricultores que lo rodeaban.

Uno de ellos contó que desde la aparición del círculo, las ovejas se habían negado a acercarse al lugar, que por simple curiosidad había entrado en el gran círculo, y que en medio de él había oído ruidos tan extraños que lo enfermaron. Los grabó. El experto se llevó la cinta grabada para analizarla. Después de analizar la cinta y eliminar el ruido mecánico y natural como la explosión, los especialistas en sonido encontraron una frecuencia anormalmente alta de 5.12 K/hertz.

Entonces el experto se interesó en un caso similar que había ocurrido unos meses antes en Inglaterra. El canal de la BBC había hecho una grabación del sonido dentro del círculo misterioso. El investigador de la BBC había experimentado estar dentro del círculo cultural, para comentar en directo:

— Hay un ruido terrible en el centro del círculo.
  Pregunta el presentador del periódico:

— ¿Escuchas algo específico?

— Absolutamente, es muy fuerte, oigo un ruido extraño que siento al mismo tiempo en mi cuerpo!

— ¿Es una señal de pulso?

— Es como una espiral eléctrica, ocurre en el medio del círculo!

Los agroglifos no son nuevos, este fenómeno se conoce desde hace mucho tiempo. Un periódico inglés del

22 de agosto de 1678 ya estaba interesado en él, y un testigo de la época afirmó que había sido creado por el diablo: el diablo cortaba el trigo como solemos hacerlo, en un círculo redondo y colocaba cada hebra de paja, con tal precisión que a cualquier persona humana le habría costado toda una vida ejecutarlo. Lo que el diablo hizo esa noche es inimaginable.

Especialistas experimentados en el estado de fenómeno: dentro del círculo, sentimos diferentes energías, los tallos de trigo no se rompen ni se aplastan, sino que se tumban, se trenzan y se apilan uno encima del otro, dependiendo de la complejidad del diseño. El tejido se realiza con gran precisión. En general, dentro de los círculos, hay un bajo nivel de radioactividad, así como actividad electromagnética y pequeños fragmentos de imanes.

Los estudios realizados por los biólogos han logrado explicar que los agroglifos en los campos son generalmente realizados por un extraño y misterioso sobrecalentamiento. Este sobrecalentamiento de los haces de microondas que sufren los tallos del trigo determina que los agroglifos no pueden ser hechos por el hombre, porque no tenemos las tecnologías para lograr tales hazañas.

Los dibujos no sólo se encuentran en campos de trigo, colza o hierba, sino que aparecen regularmente en la arena, el hielo, el suelo, etc. Todos estos agroglifos son muy precisos y estéticamente agradables. Pero, ¿qué significan? Nos gustaría y nos gustaría encontrar una explicación, una lógica a estos dibujos.

La mayoría de ellos en los campos de cultivo son de forma circular y representan espirales, también conocidas como toros, o hélices. Si tomamos nuestro entorno como ejemplo, la mayoría de los elementos que lo componen están construidos sobre un modelo en espiral. Las espirales o hélices están presentes en todas las escalas, desde las infinitamente grandes hasta las infinitamente pequeñas. Las hélices tienen diferentes y variadas apariencias. Más que una forma, la espiral es una fuerza fundamental incrustada en la estructura del Universo. Un planeta tiene forma de espiral (toro), esta forma también se encuentra en la naturaleza, en los animales y en el cuerpo humano. Por ejemplo, en los animales, la serpiente se mueve en olas, y cuando duerme, toma una posición en forma de espiral. El gato tan admirado por los faraones era considerado un dios viviente y él también para dormir se convirtió en una bola y adoptó esta forma de espiral. Este es también el caso de los perros. La espiral se encuentra en los cuernos de algunos bovinos o caprinos, o en los diseños de conchas de algunas conchas, o en el caracol.

La forma de la espiral está presente en muchas galaxias, una galaxia está formada por una multitud de estrellas distribuidas de forma no homogénea. Se agrupan en una cuadrícula densa, y nos parecen más brillantes. Utilizando diferentes instrumentos ópticos como el telescopio y el espectrógrafo, es posible recoger señales electromagnéticas de las estrellas -la radiación de la luz es visible- y percibir las ondas infrarrojas, ultravioletas y radiométricas. Las espirales son el resultado de la rotación de los cuerpos celestes. En el espacio, todos los cuerpos celestes que giran y se mueven en el espacio producen espirales o hélices.

Si dirigimos nuestra mirada desde el espacio hacia la Tierra, más precisamente hacia nuestra atmósfera, los satélites transmiten imágenes de grandes masas de nubes que, cuando se forman y avanzan, tienen movimientos complejos y a veces impredecibles: estas masas de nubes ciclónicas se denominan huracanes o tifones y son transportadas por fuertes vientos de hasta 350 kilómetros por hora. En el movimiento dinámico del vórtice se puede definir una dirección real.

El sentido de rotación de los ciclones del hemisferio norte es opuesto al sentido de rotación de las agujas del reloj, mientras que los ciclones del hemisferio sur circulan en el sentido de las agujas del reloj. Tienen una fuerza de succión tan fuerte que destruyen todo a su paso.

Los tornados también son remolinos, pero de menor tamaño, su vida útil está limitada en su mayor parte a unos diez minutos. Rara vez viajan a más de 40 kilómetros por hora (excepto en el corazón de los tornados en América que viajan varios cientos de kilómetros).

Existen otras corrientes naturales que se elevan en espiral en la atmósfera, llamadas chimeneas cosmo-telúricas. Una subida en espiral en el cilindro y otra bajada en el mismo cilindro con una ligera contracción. Estas chimeneas son equilibrios naturales de energía para la Tierra. El aire es más denso, la espiral o hélice siempre está equilibrada, autorregulada y completa.

Las espirales también estructuran ciertas partes de nuestro cuerpo, nuestros dedos por ejemplo, sus extremos están dotados de patrones extraordinarios: huellas dactilares. Son únicos para cada uno de nosotros, hasta el punto de ser utilizados como marca de identificación. Las líneas ruedan en dirección a una espiral, y se dividen en bifurcaciones en varios lugares que las hacen únicas para cada una. En nuestro oído interno, la cóclea que percibe y distingue las frecuencias sonoras también se llama caracol debido a su forma tubular envuelta en una espiral. En el cuerpo humano, la espiral también está presente a nivel molecular, en el ADN, la famosa molécula que sustenta nuestra información genética. Nuestro ADN consiste en dos hebras envueltas en una hélice. Investigadores alemanes y rusos han descubierto que nuestro ADN almacena los rayos de luz de otras células según procesos cuánticos elaborados. Los rayos emitidos que transportan información se distribuyen a otras células, por lo que nuestro cuerpo tiene una visión global de sí mismo en todo momento. La información se registra en la polarización de esta luz. Cuando es circular, la onda gira helicoidalmente. Parte de la información es un código genético y electromagnético que se superpone y supervisa el código genético molecular. Las moléculas de proteínas también están formadas por cadenas de elementos: aminoácidos. Una proteína está formada por alfa hélices y hojas beta unidas por segmentos que no tienen estructuras secundarias específicas.

Insertada profundamente en la estructura de la materia, incluyendo los campos de energía del espacio, la espiral está en el origen de la creación del mundo a escala de átomos y galaxias por igual. Es una estructura dinámica que subyace a la manifestación de todas las cosas. Por lo tanto, no es sorprendente que la espiral haya sido representada y honrada en todas las civilizaciones antiguas. La espiral expresa la fuerza fundamental, es la base de la vida y de la creación. La espiral es la fuerza vital de un ser vivo que le permite crecer, desarrollarse, desplegarse. También representa la conciencia, la vida en su estado más puro.

Para las civilizaciones antiguas, incluyendo la civilización Maya, el creador llamado Hunab-Ku (Mariposa Galáctica) está situado en el centro de nuestra Galaxia. Para los sacerdotes mayas, Hunab-Ku representa la conciencia que existe en nuestra galaxia, es la matriz que da a luz a estrellas y planetas, que dio a luz al Sol y a nuestra Tierra. También está en el origen de nuevas formas de conciencia en la Tierra, que se producen periódicamente al emanar energía del centro de la galaxia. Hunab-Ku está simbolizado por una espiral con antenas y alas de mariposa.

La espiral está representada en monumentos megalíticos en muchos edificios de todo el mundo.

En la isla de Gavrinis en Francia, en Morbihan, hay un

túmulo, que contiene una habitación y un pasillo que están hechos de piedras planas como un dolmen. Las piedras no sólo se utilizan como muros, sino que también tienen muchas inscripciones en forma de espiral.

En Escocia, en Towie, en la región de Aberdeen, se han descubierto pequeñas bolas de piedra curiosas. Hay 411 de ellos, cada uno diferente. Su forma es similar a la del poliedro. Tienen inscripciones en espiral.

En el pasado, todas las civilizaciones antiguas veneraban la espiral como una fuente creativa, que nutre y desarrolla dentro de nosotros.

Mensajes alienígenas:

Aparte de los que han aparecido en los campos de la cultura, los mensajes que las entidades extraterrestres envían directamente a nuestro mundo son numerosos.

El 26 de noviembre de 1977, un canal de televisión independiente inglés en Southampton, Southern ITV News, emitió el habitual periódico de las 5:05 p.m. diariamente. Unos segundos después de comenzar el espectáculo, el presentador desapareció en vivo. El sonido, luego la imagen comenzó a temblar. Y una extraña voz metálica hablaba en vivo y en inglés:

ESTA ES LA VOZ DE "GRAHAMA, REPRESENTANTE DEL COMANDO GALÁCTICO ASHTAR" DIRIGIÉNDOSE A USTEDES!

Durante años, nos han visto en forma de luces en los cielos. Nos dirigimos a ustedes, humanos, en paz y sabiduría, como lo hemos hecho con sus hermanos y hermanas en todo su Planeta Tierra. Venimos a advertirte del destino de tu "raza" y de tu mundo para que puedas seguir tu camino, para evitar los desastres que amenazan a tu mundo, así como a los seres de otros mundos a tu alrededor. Esto es para que puedan tomar parte en el gran

192

despertar, a medida que su planeta entra en la nueva era de Acuario. La nueva era puede ser un tiempo de gran paz y evolución para su "raza", pero sólo si sus líderes están informados de las fuerzas del mal que pueden nublar sus juicios. Ahora preste atención y escuche, ¡porque la oportunidad puede que no vuelva a surgir! Todas sus armas maliciosas deben ser removidas. El tiempo del conflicto ha terminado, y la "raza" a la que perteneces puede acceder a etapas más avanzadas de su evolución, si eres digno de ello. Tienen poco tiempo para aprender a vivir juntos, en paz y buena voluntad. Pequeños grupos a través de su planeta están aprendiendo esto, y existen para transmitir la luz de esta nueva era emergente a todos ustedes. Sois libres de aceptar o rechazar las enseñanzas, pero sólo aquellos que aprendan a vivir en paz pasarán a las esferas más elevadas de la evolución espiritual.

AHORA ESCUCHEN LA VOZ DE "VRILLON, REPRESENTANTE DEL COMANDO GALÁCTICO ASHTAR" DIRIGIÉNDOSE A USTEDES:

También estén conscientes de que hay muchos falsos profetas y guías operando en su mundo. Ellos absorberán su energía - la energía que usted llama "dinero" - y la usarán para propósitos malvados, y le darán un desperdicio que no tiene valor a cambio. Tu "yo" interior divino te protegerá de esto. Necesitas ser más sensible a tu voz interior, que puede decirte lo que es verdad, confusión o mentira. Aprende a escuchar la voz de la verdad que está en ti, te llevará por el camino de la evolución. Este es nuestro mensaje a nuestros queridos amigos! Los hemos visto crecer por muchas décadas, mientras ustedes mismos observaban nuestras luces en sus cielos. Ahora saben que estamos aquí, y que hay más seres en y alrededor de su Tierra de lo que sus científicos admiten. Estamos profundamente preocupados por ustedes y su viaje a la luz, y haremos todo lo que podamos para ayudarlos.

No tengan miedo, busquen sólo conocerse a sí mismos, y vivan en armonía con la forma de ser de su Planeta Tierra. Nosotros, el

Comando Galáctico Ashtar, les agradecemos su atención! Ahora hemos decidido dejar tu plan de existencia. Que sean bendecidos por el amor y la verdad suprema del cosmos!

El mensaje alienígena duró cinco minutos. Entonces la cadena podría reanudar el programa normal. Durante el mensaje, los técnicos de la cadena hicieron todo lo que pudieron para detener la transmisión del sonido, pero sin éxito. Posteriormente, el anfitrión del programa pidió a los espectadores que no tuvieran en cuenta el incidente, y a todos los que habían grabado el diario, que borraran la grabación. Después del incidente, los ingenieros de sonido del canal dijeron: el incidente que acaba de ocurrir no tiene ninguna posibilidad de volver a ocurrir, porque se necesita una tecnología muy avanzada para responder de esta manera. El hombre nunca puede hacerlo, no tenemos los medios tecnológicos para producir tal cosa.

¿Qué hay que aprender de esta intervención extraterrestre y su mensaje más allá de las bellas palabras espirituales? Nos hacen saber que entidades (alienígenas) han sido dejadas en la Tierra, para participar y ayudarnos en nuestra evolución progresiva. Actualmente, además de la presencia en la Tierra de alienígenas de la civilización Ashtar, otras razas alienígenas han entrado en contacto con nosotros.

La siguiente información es oficial y proviene de varios gobiernos, científicos distinguidos, militares, población civil que actualmente hay varias razas alienígenas en la Tierra que se supone que nos ayudan en nuestra evolución: los Essassani, Yahyel (Aka Chalanaya), Sirios, Pleyadianos, Arcturianos, etc.

- A priori, los Essassani son una raza de entidades benévolas y amorosas. Han elegido asociarse con nosotros, para ayudarnos, el día en que estemos listos para colonizar galaxias, para descubrir otras razas extraterrestres, entidades

194

inteligentes más primitivas que nosotros.

- Yahyel (Aka-Chalanaya) son miembros de una elegante especie de criaturas híbridas. Estos seres irradian una energía solar absolutamente pura, son los seres estelares más cercanos a nosotros. Son de nuestro tamaño y muy bien proporcionados. Tienen la apariencia de un personaje manga angélico. Son extraordinariamente bellas, gentiles e inteligentes. Tienen una relación muy saludable con sus tecnologías, están presentes en la Tierra para ayudarnos a evolucionar y desarrollar nuestra civilización. Ellos también eran entidades primitivas, hace mucho tiempo, comenzaron en el fondo de la escala.

- Los sirios son entidades biológicas extraterrestres avanzadas que han estado en contacto con nosotros desde el comienzo de nuestro advenimiento, y son la raza madre. Los sirios viven a 400 años luz de nosotros, ellos también han necesitado miles de años para perfeccionar sus conocimientos tecnológicos. Sus puntos fuertes son la arquitectura, las energías sostenibles y la geometría. Para hacerse una idea de la similitud de los sirios, basta con ver la película Avatar. Fueron utilizados como ejemplo para hacer la película, y también para empezar a acostumbrar a la gente al aspecto real de un extraterrestre. Son de nuestro tamaño, más delgados, no tienen músculos, y el color de su piel es azul, tienen dos ojos ovalados, dedos largos muy entrenados y precisos.

- Los Hipersapiens Pleyadianos son altos, tienen una cara redonda, ojos grandes rodeados de líneas negras. Estas entidades están entre las primeras en aparecer en el Universo. Los hipersapiens fueron de los primeros en iniciar el proceso de colonización de la Vía Láctea de nuestro mundo. Su tamaño es de unos dos metros, tienen la piel azul, tienen un cerebro grande, y a diferencia de otras entidades extraterrestres, sus cuerpos eran muy grandes. Son simplemente nuestros antepasados estelares más antiguos. Son seres brillantes en todo el sentido de la palabra, se les conoce como altas rubias de ojos azules. Sus cuerpos funcionan como instrumentos meticulosamente armoniosos y delicados, incluso tienen el poder de recibir y escuchar señales psíquicas del cosmos, y así es como algunos humanos entraron en contacto con los Pleyadianos mucho antes de llegar a la Tierra.

Los Arcturianos tienen la reputación de ser la raza más antigua de toda la Vía Láctea, y son la raza más evolucionada de criaturas extraterrestres.

Violencia alienígena:

A veces en nuestro entorno, los alienígenas son agresivos, brutales y despiadados.

En New Hampshire, Estados Unidos, la noche del 3 de septiembre de 1965, alrededor de las dos de la madrugada, un hombre de 18 años dejó la casa de su novia y caminó a casa. El joven dijo que estaba haciendo autostop con la esperanza de llegar a casa más rápido. Pero a las dos de la madrugada, en una carretera con poco tráfico, no había mucha gente! El testigo estaba muy familiarizado con el área. Mientras caminaba, vio un objeto, un resplandor en el cielo, pero no le prestó demasiada atención, y como era muy tarde, pensó que sus ojos se estaban cansando. Unos minutos más tarde, el resplandor sin ruido, poco a poco, se le acercó. Entonces se dio cuenta de que era un objeto volador no identificado, de forma circular, de color rojo, rodeado de luces multicolores. Se iluminaron horizontalmente una tras otra. El joven dijo: "Me di cuenta de que el objeto me perseguía. Allí estaba tratando con algo desconocido, el objeto se acercaba cada vez más y venía a gran velocidad en mi dirección. Me tiré al suelo para evitar el impacto. El objeto pasó muy cerca de mi cuerpo y luego desapareció en el cielo. Estaba consciente, sabía que había estado a punto de morir, estaba en todos mis estados, muerto de miedo, quería llegar a la ciudad a toda costa, pero en ese momento, por casualidad, un coche pasó por la carretera. Detuve el auto, le pedí que me llevara a la estación de policía. Le dije a la policía todo lo que me había pasado. Apenas unas horas antes, la policía había recibido una llamada de una joven que denunciaba la presencia de un objeto volador en la zona, y se tomaron en serio el asunto. El joven contó la historia: la policía se ofreció a llevarme al lugar del incidente. En el lugar, oímos gritos de animales, pero no vimos nada especial. Unos minutos más tarde, los impacientes agentes de policía me pidieron que me subiera al coche, cuando de repente el objeto volador reapareció a gran velocidad. La máquina se detuvo a pocos metros de la patrulla, uno de los agentes pidió refuerzos. Mientras tanto, los otros apuntaron con sus armas de servicio al objeto, gritando varias veces: "Voy a disparar". Otros agentes de policía llegaron al lugar, y el objeto volador se alejó gradualmente y desapareció de New Hampshire en su camino a Hampton. Unos minutos más tarde, los agentes de policía de Hampton afirmaron haber visto el mismo objeto volador en el cielo. Después del incidente, el joven dijo que tenía problemas para volver a dormir y que su vida diaria se había convertido en una pesadilla.

Algún tiempo después, las autoridades afirmaron que esa noche se habían realizado maniobras militares en la zona en cuestión. Siguiendo las declaraciones de las autoridades, la policía apoyó: ¡lo que vimos esa noche no era de concepción humana! Las autoridades finalmente clasificaron el evento como perteneciente a la categoría de objetos voladores no identificados.

En Kentucky, Estados Unidos, el 14 de enero de 2002, un tren que transportaba carbón estaba operando entre Russell y Kentucky. Durante el viaje, los maquinistas afirmaron que alrededor de las 3 de la madrugada, el sistema eléctrico del tren dejó de funcionar repentinamente. Entonces, los dos conductores descubrieron extrañas luces sobre su convoy: las luces se movían de forma muy extraña cuando se acercaban al convoy. Dijeron que nunca antes habían visto luces tan brillantes. Las luces se inclinaban ligeramente a la derecha del tren y los conductores se preguntaban si eran OVNIs. Entonces uno de los conductores se dio cuenta de que uno de los objetos brillantes estaba corriendo hacia ellos, no tuvieron tiempo de reaccionar, la colisión era inevitable. Pero el tren se mantuvo en la vía. Unos cientos de metros más adelante, los maquinistas pudieron detener el tren, estaban a salvo. Pero siempre estaban en guardia, cuando miraban al cielo vieron que dos OVNIS seguían presentes sobre una colina. Tenían miedo de un nuevo ataque, pero finalmente los dos dispositivos desaparecieron en el aire. Los conductores notaron los daños causados por el vehículo volador, porque salía mucho humo del tren. Durante su inspección, los trabajadores ferroviarios buscaron posibles restos de OVNIs, pero sin éxito. No podían entender por qué los curiosos objetos voladores habían sido agresivos con ellos. Posteriormente, uno de los maquinistas se puso en contacto con el operador de señalización ferroviaria para informar del problema. El operador les pidió que se dirigieran a la estación de Paintsville. Cuando llegaron al lugar, un gerente los recibió. Antes del interrogatorio, el jefe pidió al conductor que realizara exámenes médicos. Este último tuvo que responder a muchas preguntas. Al final, el jefe de estación le dijo al conductor que, por razones de seguridad nacional, agradecería que se guardara silencio al respecto. Luego, una vez más, los conductores regresaron a Kentucky, donde fueron interrogados nuevamente por los funcionarios ferroviarios. Al final del interrogatorio, se volvió a recomendar encarecidamente a los dos conductores que permanecieran en silencio.

Manitoba es una región al oeste de Canadá, conocida por sus ricos yacimientos minerales. El 20 de mayo de 1967, un hombre de origen polaco solía ir todos los fines de semana en busca de piedras preciosas. El cazador de piedras testificó de su día que no era como los demás: era una mañana fresca, yo estaba a punto de buscar el suelo, cuando de repente oí volar a las palomas. Unos días antes, un oso había sido visto en la zona. Naturalmente, estaba en guardia. Saqué las herramientas de mi bolso para reanudar el trabajo del fin de semana anterior, buscando cuarzo. Me inclinaba hacia adelante rompiendo una piedra muy fuerte. En un momento, levanté la vista para respirar por segunda vez, y allí, de frente en el cielo, vi dos platillos voladores suspendidos, uno al lado del otro en el aire. El primero era más pequeño que el segundo, quedaban suspendidos sin hacer ruido. Unos momentos más tarde, el más pequeño se desvaneció horizontalmente muy rápidamente. La más grande bajó verticalmente, sin aterrizar completamente. Se detuvo a unos centímetros del suelo. Así que me acerqué por curiosidad para saber de qué se trataba, porque nunca antes había visto algo así. El objeto medía unos diez metros de diámetro y giraba sobre sí mismo. Me quedé junto a la máquina y luego empecé a hablar con él: ¿hay alguien ahí? ¿En qué idioma habla? Primero hablé en inglés, luego en ruso y en polaco, pero no obtuve respuesta. Así que saqué mi cuaderno, dibujé el dispositivo en cada detalle. En un momento dado, una puerta se abrió, oí ruidos extraños que venían de adentro, como si alguien estuviera hablando dentro de la máquina. No podía entenderlo. Fue bastante extraño! En ningún momento tuve miedo. Finalmente, la puerta de la máquina se cerró de nuevo, y luego empezó a girar. Vi una rejilla frente a mí, asumí que era una rejilla de ventilación. Tenía una brújula en la mano, su aguja entró en pánico. La cuadrícula que estaba observando tenía pequeños agujeros, pero no podía entender su utilidad. Unos momentos después, salió humo blanco y me dejó en el suelo. El humo era tan violento que quemó parte de mi ropa. Me dolía mucho el pecho y traté de levantarme, pero estaba mareado y tenía dolor de cabeza. Necesitaba ayuda, pero no había nadie.

Luego el objeto se elevó verticalmente unos 30 metros y luego desapareció horizontalmente a una velocidad inimaginable. Tenía náuseas, mi ropa estaba quemada, había perdido el sentido de la orientación, estaba perdido en la naturaleza, nunca había experimentado eso. No tuve elección, tuve que arreglármelas sola para llegar al hospital. El médico descubrió que mi piel estaba quemada, las marcas de las quemaduras eran redondas como las de la rejilla del objeto volador.

Posteriormente, las autoridades abrieron una investigación. En el lugar, los investigadores encontraron que en algunas áreas, el césped se había quemado, y los análisis revelaron que los rastros en el césped tenían un nivel de radiación mucho más alto de lo normal. Los médicos examinaron mi cuerpo, en este caso mis quemaduras, y también la ropa que llevaba puesta el día del incidente. El médico dijo: las quemaduras del torso fueron causadas por sustancias desconocidas. No había rastros de radioactividad en la ropa de la víctima. Las marcas de quemaduras en mi pecho aún son visibles. En ciertos momentos, desaparecen misteriosamente, y regresan, sucede repetidamente.

En Livingston, Escocia, el 9 de noviembre de 1979, un guardabosques y su perro estaban a punto de realizar una ronda ritual en un bosque privado. El guardián conocía cada centímetro del bosque, en un momento dado notó rastros inusuales en el suelo. Al principio pensó que los posibles intrusos se habían invitado a entrar en el bosque. Pero unos metros más adelante, su perro empezó a ladrar, el guardabosques le pidió que se detuviera y continuó su búsqueda. Algo extraño llamó su atención, el hombre vio una distorsión del aire que distorsionó completamente el paisaje, como una especie de burbuja (indefinida) que escondía los árboles. De repente la distorsión desapareció, restaurando la naturaleza a su estado habitual. Entonces, el guardabosque vio un objeto circular aterrizar suavemente. Era la primera vez que veía algo así. Entonces el objeto corrió hacia él y lo agarró al suelo, momento en el que el hombre temía lo peor. Pensó que el objeto finalmente lo mataría. Con emoción, continuó con estas afirmaciones: al principio vi un objeto circular con pies metálicos aterrizando en el suelo y luego el objeto empezó a hacer ruidos extraños, y luego vi dos bolas sólidas más pequeñas saliendo de la esfera. Las bolas colgaban de puntas de metal a ras del suelo, y se movían a gran velocidad en mi dirección, haciendo un ruido seco. Empecé a correr, pero los dos objetos me atraparon, las puntas de metal ataron mis piernas. Los objetos emitían un olor extraño y muy desagradable. Finalmente, el guardabosques se encontró dentro del objeto esférico, y gradualmente perdió el conocimiento. Unos momentos después, se despertó junto a su perro en el bosque. Entonces el hombre se dio cuenta de que entre su inconsciencia y su despertar había transcurrido un período de unos veinte minutos. El tiempo que le faltaba era el tiempo que había pasado dentro del objeto. Medio despierto, el guardabosque intentó levantarse, pero no pudo ponerse de pie, debilitado y desorientado, entendió que el extraño objeto volador simplemente había desaparecido. Poco después, la víctima descubrió dos tipos de rastros extraños en el suelo: agujeros redondos y líneas horizontales. Él y su perro comenzaron a correr en busca de ayuda usando la radio de su vehículo.

Cuando quería hablar, no salía ningún sonido de su boca. Tras el fenómeno paranormal, hizo una declaración a la policía. Después de una investigación a fondo por parte de la policía, llegó a la conclusión de que el fenómeno paranormal era una agresión brutal. Al examinar los pantalones de la víctima el día del incidente, se descubrió que tenían agujeros. La víctima también tenía quemaduras en la cadera. Las pruebas de suelo no identificaron la causa del accidente.

En el lado de Nashville de los Estados Unidos en 1955, a 155 kilómetros de la ciudad vivía una comunidad agrícola. Una familia de Nashville había sido invitada al campo para pasar un buen rato. Después de la cena, todos estaban jugando a las cartas, uno de los invitados salió al baño. El hermano mayor de la familia más tarde testificó sobre el evento: mi primo regresó de afuera, diciéndonos que había visto un objeto luminoso en el cielo que seguía moviéndose. Sin prestar más atención a lo que decía, seguimos jugando a las cartas creyendo que era una broma. Más tarde esa noche, todos se fueron a la cama, pero nuestra madre se quedó despierta y miró por la ventana. Pasó parte de la noche observando el cielo, y vio un objeto luminoso, luego una entidad apareció en nuestro jardín. Mi madre empezó a gritar y nos levantamos. Ella había tomado la escopeta y comenzó a disparar a la entidad frente a la ventana. Las entidades eran numerosas y muy extrañas, medían alrededor de un metro de largo y eran de color plateado, tenían cabezas grandes con ojos grandes y orejas puntiagudas. Sus pies y manos eran muy delgados. Las entidades no hablaban, no hacían ruido y nos miraban. Otras criaturas de la misma especie flotaban en el aire. Les disparábamos, pero las balas que les perforaban el cuerpo no les hacían daño. Las criaturas estaban volviendo a su forma original. ¡Todos estábamos aterrorizados! Vi a mi hermano salir de la casa con su arma, y uno de los alienígenas en la terraza lo agarró por el pelo. Mi hermano logró liberarse disparándole. En un momento dado, cuando nos quedamos sin municiones, los alienígenas comenzaron a flotar en el aire y luego se disiparon en la oscuridad. Durante el evento, las entidades extraterrestres no fueron duras con nosotros, creo que tenían más miedo que nosotros, y sin embargo yo estaba temblando de miedo.

La familia denunció el caso a la policía. Los agentes de policía a cargo de la investigación declararon que encontraron a una familia muy perturbada y conmocionada por un acontecimiento inesperado. La investigación reveló que la misma noche, otros testigos de la misma zona habían visto y denunciado un hecho similar a la policía.

En los Everglades, Florida, el 14 de marzo de 1965, un joven campista, acompañado por estos dos perros, decidió pasar un fin de semana en un bosque cerca de los Everglades. El joven que ama la caza quería entrenar a sus perros. Pero los perros perdieron interés en lo que su amo estaba ofreciendo. Las bestias tenían sus ojos apuntando al cielo y ladraban. El joven campista oyó un sonido agudo. Los perros empezaron a correr hacia el ruido. El joven no estaba preocupado. Poco después oyó un segundo ruido como si alguien hubiera disparado a sus perros. Decidió ir a la fuente del ruido. Equipado con una lámpara potente, llamó a sus perros y preguntó si había alguien más alrededor. Allí, un resplandor amarillo apareció en el cielo, el testigo relató la continuación de la prueba que experimentó esa noche: a primera vista, pensé que se trataba de un avión militar del Centro Espacial Cabo Cañaveral. El objeto volador apareció y desapareció en el cielo, estaba completamente solo y aislado y gritó: "¿Hay alguien? ¡Respóndeme! ¡Respóndeme! "Entonces la luz amarilla apareció detrás de los árboles en el bosque, y la máquina se colocó encima de él, quien dijo: el objeto volador era extraño y

203

nunca antes había visto uno igual. La máquina voladora tenía una gran luz amarilla circular en su centro. Entonces, un ruido ensordecedor del objeto volador sonó acompañado de un poderoso túnel de viento, tan poderoso que le costó trabajo ponerse de pie. Sin embargo, valiente, continuó avanzando hacia el objeto, e intentó establecer una especie de comunicación sacudiendo el sombrero en el aire. No hay respuesta del misterioso dispositivo. Entonces el joven oyó una especie de aspiración, pensó que el platillo volador se iba a ir, pero de repente apareció un rayo de luz del aparato y fue la tragedia. El rayo de luz lo alcanzó justo encima del ojo derecho. Inmediatamente, sintió dolor en la cabeza y perdió el conocimiento. Se despertó unas horas después y trató de abrir los ojos, pero no pudo ver nada. Después de unos minutos, recuperó la vista a la izquierda, pero no a la derecha. Inconsciente durante horas, el joven notó que el objeto volador había desaparecido. Después de esta larga ausencia, el hombre encontró a sus perros y fue al hospital. Las heridas encontradas por los médicos corroboraron su testimonio: el joven tenía los ojos hinchados y rasguños en la frente y sufría de problemas de visión. Durante los exámenes del hospital, recibió una visita de las autoridades. Pocos días después, el joven campista, acompañado por investigadores y policías, regresó al lugar del accidente. Los investigadores encontraron rastros de quemaduras aún visibles en el suelo. Tomaron algunas fotos y algunas muestras de suelo para analizarlas. Pero no se ha hecho ninguna declaración pública. En cuanto al joven, recuperó sus reflejos habituales, pero siguió teniendo problemas de visión con el ojo derecho.

En Todmorden, Reino Unido, una noche de noviembre de 1980, un policía local patrullaba la ciudad cuando recibió una llamada. Se le informó que las vacas habían escapado de una granja y estaban libres en la carretera departamental. El policía respondió que iba a ir allí. Conocía muy bien la zona, especialmente la carretera por la que circulaba, pero se dio cuenta de que la carretera estaba anormalmente iluminada. Cuanto más se alejaba de la carretera, más brillante se hacía el ambiente. Al final del camino, vio una pelota luminosa. El policía testificó: al final de la carretera, había un objeto luminoso que bloqueaba la carretera. Entonces se dio cuenta de que ya no podía avanzar, que la luz de la carretera era proyectada por un curioso objeto volador en posición estacionaria a un metro del suelo. Inmediatamente llamó al puesto describiendo la situación y pidiendo refuerzos, pero nadie le respondió. El agente repitió y persistió varias veces, pero sin éxito. Se había quedado en su coche esperando desesperadamente refuerzos, y empezó a dibujar el luminoso objeto volador que tenía delante. Mientras dibujaba, el policía fue sorprendido repentinamente por un rayo. Su primer reflejo fue proteger sus ojos, luego hubo un agujero negro. La policía se despertó 40 minutos más tarde, pero la ubicación de su coche había cambiado, estaba a unos cien metros más lejos que antes. El objeto había desaparecido, pero aún en estado de shock, el oficial decidió regresar a la estación. Posteriormente, el oficial de policía redactó un informe detallado para sus superiores. Al mismo tiempo, los especialistas en OVNIs sugirieron que el oficial de policía usara el método de la hipnosis ya que no tenía memoria ni explicación de lo que realmente sucedió durante los 40 minutos de su inconsciencia. A través de la hipnosis, el agente esperaba saber más. Durante la sesión de hipnosis grabada, el oficial de policía habló de un examen médico realizado por criaturas extrañas, afirmando que no eran humanos y que eran pequeños y muy feos. Hoy en día, sabemos que la hipnosis no es una ciencia 100% confiable. Todmorden es un pequeño pueblo donde casi todo el mundo se conoce, otro oficial de policía, un amigo de la víctima, investigó a la población local sobre el evento paranormal.

Después de investigar, encontró testigos que afirmaban que, esa misma noche, habían visto objetos extraños en el cielo. Entre los testigos había policías que afirmaban haber visto lo mismo. Dos agentes de policía incluso dieron sus testimonios, afirmando que esa noche estaban de servicio investigando un caso de robo de una motocicleta que fue arrojada a una cantera. Durante sus investigaciones, habían visto una luz azul de acero muy brillante en el cielo de un objeto que se movía por pulsaciones. Especificaron que el dispositivo emitía destellos que les ponían la piel de gallina y que se movía muy rápidamente, creando un arco iris de unos treinta kilómetros.

El mismo objeto fue observado a pocos kilómetros de distancia, cerca de la ciudad de Halifax, en las mismas condiciones. El caso del oficial de policía no se hizo público porque los informes presentados habían sido grabados por la policía, y la ley inglesa exige el secreto durante veinte años.

Unas semanas antes, a pocos kilómetros del caso Todmorden, un hombre había sido encontrado muerto en una pila de carbón cerca de una línea férrea muy transitada. La víctima estaba muerta boca arriba con los ojos fijos en el cielo. La policía había inspeccionado el área y no encontró huellas alrededor de la víctima. Sin embargo, fue un crimen, debería haber huellas. La policía también encontró que la víctima no tenía camisa, ni suéter, ni cordones de zapatos desatados. Todo indicaba que la víctima había sido vestida de nuevo apresuradamente. Pero estos no fueron los únicos detalles extraños: la víctima tenía marcas extrañas en su cuerpo, quemaduras en su cabeza y cuello. Al examinarlo más de cerca, los agentes de policía observaron que en las heridas había rastros de ungüento amarillo y verde. Dijeron que lo más sorprendente eran los ojos que la víctima mantenía abiertos hacia el cielo. Esta pista demostró que la víctima murió de miedo.

Posteriormente, las autoridades designaron a un inspector para que realizara la investigación. Después de que el cuerpo fue identificado, descubrió que se trataba de un hombre de 56 años que trabajaba en una mina de carbón en Tingley, y que vivía y trabajaba en la ciudad donde se había denunciado su desaparición durante cinco días. Su cuerpo había sido encontrado en Todmorden, la distancia entre las dos pequeñas ciudades era de 32 kilómetros. Cabe señalar también que la víctima no tenía ninguna conexión conocida con la pequeña ciudad de Todmorden. Cuando se realizó la autopsia para determinar la causa de la muerte, los análisis de sangre no mostraron nada inusual. El médico forense concluye: se dice que la víctima murió de un ataque al corazón, pero la medicina no tiene explicación para las quemaduras en la cabeza y el cuello. Todo indica que las heridas fueron tratadas con un ungüento espeso. El investigador se tomó el caso muy en serio y preguntó quién pudo haber cometido ese delito. Se puso en contacto con hospitales de todo el país y se enteró de que la víctima no había sido hospitalizada. Se centró en las heridas de la víctima que parecía haber sido torturada por una posible descarga eléctrica. Decidió que la piel de las heridas fuera analizada de nuevo por los principales especialistas del país. Tras el análisis de las muestras tomadas, el residuo de las lesiones no correspondía a nada conocido. El detective le preguntó al médico forense: "¿Quién podría haber hecho algo así? Y lo más importante, ¿cuál fue la causa de la muerte? El médico forense respondió: ¡Olvídalo! El detective se dio cuenta de que algo no estaba bien y que tenía que encontrar otras pistas para resolver el crimen.

Así que el investigador se centró en los posibles testigos. Así, se enteró de que el mismo día de su muerte, los habitantes habían observado cosas extrañas en el cielo. En particular, una pareja afirmó haber visto un objeto volador brillante colgando en el aire durante unos minutos cerca de su casa. También declaró que nunca antes había visto un objeto tan volador. El detective se dio cuenta de que entre el lugar donde la pareja reportó el OVNI y el lugar donde se encontró el cuerpo, sólo había 100 metros. Entonces el inspector se dirigió a los cardiólogos y les preguntó: "¿Podemos morir de miedo? Los especialistas explicaron que era muy posible morir de miedo, porque una oleada repentina de adrenalina podría tener un gran impacto en el corazón. El miedo repentino causa un cambio en la frecuencia cardíaca o arritmia que puede ser fatal para algunas personas. Además, el inspector observó que entre la observación del objeto volador y el momento en que se descubrió el cuerpo, sólo había un intervalo de una hora. Al final de la investigación, llegó a la conclusión de que el hombre había sido víctima de una abducción extraterrestre, y que durante la misma, la víctima habría tenido miedo, y probablemente habría sido golpeada por una arritmia cardíaca. Señaló que la víctima probablemente había recibido una descarga eléctrica que causó las heridas observadas en el cuerpo, y señaló que el ungüento espeso aplicado a las heridas no era de origen terrestre. Este caso es una de las primeras muertes conocidas en el Reino Unido hasta la fecha, causada por extranjeros.

Los casos del policía secuestrado y del hombre que murió de miedo nunca fueron desclasificados. Sabemos que en Inglaterra, el secreto que cubre una investigación dura 20 años. Sin embargo, ya han pasado más de 30 años desde que los dos casos se hicieron públicos, y podemos imaginar por qué.

En los Urales, en el Col de Dyatlov, en enero de 1959, unos diez excursionistas se habían preparado para escalar las altas montañas de Dyatlov. Todos los amigos y estudiantes de la Escuela

Politécnica de los Urales eran montañeros muy experimentados. Poco después del inicio de su ascenso, se vieron sorprendidos por una tormenta de nieve, los escaladores pensaron que nunca llegarían a su destino final. Uno de ellos se enfermó, así que tuvieron que regresar. Unas semanas después, al no tener noticias de los excursionistas, sus familias dieron la voz de alarma. Las autoridades soviéticas enviaron ayuda. Al no encontrar rastros ni señales de los estudiantes después de unos días de búsqueda, el ejército pidió apoyo aéreo.

El 26 de febrero, un piloto vio una tienda de campaña desde el aire. El equipo de rescate encontró la tienda vacía. Dentro, había comida, esquís, botas y ropa. Luego, los rescatadores encontraron un segundo refugio derrumbado, la tienda tenía lágrimas hechas con un cuchillo, también notaron huellas en la nieve. Siguiendo los pasos durante un kilómetro, los rescatadores sacaron dos cuerpos sin vida de la nieve, ambos parte del grupo que estaban buscando. Los cuerpos de las víctimas tenían quemaduras en las manos que estaban coloreadas como si hubieran estado expuestas a la radiación, su cabello se había vuelto grisáceo. En el mismo lugar, los rescatadores encontraron rastros de una fogata, lo que sugiere que ambas víctimas estaban tratando de calentarse. Estaban descalzos y en ropa interior.

Trescientos metros más adelante, otro cuerpo fue descubierto, acostado de espaldas esta vez. El joven tenía una rama de árbol en la mano, probablemente para defenderse, para enfrentarse a una amenaza. Junto a la tercera víctima, los rescatadores exhumaron dos cadáveres más, un hombre y una mujer. Los médicos descubrieron que las cinco víctimas habían muerto de hipotermia. Pero los médicos estaban muy sorprendidos por las manos de las víctimas que tenían quemaduras. Uno de los cuerpos tenía una fractura de cráneo, que el médico dijo que no debe haber causado la muerte. Otros cuatro excursionistas fueron encontrados dos meses después, bajo una pesada capa de nieve. Los expertos médicos revelaron que las últimas cuatro víctimas tenían heridas significativas que probablemente causaron sus muertes. Dos tenían una depresión de la caja torácica. Uno de los cuerpos no tenía lengua y otro tenía fracturas significativas en el cráneo. La tragedia de los Urales se mantuvo en secreto hasta los años 90. A partir de ahora, el caso se hace público y en los archivos de la época sólo quedan algunos archivos, la mayoría de los cuales han sido destruidos. Unos años más tarde, se publicaron los archivos e informes de los trabajadores de primeros auxilios, así como los archivos de los médicos forenses fechados y firmados en ese momento. En estos documentos, los primeros auxilios y los médicos forenses afirmaron que las lesiones mortales en los cuerpos de las víctimas nunca podrían haber sido causadas por el hombre. En el expediente, otro informe indica que la ropa de las víctimas tenía un nivel de radiación muy alto. Durante la investigación, otro grupo de excursionistas se presentó, afirmando que al mismo tiempo ellos también estaban subiendo las alturas de Dyatlov. Dijeron: durante la ascensión, observamos extrañas esferas anaranjadas muy brillantes en el cielo. Las mismas esferas que sobrevuelan la región también fueron observadas por los aldeanos de la zona.

Colares es una ciudad de 2000 habitantes situada en una isla del noroeste de Brasil. En agosto de 1977, extraños y curiosos objetos esféricos aparecieron en el cielo de la pequeña ciudad. Al principio, los residentes locales estaban fascinados y describieron los objetos voladores como paraguas abiertos. Un pescador testificó que estaba preparando su equipo de pesca cuando por la noche vio un extraño objeto estacionado en la playa, a pocos metros del suelo. Dijo que el objeto volador tenía la forma de un paraguas abierto y proyectaba un rayo de luz blanca sobre el suelo. También dijo que el objeto estaba en silencio, que duró unos minutos y que el objeto se había marchado muy rápidamente.

Un sacerdote local dijo que al principio de la tarde, cuando estaba frente a la iglesia, había visto una luz anaranjada proveniente del mar, el objeto se dirigía hacia el interior de la isla. Otro testigo dijo que era tarde en la noche, que toda su familia se había ido a la cama: me había quedado a fumar un último cigarrillo cuando de repente vi una bola luminosa dentro de la casa. Después de visitar la casa, el objeto luminoso se acercó al lugar donde yo estaba sentado, y la pelota se puso de rodillas. Allí, sentí un cierto cansancio como somnolencia, mi cigarrillo cayó al suelo y salí corriendo de la casa.

Los habitantes de la región se acostumbraron a ser confrontados con repetidos fenómenos paranormales, tan pronto como vieron uno de estos objetos, los llamaron Cupa-Cupas. Pero los objetos voladores tuvieron lugar en la región, y se convirtieron en una amenaza. Los habitantes se quejaron ante las autoridades por ser víctimas de objetos voladores no identificados, diciendo que fueron atacados por los rayos de luz enviados por los OVNIS, la mayoría de las veces de noche.

El 29 de octubre de 1977, una pareja afirmó haber sido atacada en su casa por un objeto volador plateado que emitía un rayo de luz verde. Al principio, la pareja quedó fascinada y muy sorprendida por el espectáculo propuesto, luego el rayo de luz se dirigió hacia el novio y lo tocó. Como resultado, el hombre entró en una especie de trance seguido de una pérdida de conciencia. Allí, su esposa vio a dos extrañas entidades que llevaban en sus manos algo parecido a una antorcha dorada que miraban fijamente al brazo de su marido en la muñeca. Cuando despertó, ambos fueron a la casa del vecino, quien les dijo que acababa de quedar paralizado en las mismas circunstancias. En el momento del incidente, la pareja estaba esperando un suceso feliz, así que como precaución, decidieron ir al hospital. Durante el viaje, fueron seguidos por el OVNI. La pareja fue hospitalizada por unos días porque ambos se sentían disminuidos y cansados, y el marido con depresión severa seguía llorando. El pánico estalló en la región. Especialmente por la noche, cuando las actividades OVNIs eran más frecuentes. Objetos voladores no identificados continuaron atacando a los residentes con sus rayos de luz. Por miedo, algunas personas decidieron abandonar la zona.

A finales de ese mismo año, los médicos de la isla señalaron que las víctimas afectadas por los rayos de luz sufrían de dolores de cabeza crónicos, y también de quemaduras causadas por los rayos de entidades extraterrestres. La mayoría de las quemaduras sugieren exposición a la radiación. Se localizaban alrededor del cuello, en el pecho, y se acompañaban de pequeños agujeros en la epidermis, especialmente en la cara. Los médicos tuvieron que descubrir que causaban fiebres intensas, náuseas y temblores severos. Como resultado de los incidentes en el área infectada, las víctimas perdieron su cabello y su piel se volvió negra. Los habitantes aseguraron que cuando fueron atacados por los rayos, sintieron un peso en su cuerpo, que inmediatamente se quedó inmóvil.

Los testigos afirmaron que los rayos de luz emitidos por los OVNIS no superaban los diez centímetros de diámetro, y que en general eran de color blanco. Cuando la gente era atacada, trataban de gritar, pero no salía ningún sonido de sus bocas. Cuando el rayo los tocó, causó calor intenso en el área objetivo, como una quemadura de cigarrillo. El dolor generalmente duraba unos días. En la mayoría de los casos, la gente empezaba a correr porque ver OVNIS y su radio causaba algo de pánico. Los pescadores de la isla testificaron que los OVNIS estaban saliendo del mar. Estaban convencidos de que había una base alienígena permanente bajo el agua, así que los dispositivos estaban fuera de la vista. En la isla siguieron apareciendo objetos voladores que causaron heridas graves. A veces incluso los extranjeros eran muy peligrosos, causando heridas mortales a los residentes. Esto causó una terrible psicosis entre la población de la isla.

Las autoridades brasileñas tomaron en serio el fenómeno, el gobierno envió a las fuerzas terrestres y aéreas a la zona: la operación se llamó Operación Prato (plato o platillo). Los soldados primero trataron de tranquilizar a la población de la isla y atendieron a los más vulnerables ofreciéndoles ayuda psicológica. Durante las investigaciones, la Fuerza Aérea tomó muchas fotografías de los objetos voladores y descubrió que sus rayos de luz tenían un poder fenomenal. Sólo uno podía iluminar el equivalente a un estadio de fútbol, y su precisión era milimétrica. Uno de los helicópteros del ejército en vuelo fue alcanzado, lo que lo obligó a aterrizar en una emergencia. Todo fue hecho por el ejército brasileño para cazar OVNIS, pero sin éxito. Sucedió lo contrario, cuando los OVNIS atacaron aviones de combate y helicópteros.

Los periodistas y fotógrafos presentes en el lugar no se salvaron de los ataques extraterrestres. El 24 de mayo de 1978, los periodistas del país informaron de que en un día lluvioso, refugiándose en su vehículo, se habían quedado dormidos. Unos minutos más tarde, fueron despertados por un rayo de luz que perforó la chapa del techo. Los ocupantes inmediatamente se bajaron del vehículo y vieron que el rayo de luz era emitido por un OVNI suspendido en el aire por encima de los coches. Vieron que el haz de luz tenía unos veinte centímetros de diámetro.

En 1981, dos personas murieron en Colares como víctimas

de los famosos rayos. Para nuestra ciencia, el fenómeno seguía siendo inexplicable. En 1986, no lejos de Colares, también se encontraron dos personas en estado de descomposición. Sin embargo, al mismo tiempo, la actividad de los OVNIS y las bolas de fuego era muy importante en la isla. La causa de la muerte de las dos personas seguía siendo desconocida. Durante el mismo período y en la misma zona, una bola de fuego quemó a tres hombres, uno de los cuales murió por sus heridas. Las víctimas tenían heridas en el pecho, que estaban abiertas como si hubieran sido causadas por una fuerte carga eléctrica. En 1993, dos mujeres murieron. Se dice que la causa está relacionada con encuentros muy frecuentes con extraterrestres. Tenían quemaduras en la garganta y el tórax. Los especialistas que se ocuparon de las víctimas declararon: conocer al menos a diez personas fallecidas cuya causa de muerte está relacionada con encuentros cercanos con objetos voladores no identificados.

En 1994, un hombre fue encontrado muerto y mutilado cerca de un lago artificial en Guarapiranga, al sur de Sao Paulo, Brasil. El hombre fue salvajemente mutilado por extraterrestres, una realidad que es bastante fría en la espalda. Las mutilaciones se habían realizado con gran precisión. Los alienígenas se habían apoderado de algunos de los órganos. El hombre se había desangrado hasta morir cuando le quitaron el ojo izquierdo, la oreja izquierda, los labios, la lengua, los músculos de la mandíbula, etc. La parte terminal del intestino grueso había sido excavada desde el interior, dejando intacto el exterior. El informe de la autopsia reveló: observamos la remoción de las áreas orbitales, luego la excavación de la cavidad oral de la faringe, la orofaringe, el cuello, el área de las axilas, el abdomen, la cavidad pélvica y la ingle.

El examen externo lo describió :

214

- Se habían hecho incisiones en la cara, el interior del pecho, el abdomen, las piernas, los brazos y el pecho.

- Los hombros y los brazos tenían perforaciones sorprendentes de una a dos pulgadas de diámetro, de las cuales se habían extraído tejidos y músculos.

- Los bordes de las perforaciones eran uniformes y del mismo tamaño.

- La cavidad abdominal había disminuido debido a la extirpación de órganos internos.

La revisión interna reveló :

- Después de abrir el cráneo, los médicos encontraron dieciocho edemas cerebrales.

- El informe de la autopsia mostró que la presencia de edema cerebral sin causa traumática directa fue responsable de la muerte y que la muerte de la víctima debe haber sido atroz. Las heridas nos dijeron que la víctima había sido sometida a torturas despiadadas. Los alienígenas actuaron brutalmente con extrema monstruosidad.

- Dada la brutalidad y la naturaleza perversa de las entidades, el informe de la mutilación demostró que la víctima estaba viva durante la tortura.

El acto mismo demostró que los extraterrestres tenían y no tienen respeto por la vida humana. Nos desprecian y nos consideran como animales, incluso nuestros animales merecen un mínimo de respeto. Las brutalidades cometidas contra la víctima no impidieron que los extraterrestres enterraran el cuerpo en la naturaleza y, por lo tanto, nadie habría sabido nunca de su monstruoso acto. "Por este hecho, las monstruosas entidades biológicas alienígenas del Universo nos demuestran que pueden hacer con nosotros lo que quieran. Están demostrando y demostrando su superioridad sobre nosotros. »

Mutilaciones animales :

Desde la década de 1960, más de 15.000 animales (terneros, vacas, toros, caballos, cabras, conejos, etc.) han sido mutilados en el campo en todo Estados Unidos. En la mayoría de los casos, los animales fueron encontrados despojados de sus ojos, genitales, uñas, ubres, orejas, etc.

Misteriosamente removido con una precisión quirúrgica sin precedentes. A menudo se han encontrado animales muertos en lugares inaccesibles a pie. En general, en el lugar del crimen no se encontró sangre ni tejidos, ni siquiera en la carne de los animales. Los campesinos afirmaron ver luces de extraños objetos voladores en el cielo el día antes de los crímenes. Expertos científicos y veterinarios señalaron que las partes mutiladas se habían curado en pocas horas, ¡lo que no era normal! Un agricultor explicó: los visitantes extraterrestres vinieron a mi granja, eran de tamaño pequeño, su piel era gris. Habían venido a decirme que en los próximos días iban a mutilar animales en la zona. El testigo se tomó la amenaza muy en serio. Advierte a las autoridades y a los periodistas por igual, diciendo: en los próximos días, los extranjeros llevarán a cabo mutilaciones en los animales de la región. ¡Todos pensaban que estaba loco! Dos semanas después, en la región, los campesinos comenzaron a encontrar a sus animales muertos y mutilados salvajemente. La policía dijo: al principio, no prestamos demasiada atención ni le dimos demasiada importancia al fenómeno. En la escena del crimen; descubrimos las atrocidades cometidas con los animales. En ese momento, nos dimos cuenta de la realidad de las cosas. En la escena, teníamos sentimientos extraños acerca de este verdadero misterio. Nos dimos cuenta de que se trataba de actos criminales. Investigadores y veterinarios observaron que los animales eran arrojados desde el aire al suelo, desde terrenos muy altos, porque los miembros de los animales estaban completamente rotos por el impacto repentino.

Un criador de Nevada testificó: Estaba con mis vacas en los prados. De repente, una vaca empezó a correr, y entonces oí zumbidos que nunca antes había oído. Fue una sensación extraña! Había localizado el lugar de donde provenía el ruido. Vi a una de mis vacas flotando en el aire, así que disparé un tiro al aire, luego otro, y luego el zumbido se detuvo. Entonces vi la tierra de la vaca sin consecuencias graves, así que pude salvarla.

En los días siguientes, a diez kilómetros de distancia, tres vacas fueron mutiladas de la misma manera: lenguas, ojos, orejas, tejidos, sangre drenada, todo ello con gran precisión.

Otro criador en Colorado, EE.UU., dijo: como todos los días, conté mis animales cuando noté que faltaba uno de mis toros. Unas horas más tarde, descubrí el cuerpo del toro mutilado y sacrificado. Me sorprendió ver al animal en ese estado! Había oído hablar del fenómeno que estaba afectando a la región, pero cuando ustedes eran los que estaban afectados de cerca, ¡ya no es lo mismo! Inmediatamente lo notifiqué a las autoridades. Primero se llevó a cabo una investigación policial y luego una investigación científica con una autopsia completa del animal. Se descubrió una hemorragia en los tejidos de la espalda. Los investigadores encontraron un gran agujero en el cuello del animal y marcas de quemaduras en la parte interna del cuello. Además, se detectó un misterioso polvo amarillo y sus análisis revelaron que se trataba de una sustancia de potasio a un ritmo letal, un 70% más alto que el de un animal muerto por causas naturales. Durante la investigación, los expertos forenses no encontraron ninguna explicación científica. Sin embargo, se aislaron dos pistas importantes. La primera sugería que la bestia había sido transportada por el aire. Para el segundo, los investigadores encontraron estiércol de vaca perfectamente alineado y formando un pasillo en el lugar del accidente. Lo más sorprendente de esta historia fue que en la escena del crimen, los investigadores no encontraron huellas humanas ni de animales. Después de examinar al animal, los expertos concluyeron que las heridas del toro fueron causadas por tecnología avanzada. Además, se encontró que el cuerpo del animal había sido arrojado desde una altura estimada de 300 a 350 metros, porque sus cuernos se habían hundido en el cráneo, sus costillas estaban rotas y sus extremidades habían explotado literalmente.

Desde el principio, las autoridades no habían investigado seriamente este fenómeno paranormal, pero a diferencia de ellos, los científicos y los periodistas privados continuaron investigando este flagelo desde otros lugares.

En Colorado, los investigadores locales decidieron explorar el cielo día y noche. Algún tiempo después, de la noche a la mañana, guardias voluntarios observaron objetos voladores no identificados durante largos minutos. Afirmaron: los objetos voladores estaban en el aire y luego descendían muy rápidamente sin ningún ruido. Se han reportado mutilaciones animales en todo el mundo, particularmente en Australia desde la década de 1950. Durante el mismo período en América del Sur, se registraron más de 3.000 casos de mutilación. Las mutilaciones llevadas a cabo fueron concomitantes con la observación de numerosos OVNIs reportados alrededor de las escenas del crimen, y reportes de secuestro humano.

Secuestro e implantes:

Todos los testimonios coinciden en que vieron cómo nuestros animales eran sacrificados vivos por entidades monstruosas utilizando dispositivos láser similares a nuestros cuchillos. Las víctimas también informan de que los extranjeros son de tamaño pequeño y pertenecen a la pequeña familia gris. Las víctimas de los secuestros afirman que las entidades extraterrestres nos hacen creer que nos vigilan y que cuando practican la mutilación es porque es necesaria para el bien de la humanidad.

Los abducidos informan que en las naves alienígenas vieron enormes tanques translúcidos llenos de materiales líquidos en los que flotaban órganos humanos. Se preguntaban por qué los grises ponían sus manos en los tanques. Los pequeños grises se burlan de nosotros, nos quitan la materia prima sin tener en cuenta nuestras emociones!

Las víctimas de secuestros y los portadores de implantes de otro mundo nos proporcionan pruebas de esta plaga paranormal que se está extendiendo por todo el mundo. La mayoría de las víctimas quieren permanecer en el anonimato por razones familiares o profesionales. Simplemente se avergüenzan de hablar, y sienten que han sido violadas, que han sido introducidas en su carne, sin su consentimiento. En el pasado, los testimonios sobre fenómenos extraterrestres se consideraban historias excéntricas, fábulas. Las personas que tuvieron el valor de hablar sobre el fenómeno fueron llamadas locas o iluminadas. Hoy en día, con la ayuda de especialistas, profesores, cirujanos, pero también ufólogos, las mentalidades están empezando a cambiar. Durante años, los especialistas han realizado estudios serios sobre el fenómeno, y han demostrado que los implantes incorporados al cuerpo humano son reales. Testigos de todo el mundo continúan proporcionando sus historias. Han sido sometidos a humillación, manipulación extraterrestre, y llevan implantes extraños en sus cuerpos! Este flagelo de otro mundo es un verdadero desastre, una humillación para nuestro mundo.

Las víctimas del evento paranormal discuten con la evidencia de apoyo. Entre todas estas víctimas, una mujer dice: entidades extraterrestres introdujeron una varilla delgada en mi nariz y luego, a través de las fosas nasales, introdujeron algo en mi cerebro. Desde algo, se mueve diariamente dentro de mi cabeza. Durante la operación, lloré, grité, porque no sabía lo que me estaba pasando o lo que querían de mí.

Otra víctima testifica de la prueba de su abducción alienígena: tuve la desgracia en mi vida de encontrarme con entidades extraterrestres. Al final del fatídico encuentro, me ordenaron que no le contara a nadie sobre nuestro encuentro, y luego me dijeron que de todos modos, después, olvidaría la experiencia. El evento ocurrió mientras conducía con un amigo durante una noche de noviembre de 1982. Hacía frío. Durante el viaje, vimos una gran luz cegadora aparecer en el cielo. Entonces ella bajó rápidamente hacia nosotros. El evento fue muy extraño. Entonces tuvimos la sensación de que la luz caía del cielo, y de repente el coche se encendió. Estábamos aterrorizados por el fenómeno, no sabíamos lo que estaba pasando. Mi historia con los extraterrestres se remonta a hace unos años, pero nunca se lo había contado a nadie antes. Durante cuatro años no había pasado nada, pensé que todo había terminado y que no me volverían a molestar. ¡Bueno, me equivoqué! Estaban de vuelta. Después de mi última experiencia, noté una marca inexplicable en mi mano derecha. Mi mano empezó a hincharse con esta marca extraña. En mi piel, se dibujó un signo triangular, mi piel ya no era como antes. Me sentí violada, esta experiencia me puso furiosa. Después de la historia de pesadilla que acababa de vivir, fui a ver a un hipnoterapeuta. Me ayudó a revisar los hechos para reconstruir el secuestro. Después de eso, fui secuestrado varias veces. Allí me di cuenta de que las entidades habían creado una especie híbrida que era mitad humana, mitad alienígena. Me habían secuestrado para cuidar de los niños híbridos. Tuve que tomarlos en mis brazos, darles afecto, porque las entidades no saben lo que significan las palabras afecto, afectuoso, afectuoso, afectuoso, ternura, son frías como máquinas sin ninguna emoción. Unos meses después, cuando me desperté, mi oreja y mi cara estaban ensangrentadas, en el hielo, vi que estaba sangrando por el oído. Fui a ver a mi médico para hacerme pruebas. En las radiografías, los médicos detectaron un cuerpo extraño del que guardo toda la evidencia radiográfica. El cirujano me operó y me quitó un cuerpo extraño de forma cilíndrica de quince centímetros de largo, como un taladro en miniatura. Después de la operación, tuve dolor de oído durante muchas semanas.

Si tienes un implante alienígena en tu cuerpo, puedes ir donde quieras, los alienígenas pueden estar en cualquier parte del planeta y no puedes escapar a su control. Tengo mucho miedo por mi familia y por mí mismo. En mi entorno, le conté a algunas personas sobre este evento paranormal, pero desde entonces, estas personas me han ignorado y se han negado a verme. Para mí, no hay duda de ello, ¡tienen miedo del fenómeno!

Otro testigo de Northampton, Inglaterra, dice tener un implante alienígena en el brazo. El hecho ocurrió en 1974, el testigo estaba visitando a un amigo en bicicleta, el viaje debía durar entre 15 y 20 minutos. Sin embargo, cuando llegó a la casa de su amigo, llegó tarde, porque el viaje le había llevado casi dos horas, había perdido 1 hora y 45 minutos de su vida. La víctima nos dice: unos días después del suceso, descubrí un pequeño objeto injertado bajo mi piel. No tenía cicatrices, sólo una pequeña marca roja. El cuerpo extraño bajo mi piel mide aproximadamente un centímetro de largo y tres o cuatro milímetros de ancho. Desde que los alienígenas me lo implantaron, me han estado pasando cosas inusuales. Por ejemplo, cuando paso por delante de los detectores antirrobo en las tiendas, siempre los activo, o cuando toco varios dispositivos electrónicos, fallan y están fuera de servicio. Lo que sí sé es que el objeto que me pusieron bajo la piel no es obra del hombre.

Los principales expertos del mundo estudian de cerca el fenómeno extraterrestre con la ayuda de muchos testimonios recogidos en todo el mundo. Están particularmente interesados en los implantes que se encuentran en el cuerpo humano y dicen: desafortunadamente, en todo el mundo, hay miles o incluso millones de personas secuestradas por los monstruos del universo que mantienen bajo su control. El secuestro de humanos por parte de las entidades es muy similar a lo que los humanos hacen con sus animales. Simplemente serían experimentos o manipulación científica extraterrestre, pero pruebas serias y creíbles nos muestran que las entidades son aún peores con nosotros.

En 1997, la prensa inglesa publicó que las personalidades más poderosas e influyentes del planeta eran contactadas directa o indirectamente por entidades extraterrestres, y que por lo tanto eran capaces de transformar a la gente e influir en la historia de nuestro mundo.

Recientemente, científicos británicos examinaron el cráneo de Napoleón Bonaparte e hicieron un descubrimiento sorprendente. Habían notado una pequeña protuberancia dentro de su cráneo. Al examinar más de cerca la anomalía, descubrieron un cuerpo extraño de un centímetro de largo. Notaron en el crecimiento óseo del cráneo alrededor del cuerpo extraño que el material había estado presente desde su más temprana edad. El intruso fue estudiado cuidadosamente y los científicos encontraron que se trataba simplemente de un chip electrónico de tecnología y origen desconocidos.

Napoleón, ¿fue secuestrado por entidades extraterrestres? Sabemos que Napoleón Bonaparte desapareció durante unos días, más precisamente en el verano de 1794, a la edad de 25 años. Para justificar su ausencia, afirmó que fue tomado prisionero durante el golpe de estado, pero no había registros que demostraran su detención. Después de su secuestro, en muy poco tiempo, conquistó rápidamente el poder, y a la cabeza de todo el ejército francés, lo transformó en un ejército extravagante. Sabemos lo que pasó después, se proclamó emperador. Los científicos creen que el implante podría haber tenido una influencia, un vínculo, con el éxito del hombre pequeño. También se mencionó que el implante también podría haber tenido una conexión con su cerebro, de ahí sus impresionantes capacidades de toma de decisiones, ejecución y acción.

Las abducciones, e implantes son evidencia física y real que demuestra la existencia de actividad paranormal practicada por entidades biológicas extraterrestres de otro mundo para imponernos sus leyes en la Tierra. Durante años, personas de todo el mundo han afirmado haber sido secuestradas por extraterrestres y nunca han sido tomadas en serio. La mayoría de los secuestros se llevan a cabo por la noche mientras dormimos, pero también hay casos en los que los secuestros se producen a plena luz del día. Surgen preguntas: ¿por qué los humanos sufren tales actos de monstruos de otras dimensiones? Y sobre todo, ¿para qué sirven los extraterrestres?

Las abducciones humanas realizadas por extraterrestres tienen un objetivo muy específico: introducir implantes electrónicos, magnéticos y químicos (nano) en nuestros cuerpos. Estos programados tienen múltiples funciones.

- En primer lugar, servirían para localizar a las víctimas en tiempo real, en cualquier lugar del planeta, ya que cada una de ellas es secuestrada varias veces en su vida.

- En segundo lugar, las entidades vigilan así el estado físico de sus víctimas.

- En tercer lugar, pueden gestionar a distancia los comportamientos y las decisiones de cada víctima. Los extraterrestres los manipulan, dirigen su forma de pensar y les transmiten un malestar que determina comportamiento inapropiado, inexplicable, extraño, etc. Este estado depresivo lleva a las víctimas a cometer crímenes individuales o colectivos. A veces, las pérdidas humanas tienen consecuencias extremadamente graves para nuestra sociedad.

En general, los secuestros humanos duran unos minutos u horas, pero algunos pueden durar varios días, e incluso ser permanentes.

Desafortunadamente, las víctimas reportadas como desaparecidas nunca serán encontradas. Durante sus secuestros, las personas afirman ser transportadas en naves espaciales alienígenas para someterse a una serie de pruebas médicas. En algunos casos, los extraterrestres extraen órganos con consecuencias extremadamente graves. Durante sus secuestros, algunos afirman que ciertas prácticas son con fines de fertilización para crear híbridos que son mitad humanos, mitad extraterrestres.

A veces, los secuestros extraterrestres no son sistemáticos, especialmente cuando se trata de niños pequeños. Se manipulan de otra manera: las víctimas elegidas por las entidades son puestas en un estado de trance. Durante el período de trance, las entidades transmiten a las jóvenes víctimas misiones que deben cumplir durante su vida.

A partir de ese momento, las vidas de los niños pequeños cambian completamente, simplemente se convierten en esclavos cumpliendo las órdenes requeridas por los monstruos del Universo.

Otras víctimas ni siquiera se dan cuenta de que llevan objetos implantados, porque están bien escondidos en sus cuerpos. Algunas de las personas extirpadas cuando han localizado el implante o los implantes por rayos X deciden someterse a una cirugía para extirpar el misterioso cuerpo extraño.

Generalmente, está conectado al sistema nervioso y muchos han experimentado dolor severo durante su extracción.

Los cirujanos que realizan extracciones certifican que los implantes están basados en tecnología no humana. Estos objetos serían prueba de la intervención alienígena.

Contienen aleaciones de diferentes metales magnéticos o magnetoconductores. Algunos implantes son invisibles, los cirujanos los detectan con rayos ultravioleta, porque el cuerpo extraño se enrojece con esta luz y se vuelve verde fluorescente. Una sola víctima puede tener varios implantes, y hay que tener en cuenta que algunos son indetectables, y que están hechos de sustancias líquidas indetectables.

En 1997, un biofísico cuidó a una mujer que había sufrido varios secuestros. Una mañana, la mujer notó que un misterioso rayo de luz pasaba por su habitación. Después de eso, el científico tomó muestras de polvo de donde había aparecido la viga. Bajo su microscopio, aparecieron sustancias, partículas de vidrio de 1 a 25 micras de tamaño, que tenían un aspecto esférico y cristalino. Luego, descubrió otras micropartículas de vidrio en todas las habitaciones de la casa.

Los cirujanos realizan las operaciones, pero los implantes extraídos siguen siendo un verdadero misterio para ellos. Algunos están convencidos de la presencia extraterrestre en la Tierra, pero no encuentran una explicación científica y racional para su certeza.

Los primeros implantes extraterrestres dentro del cuerpo humano fueron descubiertos por casualidad durante una radiografía. Su extracción permitió determinar si el material que contenían era de origen humano o importado del exterior. Los científicos se dieron cuenta de que estos implantes no eran secreciones del cuerpo humano ni de la mente humana, de ahí la suposición de que podrían ser de origen extraterrestre.

Amplios estudios demuestran que los implantes tienen propiedades muy extrañas. Se encontraron diferentes tipos de implantes en los cuerpos de las víctimas. Algunos están hechos de esferas blancas, no metálicas, compuestas de muchos elementos atómicos. Estos se colocan en el suero del cuerpo humano. Otros tienen forma de T, otros tienen forma de triángulo o microperla. Tras el análisis realizado por químicos de los laboratorios de Los Álamos (Estados Unidos), la composición de los implantes es una combinación de múltiples elementos químicos:

- Cloro-Apatito,
- Cloro-Fosfato,
- Calcio,
- Alúmina,
- Silicatos,
- Magnesio,
- Bario,
- Níquel,

- Silicio,

- Plutonio.

- Samario, etc.

Los dos últimos elementos químicos son muy raros en la Tierra, sólo están presentes en los meteoritos. Todos estos productos químicos se instalan normalmente en un pequeño tubo de aluminio de 1,5 a 5 mm. Es muy raro que los implantes superen los dos o tres centímetros o más, pero esto sucede y no necesariamente tienen la misma composición química. La mayoría se instalan en el lado del corazón de la víctima.

Lo más sorprendente de estos implantes es que después de su introducción en el cuerpo humano, prácticamente no hay rechazos excepto en casos muy raros. El implante extraterrestre es aceptado por el cuerpo humano. Además, colocada sin incisión ni apertura de la epidermis, la estructura de la piel de las víctimas no sufre ningún daño. Si nuestra medicina pudiera usar y dominar las tecnologías alienígenas, se resolverían todos los problemas de rechazo en los trasplantes de órganos.

El funcionamiento general de los implantes extraterrestres es muy sofisticado. Serán usados como transceptores entre humanos y alienígenas. Gracias a ellos, los alienígenas toman el control total de los cuerpos humanos, y sus funciones son múltiples. Algunos permitirían la transmisión de órdenes, en particular a personas mentalmente frágiles. En la mayoría de los casos, las víctimas reportan haber escuchado voces que les dicen que maten a otras personas, ya sean simples asesinatos o tragedias humanas a gran escala. Desafortunadamente, los crímenes contra la humanidad han ocurrido en el pasado, y están ocurriendo ahora y es probable que ocurran en el futuro.

Los portadores de estos monstruosos implantes serán

manipulados e influenciados negativamente a lo largo de sus vidas sin identificar de dónde viene el terrible, insoportable, insoportable e inaceptable malestar que los habita.

Hagámonos una pregunta por un momento. ¿Qué pasaría si un hombre con un alto nivel de responsabilidad en nuestra sociedad llevara un implante de este tipo sin su conocimiento o no? Es fácil imaginar las consecuencias que esto tendría en nuestras vidas. Hoy en día, debemos tomarnos muy en serio el fenómeno alienígena! Es hora de que la conciencia humana cambie profundamente sobre este tema. Todavía hay tiempo! El hombre debe despertar y darse cuenta de que ya no tiene derecho a considerar la cuestión de la presencia de extraterrestres en la Tierra como un tema loco o tabú. Pero si nos tomamos en serio este fenómeno, resolveremos los problemas causados por los alienígenas. ¿Cuál es el sentido de decirse a sí mismo un día: ¿qué nos está pasando? ¡No sabíamos nada de eso!

Esta ignorancia y ceguera podría ser fatal para nosotros.

Un OVNI se estrella en la Tierra:

Objetos voladores no identificados siguen presentes en nuestro entorno. A veces incluso se han estrellado en la Tierra, o han tenido problemas en nuestro suelo. Luego aterrizan para ser reparados por entidades biológicas extraterrestres.

En 1963, un equipo de rescate fue enviado al desierto de Santa Rosa en Nuevo México, Estados Unidos, para ayudar en lo que parecía ser un accidente aéreo. Los agentes de policía ya enviados al lugar indicaron a los rescatadores la ubicación y que había heridos. Los rescatadores afirmaron haber visto el daño. Una de las enfermeras se acercó a un cuerpo gravemente quemado pensando que era un niño. Intentó tomarle el pulso al hombre herido, pero se dio cuenta de que no era un niño. El cuerpo que estaba examinando no parecía humano, sino una cosa extraña que nunca antes había visto. Este cuerpo era muy diferente al de un humano. Entonces uno de los agentes de policía se dio cuenta de que no era sólo un accidente de avión, y advirtió a la gente en el lugar del accidente: no es sólo un accidente de avión, el avión estrellado es en realidad un platillo volador, y los cuerpos de las víctimas no son humanos. A pesar de las terribles noticias, la enfermera siguió ayudando a la criatura. Cuando los tres cuerpos humanoides fueron transportados al hospital, las enfermeras y los médicos se prepararon para realizar exámenes en profundidad. Pero el ejército ya presente en el lugar se opuso a cualquier examen de los cuerpos extraterrestres. Más tarde, confiscó el equipo del accidente y también recuperó los cuerpos. Antes de salir del hospital, el ejército prohibió formalmente a todo el personal del hospital y a los rescatadores hablar públicamente sobre lo que acababa de ocurrir: no pasó nada y no se vio nada, esto también es válido para todos los que asistieron al evento y para la recuperación de los cuerpos extraterrestres. Se trata de una cuestión de seguridad nacional, de lo contrario, tendríamos grandes problemas. Luego, los cuerpos y el platillo volador fueron transportados en secreto a una base militar. Unos meses después, una empleada de la base contrajo una enfermedad muy grave, en su cama de hospital, reveló: todos los platillos voladores de origen extraterrestre que accidentalmente se estrellaron en el territorio de los Estados Unidos, así como todos los cuerpos extraterrestres muertos o vivos, se mantienen en la base militar subterránea donde trabajo. Los alienígenas "sin vida" se almacenan en cajas de vidrio bien iluminadas llenas de una composición química. Los "alienígenas vivos" se mantienen vivos por medio de mezclas de gases proporcionadas por máscaras colocadas en sus caras.

Un oficial aéreo antes de su muerte declaró: no sólo hay platillos voladores aplastados en la Tierra, sino que también ha habido platillos voladores intactos que han sido recuperados por el hombre. He experimentado personalmente casos en los que objetos voladores se descompusieron y aterrizaron en la Tierra. Las entidades estaban saliendo de sus vehículos para repararlo. Nuestro trabajo era intervenir en ese momento, recuperar tanto los dispositivos como los extraterrestres. En algunos lugares donde no había tráfico aéreo, instalamos radares potentes. Nuestras máquinas emitían una potente radiación de "microondas" que se utilizaba para paralizar todos los dispositivos voladores con un sistema electrónico. Cuando los platillos voladores fueron recuperados con sus ocupantes, otro equipo se hizo cargo.

Otro sargento dijo que había trabajado en estos regimientos de élite, y declaró que su trabajo era comunicarse telepáticamente con entidades biológicas extraterrestres. Él testificó: en verdad, no hay escuela para aprender a comunicarse telepáticamente con los extraterrestres. Los visitantes alienígenas eligen a los humanos que tienen este don. Las personas en cuestión han sido seleccionadas por extranjeros desde la infancia. Están programados para misiones específicas que cumplirán durante su vida. Personalmente, yo quería alistarme en el ejército, al principio me rechazaron por problemas médicos, pero algo me dijo que me contrataría más tarde. De hecho, el ejército se puso en contacto conmigo para una nueva evaluación, y finalmente, fui aceptado. Las colisiones de OVNIS para mí se estaban convirtiendo en algo casi común. En cada accidente se establecía un sistema y se enviaba un equipo de intervención. En nuestra unidad de intervención, cada uno de nosotros recibió un manual muy especial titulado "Instrucciones para la interacción con los visitantes". En este libro, 55 especies diferentes de extraterrestres que habían visitado la tierra fueron registradas y habían establecido contacto con humanos. En el libro, fotos detalladas de cada espécimen biológico exótico. Teníamos a nuestra disposición información detallada sobre su cultivo, así como información sobre cada especie. Cómo proceder para proporcionar primeros auxilios en caso de lesiones. Los extranjeros capturados estaban bajo una vigilancia muy estricta, se les llamaba "prisioneros de la tecnología". Ustedes saben que cuando son capaces de viajar a través del Universo, hay necesariamente conocimientos tecnológicos, pero todavía tienen que ser capaces de dominarlo y no tener ninguna decepción.

Una vez, me llamaron de emergencia a mi base porque un alienígena "gris" había sido capturado vivo. Llegué a la escena y vi la entidad biológica alienígena. Desde que llegué, había estado sintiendo la incomodidad de la criatura. Por telepatía, uno puede sentir la incomodidad o el bienestar de estas entidades. Entonces la criatura me miró, a su vez yo la miré para ponerme en contacto con ella, y logré que me dijera: "¡Tenía miedo! "Le contesté telepáticamente que no debíamos temer ayudarlo. Para consolarlo, le dije: "Mientras yo esté presente, no te puede pasar nada malo". Entonces la entidad me entregó un nuevo mensaje: "Todos estábamos en peligro en esta sala, todos íbamos a morir, porque sus amigos vendrían a buscarlo. "Le pregunté a la entidad si se sentiría mejor en la naturaleza, él me contestó que si estuviera afuera, no habría víctimas. Así que le dije a mi coronel que el alienígena tenía algo que decirme, siempre y cuando el edificio estuviera completamente evacuado. Mi coronel al principio no estuvo de acuerdo, pero finalmente aceptó la evacuación del edificio. Inmediatamente después, salí del edificio con la entidad. Afuera, encontré un par de tijeras y corté la malla de alambre para hacer una abertura. Entonces mi coronel vio un platillo volador sobre el edificio y vimos al alienígena siendo succionado por el dispositivo. Después del evento, tenía miedo de ser castigado. El Coronel me dijo que lo que había hecho era grave, que corría el riesgo de ser sometido a un consejo de guerra y que estaba en "problemas". Finalmente, comprendió que todo el mundo estaba en peligro de muerte, así que actué en consecuencia y decidió no castigarme. En el pasado, en otra base militar, se había producido el mismo tipo de incidente con importantes pérdidas de vidas humanas.

No es sorprendente ver tantas especies exóticas diferentes en nuestro entorno, porque algunas de ellas han sabido de la existencia del hombre desde que comenzó a caminar. Pero este no es el caso de todos ellos. El hombre ha anunciado su existencia en todo el Universo, voluntaria o involuntariamente.

Inicialmente, el hombre reveló involuntariamente su existencia a los extraterrestres cuando detonó la primera bomba atómica al aire libre justo después de la Segunda Guerra Mundial. La intensidad de la explosión simplemente resonó en el espacio como un eco de una civilización supuestamente inteligente.

Dos años más tarde, una ola de OVNIS apareció en nuestro entorno y, como por casualidad, los artefactos sobrevolaron el lugar donde se habían realizado las primeras pruebas con bombas atómicas. Por mala suerte, algunos de los objetos voladores alienígenas se estrellaron no muy lejos de Roswell, de ahí el nombre mítico del famoso accidente de Roswell.

Unos años después, el hombre, probablemente sintiéndose solo en la Tierra, comenzó a invitar a los extraterrestres a nuestro paisaje. Esta vez, envió voluntariamente mensajes binarios codificados a través del Universo que dan testimonio de nuestra existencia. Hasta los años 90, registramos más de 83 razas diferentes de entidades extraterrestres presentes en nuestro mundo, sin tener en cuenta las razas que visitan la Tierra sin revelar sus existencias.

Hasta hace unas décadas, el hombre se preguntaba sobre una posible existencia extraterrestre en algún lugar del Universo.

Hoy sabemos no sólo que existen, sino también que algunas razas ya han estado en contacto con nosotros durante mucho tiempo. A menudo, el hombre toma como base para comparar su propio conocimiento tecnológico, y debemos admitir que nuestro conocimiento actual en física tridimensional no nos permite hacer un viaje a través del Universo. A diferencia de nosotros, los alienígenas pueden viajar allí, porque se han dado a sí mismos los medios tecnológicos para viajar, para realizar estos movimientos. Su avance podría explicarse por el hecho de que habrían aparecido en el cosmos mucho antes que nosotros.

Tomemos nuestro planeta, por ejemplo, la Tierra existe desde hace unos 4.500 millones de años. El Universo tiene probablemente al menos 14 mil millones de años de antigüedad. Es concebible que durante este largo período, especies vivientes aparecieron en algún lugar del Universo, unos pocos miles o incluso millones de años antes de nuestra aparición en la Tierra.

A partir de simples cálculos, simplemente obtenemos una explicación del avance tecnológico extraterrestre sobre nosotros y nuestro mundo. Cada especie supuestamente inteligente evoluciona con el tiempo.

En la Unión Soviética, el 29 de enero de 1986, la gente afirmaba haber visto una bola de luz estrellarse contra las montañas cerca de Dalnegorsk, creando un agujero de tres metros de diámetro. Posteriormente, los medios de comunicación soviéticos se interesaron por el fenómeno que había despertado gran interés en todo el mundo. En la versión oficial, los investigadores declararon: el 29 de enero de 1986, alrededor de las 20.00 horas, un objeto esférico de color rojo anaranjado de entre tres y cinco metros de diámetro se estrelló contra la montaña cerca de Dalnegorsk. Antes del accidente, el objeto volador se movía en zigzag. Según los testigos, el avión no tenía alas ni ojos de buey.

Parecía que el objeto estaba en perdición. El movimiento del platillo volador a la montaña de Izvestkovaya fue más que extraño. Unos instantes más tarde, se oyó un golpeteo, y luego, nada más, un silencio total. Se notificó el accidente a las autoridades y se llevó a cabo una investigación exhaustiva. En el lugar del accidente, los investigadores encontraron restos metálicos de la misteriosa máquina espacial. Fueron estudiados por científicos soviéticos experimentados y los resultados fueron sorprendentes. La composición de los fragmentos de metal encontrados en el lugar del accidente no era similar a la composición de ningún metal conocido en la tierra. Posteriormente, tres academias diferentes y 11 institutos de investigación soviéticos llevaron a cabo análisis. Demostraron que la estructura metálica de la máquina voladora era muy atípica. La estructura atómica del metal no reflejaba las ondas de radar, y algunos componentes del metal desaparecieron completamente a cierta temperatura. Los científicos se sorprendieron de los resultados. El objeto tenía una propiedad antigravitatoria que desafiaba todas nuestras leyes de la física.

Un periodista estadounidense presente en el lugar siguió muy de cerca el caso y se apoderó de algunos escombros metálicos y los trajo de vuelta a los Estados Unidos para que fueran examinados por científicos estadounidenses. A su vez, evaluaron los fragmentos de metal. En los documentos de la CIA de 1989, ahora desclasificados, la conclusión de los científicos está escrita en blanco y negro: el objeto volador no identificado aplastado en Dalnegorsk es un vehículo espacial extraterrestre, construido por seres inteligentes superiores.

Posteriormente, el caso Dalnegorsk fue apodado el Roswell-Soviet, en referencia al famoso platillo volador que se estrelló en el desierto de Roswell en Nuevo México en 1947. Al principio, el caso de Roswell fue reconocido por las autoridades estadounidenses que declararon: estamos en posesión de un platillo volador. Pero unas horas más tarde, las autoridades negaron firmemente que se tratara finalmente de un globo meteorológico. A diferencia de los americanos, los soviéticos eran más tolerantes con el fenómeno OVNI, se mantuvieron más abiertos y lo hicieron más accesible al público en general.

En 1967, el gobierno soviético estableció un grupo de estudio para observar seriamente los objetos voladores extraterrestres. Lo más sorprendente fue que las autoridades hicieron un llamamiento a la televisión y a los medios de comunicación pidiendo a cualquiera que hubiera visto un OVNI o que hubiera tenido contacto con extranjeros que se acercara a las autoridades. Algún tiempo después, las autoridades se vieron abrumadas por numerosos testimonios de todo el país. Todos ellos afirmaron haber visto o estado en contacto con extraterrestres. Un año más tarde, en 1968, las autoridades soviéticas suprimieron repentinamente el grupo de estudio creado unos meses antes.

En los años siguientes, los soviéticos hicieron oídos sordos a los objetos voladores, el mayor silencio se había establecido en el país, duró unos pocos años. A finales de la década de 1980, el líder del país cambió y hubo un tiempo en que la gente hablaba libremente sobre el fenómeno extraterrestre. Los archivos que habían sido clasificados como de alto secreto comenzaron a circular.

En 1966, un objeto volador extranjero se estrelló cerca de la ciudad de Otocek en Eslovenia. El accidente fue denunciado a las autoridades por los residentes de la ciudad. Inmediatamente, un equipo de investigadores científicos de los servicios secretos de la antigua Yugoslavia fue enviado al lugar. En el lugar del accidente, los investigadores descubrieron una nave espacial intacta, y dentro de la cabina había un alienígena humanoide muerto que se parecía a la raza gris. Su cuerpo y el OVNI fueron transportados a una base militar en Belgrado, la capital de la antigua federación yugoslava. Inmediatamente, se realizó una autopsia de la criatura alienígena. Este fue filmado y fotografiado. Las imágenes eran en blanco y negro y de muy mala calidad, pero era posible ver a un médico forense con una bata blanca que abría el cráneo increíblemente grande de la entidad y luego su pecho. Alrededor de la mesa de operaciones, los observadores parecían ser médicos, científicos, todos vestidos con batas blancas. El episodio de Otocek fue estrenado en 1999 por las familias de los científicos de la época que poseían la película y las fotos. En vista de las circunstancias políticas de la época, los servicios secretos yugoslavos cerraron el caso de alto secreto. Los testigos civiles que habían presenciado el accidente exigieron respuestas. Para ocultar el hecho, las autoridades inventaron una historia: un avión de combate perteneciente al ejército nacional se estrelló, y el piloto del avión ya estaba muerto cuando fue encontrado. Las autoridades se aprovecharon de la oscuridad y de la mala visibilidad, ya que la colisión del objeto volador había ocurrido por la noche.

En la Unión Soviética, el 27 de noviembre de 1968, un platillo volador también se estrelló en los bosques cerca de Sverdlovsk. El accidente de la nave voladora no identificada fue descubierto por los granjeros locales e informado inmediatamente a la KGB. Después del descubrimiento, un grupo de soldados de la KGB con cámaras filmaron los escombros. La película demuestra que los generales y funcionarios giran curiosamente en torno al OVNI. Las imágenes muestran que los soldados se apresuran a rodear el lugar del accidente, mientras que los científicos miran el objeto de cerca. El objeto volador también presenta una forma circular de unos 4,5 metros de diámetro, la mitad de la cual está enterrada en el suelo y la otra mitad pegada a los árboles que probablemente se utilizaron para detenerlo. Dentro del platillo, los soldados de la KGB recuperaron al ocupante del platillo volador. Más tarde, el cuerpo del humanoide, apodado el enano de Sverdlovsk, fue transportado a un lugar de alto secreto para una autopsia. La película en color revela que la autopsia del cadáver alienígena es realizada por tres médicos forenses que están diseccionando la jaula torácica del humanoide carbonizado.

En Varginha, Brasil, durante la noche del 20 de enero de 1996, se desató una violenta tormenta en la región. Una pareja que trabajaba en una granja a unos diez kilómetros al noroeste de Varginha dijo que durante la noche habían sido despertados por el bramido de las vacas asustadas. Incapaces de dormir, alrededor de la una de la mañana, se levantaron. Al acercarse a la ventana, el hombre vio un objeto volando sobre la granja. Al principio le pareció ver un submarino volador y le pareció sorprendente. Se pregunta si un submarino está diseñado para navegar bajo el agua y no en el aire. La pareja dijo que el dispositivo volaba a unos metros del suelo. El hombre notó que una estela de humo salía de la parte trasera del objeto y que parecía tener grandes dificultades para maniobrar, como si fuera a chocar.

Veinte horas antes, los satélites habían detectado un problema e informaron a las autoridades brasileñas de que había objetos voladores en peligro en la atmósfera superior y que estaban flotando hacia Varginha. Por la mañana, después de una violenta tormenta, muchos testigos afirmaron haber visto extrañas luces en el cielo. Por ejemplo, un comerciante local vio caer un objeto volador sobre una colina, y unos minutos después fue a la escena. Dijo que en el acto había visto soldados y una máquina espacial aplastada contra el suelo. Los soldados le aconsejaron agresivamente que se fuera inmediatamente.

El punto culminante de la manifestación paranormal de Varginha fue el encuentro de tres niñas con una entidad extraterrestre. En ese momento, las tres niñas tenían respectivamente 14, 16 y 22 años de edad, dos de ellas hermanas. Iban camino a casa cuando decidieron tomar un atajo para llegar a casa más rápido. A mitad de camino, uno de los tres vio a una extraña criatura acurrucada junto a una pared cerca de un hangar. Estaba aterrorizada. Completamente asustados, fueron a casa y le contaron a su madre la historia. La madre de las dos hermanas les pidió que la llevaran a la escena, gritando: ¿qué quiere el diablo con mis hijas? Cuando llegaron, las niñas notaron que la entidad ya no estaba allí, pero que había dejado un fuerte olor a amoníaco y huellas en forma de V en el barro. Durante su encuentro con el alienígena, uno de los tres lo había mirado más tiempo que los demás, dijo que a través de las miradas sentía que había desarrollado un vínculo emocional con la criatura, y se dio cuenta de que estaba herida y sufriendo. Unas horas más tarde, la entidad herida fue capturada por la policía brasileña y posteriormente trasladada al hospital de Varginha. Se fortaleció la seguridad militar tanto dentro como fuera del hospital. El médico que examinó la entidad dio su testimonio: el 20 de enero de 1996, los soldados trajeron una "entidad" que no era de nuestro mundo. El personal médico estaba aturdido y aterrorizado por el espécimen, que no era humano. Tenía 1,5 metros de altura y una piel muy brillante, de color marrón oscuro, una cabeza grande y sin pelo. Su cráneo tenía tres bordes óseos, uno en la parte superior y dos a los lados. Sus dos ojos eran grandes y rojos, su boca pequeña y su nariz también. Tenía un cuello pequeño muy corto sobre un cuerpo muy delgado flanqueado por dos brazos delgados que terminaban con cuatro dedos largos en cada mano. Sus manos con dedos flexibles no tenían pulgar. Sus pies tenían forma de "V" y cada uno tenía tres dedos. La forma de los pies de la criatura descrita por el médico encajaba perfectamente con el testimonio de las tres niñas y su madre sobre las huellas de la criatura en el barro cerca del hangar.

En el hospital, el personal médico testificó que la extraña criatura sufrió fracturas en el fémur y heridas en la parte superior del muslo. Durante la cirugía, la criatura permaneció inerte sin ninguna reacción. Si la mirabas a los ojos, miraba hacia atrás, dando la impresión de que no tenía miedo de los humanos. Una enfermera dijo que había sido muy amable con la entidad. Durante el intercambio a través de sus ojos, la entidad le transmitió mensajes de preocupación y miedo. Finalmente, la profesión médica logró salvar a la entidad. Las cicatrices de los tejidos superficiales se cerraron en pocas horas, esta velocidad fue asombrosa. Durante el examen, la profesión médica declaró que la sangre de la entidad era similar a la nuestra, pero con muchas más plaquetas. Cuando la sangre fue extraída de sus venas, se coaguló instantáneamente. El servicio secreto brasileño llevó a la criatura a un lugar que aún hoy sigue siendo desconocido. En cuanto al soldado que había capturado a la criatura herida, fue hospitalizado por una extraña enfermedad y murió pocos días después de su hospitalización. Sus pruebas demostraron que había contraído tres bacterias desconocidas. Las pruebas también revelaron que el 8% de las sustancias desconocidas en el cuerpo habían sido fatales para el joven fallecido. Todo indica que había contraído bacterias y sustancias desconocidas en el momento de la captura de la entidad alienígena. La familia de la víctima simplemente fue dejada de lado, no se dio ninguna explicación, ni siquiera un certificado de defunción, y menos aún el expediente médico. Su funeral no tuvo como resultado una ceremonia pública.

Paralelamente, en Virginha se produjeron acontecimientos

significativos y misteriosos: en el zoológico, donde algunos de los animales fueron encontrados muertos, y en las granjas de la región, donde los agricultores vieron desaparecer instantáneamente a sus animales. En el zoológico, una empleada del parque afirmó haber visto a una extraña criatura caminando dentro del recinto, junto a los animales y con un extraño casco en la cabeza. La criatura se parecía extrañamente a la que había sido capturada unos días antes. Durante estos episodios de demostración paranormal, no sólo había dos criaturas similares caminando libremente en el área de Varginha. Otro del mismo tipo fue visto en las alturas de la ciudad. El testigo dijo que estaba caminando por el bosque, cuando en su camino vio a una criatura sufriendo agachada bajo un árbol, emitiendo una especie de zumbido de abeja. Unos minutos más tarde, la criatura fue capturada por los bomberos y los militares. También afirmó haber visto a extrañas criaturas multiplicarse en el área de Varginha.

Otro testigo que corría por su ruta diaria se encontró con un gran número de soldados. En un momento dado, oyó disparos. Fue en el lugar exacto donde la primera criatura fue capturada. Entonces el corredor vio dos bolsas llevadas por los soldados, en una de las bolsas, algo se movía.

Más tarde, un soldado declaraba anónimamente que había dos criaturas en la bolsa, una de las cuales ya había recibido un disparo, lo que confirmaba los disparos escuchados por el testigo.

Ese mismo año, en mayo de 1996, un estudiante conducía por la región cuando vio una nueva entidad alienígena. Según el testigo, estaba aterrorizada y cerca de una carretera en Varginha. Me explicó que ella se estaba escondiendo, poniéndose a cubierto. El lugar estaba cerca de la granja donde la pareja de granjeros había visto al primer OVNI en problemas.

¿Eran criaturas víctimas del accidente del 20 de enero de

1996? Esto implicaría que han vagado en la naturaleza durante meses sin ser vistos por los habitantes de la región... ¿O serían entidades de la misma raza las que vendrían a recoger a los supervivientes? Los bomberos, los militares, los médicos que participaron en el evento, todos testificaron anónimamente por temor a perder sus empleos y por temor a represalias.

Las entidades están equipadas con tecnología muy avanzada que puede llevarlas a través del Universo, pero se han estrellado en la Tierra. ¿Qué era importante para hacerlos caer? ¿Su entrada en el ambiente fue mal negociada por los visitantes? ¿Es por la violenta tormenta que se desató esa noche en la zona? ¿O fue la nave nodriza la que se rompió y finalmente se estrelló? Debe saberse que la nave nodriza es un OVNI guía, más imponente que los OVNIs que le siguen. Si falla, causa que los otros OVNIS también fallen. De hecho, varios OVNIs se estrellaron en serie esa noche. Los objetos fueron recuperados por el ejército brasileño. Cualquiera que sea la causa del incidente, este asunto paranormal con Varginha demostró que había mucho contacto directo entre humanos y extraterrestres.

Detalles de todas las especies extraterrestres y sus poderes:

En la Tierra, los alienígenas tienen grandes bases subterráneas donde están ubicados en los desiertos o donde la presencia y la actividad humana están ausentes. Una gran mayoría de sus entidades extraterrestres son conocidas como pequeños grises. Son extremadamente peligrosos para los humanos. Es necesario insistir en su reputación, estos pequeños grises pueden ser calificados como criminales, como errores de la naturaleza. Tales insectos no deberían existir en el Universo!

Los grises clásicos son entidades pequeñas, que miden entre 90 centímetros y 1 metro 10. Su morfología es conocida y documentada por el hombre. Su volumen de cabeza es de unos

1800 cm3 mientras que el de los humanos es de unos 1300 cm3. Su cabeza parece una gran pera invertida, con dos grandes ojos de almendra negra. Sólo tienen dos pequeños agujeros en la nariz, y no tienen orejas, sólo dos pequeñas aberturas a cada lado de la cabeza. Su boca es muy delgada y está cerrada por una fina membrana que les impide alimentarse. Sus cuerpos son muy delgados, sus brazos son largos y llegan hasta las rodillas. Cada mano está terminada con cuatro dedos conectados por una fina membrana. En general, las canas pequeñas no tienen un sistema de pelo. Su piel es de color grisáceo verdoso-gris claro, con una textura áspera, no transpiran, sino que emiten un olor a azufre.

En la familia de los grises, está la raza naranja con dos pulmones pequeños y dos corazones. En lugar de sangre, tienen un líquido verde a base de clorofila. También tienen una compleja red vascular. Las entidades de color naranja-gris no tienen órganos digestivos, pero tienen órganos desconocidos para nosotros. Comen absorbiendo los alimentos a través de la piel y es también a través de la piel que se deshacen de los residuos. No tienen órganos reproductores, pero sí tienen glándulas sexuales internas y se reproducen in vitro tomando gametos en el laboratorio. En el pasado, fueron capturados por el hombre, es una raza muy extraña de extraterrestres a nivel emocional. Los grises anaranjados se presentan como entidades pacifistas para ocultar sus malas intenciones, en realidad son agresivos y peligrosos para los humanos.

Los más conocidos son los grises de 1,20 metros, que tienen fama de no tener ninguna emoción. La mayoría de ellos practican la mutilación de nuestros animales, el secuestro de humanos. Su obsesión es crear y procrear híbridos que sean mitad humanos y mitad extraños.

Se sabe que los insectos grises tienen poca simpatía por los terrícolas. Están dotados de una inteligencia extraordinaria, y a menudo son vistos en compañía de grises reptiles.

También existe la raza gris peluda que se instala en bases subterráneas en Europa. Es la única raza de la familia de las canas que tiene pelo. Son los más feroces. Sus cabezas son grandes, sus ojos medianamente grandes. Estos tienen una nariz pequeña, orejas, una boca pequeña y la contextura de un niño pequeño.

También hay grises clonados, resultado de la manipulación genética de la gran raza gris. Fueron creados para servir como esclavos de los grandes grises.

Los grises grandes miden unos 2,10 metros de largo. Se les considera una raza de inteligencia superior, la más inteligente de toda la familia de los grises. Los grandes grises han sido a menudo descritos por humanos secuestrados de sus naves. A menudo van acompañados de pequeños grises clonados. Los testigos dicen que los grises grandes dominan los grises pequeños, y monitorean las operaciones en humanos. Aparte de los testimonios, no sabemos mucho de ellos, porque nunca han sido capturados por el hombre y ninguna de sus naves se ha estrellado en la Tierra.

Los choques de OVNIS en la Tierra comenzaron después de la Segunda Guerra Mundial. Entre 1947 y 1952, sólo en los Estados Unidos, 16 naves alienígenas se estrellaron y 65 se encontraron inanimadas.

Durante este período, dos naves extranjeras fueron descubiertas en Aztec, Nuevo México, en los Estados Unidos. Dentro de las vasijas se han encontrado cuerpos de la familia de los insectos grises. Dentro del extraño objeto, se ha descubierto un gran banco de órganos humanos. Esto hay que tenerlo en cuenta y es crucial. Después de este descubrimiento, ya no había ninguna duda sobre su presencia en la Tierra ni sobre su extremo peligro para nosotros.

Si algunas personas se preguntan por qué no vemos extraterrestres caminando libremente a nuestro lado? Estas personas encontrarán ahora una respuesta a su pregunta.

Después del descubrimiento de órganos humanos en sus naves, los alienígenas (los grises) decidieron dejar de esconderse, y hacer contacto con nuestros líderes.

Proponen un intercambio de tecnologías y ciencias extraterrestres para la construcción de bases subterráneas, y el derecho a practicar la mutilación animal y el secuestro humano.

Después de llegar a acuerdos con nuestros líderes, los grises abandonaron temporalmente las bases subterráneas que poseían secretamente en la Tierra y que el hombre desconocía.

Ingenuamente, cada estado creía que era el único que se beneficiaba de su tecnología. Unos años después, los líderes mundiales se dieron cuenta de que los grises habían hecho la misma propuesta a varios estados al mismo tiempo.

Antes de entender esto, cada estado ya había decidido unilateralmente trabajar con extranjeros, y había construido bases subterráneas para los grises. Y así es como los humanos empezaron a trabajar con extraterrestres. Cuando los soldados descubrieron enormes estructuras subterráneas ocupadas por los grises, las descubrieron. Algunos que tenían que colaborar con extraterrestres no podían mantenerlo en secreto. Se atrevieron a hablar discretamente con los ufólogos, y admitieron que ver todo lo que estaba sucediendo dentro de las bases les daba miedo.

Los soldados declararon: dentro de gigantescas bases subterráneas, las infraestructuras se extienden a lo largo de varios kilómetros conectando enormes salas. La mayoría de ellos sirven como laboratorios de investigación. En general, la gente gris trabaja sola, y hay muy pocos lugares donde los alienígenas y los humanos colaboran. Los humanos que trabajan en laboratorios "sensibles" están bajo el control mental impuesto por los grises. Un soldado pudo liberarse de sus garras y colarse en áreas prohibidas, y descubrió que los grises estaban manipulando genéticamente a los humanos. También vio híbridos mitad humanos, mitad pulpos con muchas patas. Criaturas de pieles con manos humanas y gritando como bebés. Lo que más impresionó al soldado fue su encuentro con una extraña especie de reptil: una mezcla de lagartijas parecidas a los humanos que se colocaban en jaulas. En los laboratorios, los militares descubrieron diferentes células pobladas por criaturas extraterrestres, gigantes de hasta 2,5 metros de altura, seres mitad hombre, mitad pájaro.

En algunos lugares, los humanos estaban encerrados en jaulas, hipnotizados o drogados, a veces pedían ayuda. El testigo dijo: nuestros líderes militares nos dijeron que estos seres estaban locos, sin esperanza de recuperación, y que estaban siendo usados para probar una droga para curar la locura. Nos ordenaron no hablar con ellos. Al principio, algunos de nosotros creímos ingenuamente lo que decían las autoridades militares, pero luego todos nos dimos cuenta de que era una mentira, una manipulación, un lavado de cerebro para ocultar la realidad.

El soldado también encontró enormes cámaras frigoríficas con humanos congelados y colocados verticalmente contra las paredes, formando interminables filas. Había pobres criaturas humanas, pero también híbridos resultantes de manipulaciones genéticas y experimentos fallidos. Los tratamientos biomédicos y las manipulaciones genéticas practicadas por monstruosas entidades extraterrestres fueron más allá de nuestro entendimiento.

Los grises no tienen emoción; todos sus experimentos

cometidos en seres humanos que no habían pedido nada a nadie fueron y son crueles, criminales.

Aparte de las grises, se conocen otras especies exóticas que se consideran peligrosas para los seres humanos. Los Reptilianos están entre las entidades extraterrestres que claramente tienen malas intenciones hacia nosotros. A menudo se los confunde con la casta guerrera del alfa draconiano. En el pasado, las interacciones entre los reptoides y el hombre no eran amistosas, ni mucho menos, porque a menudo nos usaban como mercancía. Se han infiltrado en todos los niveles de la sociedad humana y están en una posición de poder. Los reptilianos manipulan nuestras élites, nuestros líderes, nuestras instituciones, nuestra forma de vida. Ellos construyeron nuestro sistema financiero e influyeron en todas las religiones. Su especie controla nuestros medios, nuestras empresas, las multinacionales. Están detrás de la mayoría de los crímenes contra la humanidad, en otras palabras, están haciendo que llueva y brille el sol en nuestra Tierra.

Se supone que los alfa draconianos colonizaron la Tierra hace mucho tiempo, pero su mundo natal sigue siendo desconocido. Es una especie de gigante que mide entre 4,5 y 5 metros y pesa más de 800 kg. Son inteligentes. Sus cuerpos muy musculosos están cubiertos de escamas verdes y marrones, tienen una cabeza masiva, ojos como los de nuestras serpientes, una cola y alas. Los draconianos alfa ejercen fuerza y poder sobre nosotros, y están en la raíz de la represión de la población humana. Estos gigantes sugirieron nuestros sistemas de creencias, basados en el miedo, y transmitieron la depresión a nuestras mentes. Su ego sobredimensionado les permite sentirse administradores legítimos de las vidas de personas menos evolucionadas que ellos. Nos usan, nos explotan, nos consideran una especie inferior.

Según textos sumerios, los Annunakis (extraterrestres)

crearon el Homo Sapiens mediante manipulación genética in vitro. Los Annunakis diseñaron a los hombres para que se convirtieran en sus esclavos. Así, el hombre les ayudó a recuperar los metales preciosos de la Tierra que enviarían a su planeta. Después de su misión en la Tierra, los Annunakis ya no necesitaban al hombre, por lo que querían exterminarnos inmediatamente después de nuestra creación. Para destruirnos, crearon una inundación planetaria. Pero el diluvio no fue suficiente, debieron haber usado medios más importantes, porque el hombre muy inteligente subió a las alturas, y salvó su pellejo.

Algunos alienígenas caminan libremente a nuestro lado en la Tierra y se parecen tanto a nosotros que es difícil diferenciar entre ellos y nosotros.

Un ex empleado de la Fuerza Aérea de los Estados Unidos, especialista en meteorología, afirmó haber trabajado en la base militar de Nellis en Nevada, Nevada, EE.UU., de 1965 a 1967. Durante este período, el ex soldado dijo que había estado en estrecho contacto con una especie de entidad extraterrestre llamada los Tall-Whites. También declaró que se les permitía instalarse en la base militar. Testificó públicamente que la especie alienígena de los Grandes Blancos era particularmente similar a la de los nórdicos. Su longitud oscila entre 1,80 y 2,10 metros. Tienen piel blanca, ojos azules en forma de almendra, un físico muy atlético y corren a más de 60 kilómetros por hora. Todavía están basados en la base militar de Nellis. Tienen diferentes tipos de barcos. Los OVNIS despegan de la base casi todos los días.

El ex soldado continúa sus declaraciones: las entidades me dijeron que hay otros planetas similares a la Tierra en el Universo. También me hicieron comprender que los humanos eran la única criatura del universo tan cercana a sus animales: montando a caballo, jugando con un perro o ordeñando una vaca. Pensaban que todos estos animales podían muy bien matarnos, pero por supuesto nuestra inteligencia nos permitía dominarlos. En los otros planetas del Universo, los seres inteligentes matan a sus animales porque no quieren perder tiempo con ellos. Los "Grandes Blancos" encontraron que los humanos eran omnívoros a diferencia de otros seres inteligentes en el universo que se alimentan sólo de plantas.

Estos alienígenas me confirmaron que la Tierra era visitada regularmente por seres inteligentes del Universo. Las personas que conocí dentro de la base eran muy incomprensibles emocionalmente, eran capaces de matar a alguien en un abrir y cerrar de ojos. El carácter de cada "gran blanco" era particular e impredecible. En el caso de las lesiones, tardaban mucho tiempo en curarse y eran de naturaleza frágil, pero su fragilidad no les impedía vivir durante más de 800 años. Para comunicarse conmigo, utilizaron traductores electrónicos. A veces, cuando llegaban a mi lugar de trabajo sin su equipo para comunicarse, utilizaban el lenguaje de señas. Una vez, las entidades me mostraron cómo procedían a hipnotizar o paralizar a alguien. Utilizaron dispositivos electrónicos de "microondas", el efecto de hipnosis con estos dispositivos es equivalente al producido por un mago durante un espectáculo. La comunicación entre ellos era a través de sus cuerpos, que emitían sonidos. Si no supiera cómo funciona, un humano podría no haberse dado cuenta de que se estaban comunicando. Al principio, me dio la impresión de que estaban intercambiando por telepatía, pero luego me di cuenta de que este no era el caso. Se supone que los "Grandes Blancos" nos proporcionan conocimientos relacionados con las tecnologías de la medicina, la electrónica y las telecomunicaciones.

Pero si los Grandes Blancos son capaces de controlarlo todo, ¿qué más puede hacer el hombre por ellos? ¿Y por qué siguen presentes en la Tierra? Se supone que los Grandes Blancos representan a la raza aria, son sospechosos de ser los pioneros del ascenso del nazismo. Así que serían los protagonistas de la declaración de la Segunda Guerra Mundial. Después de la rendición de la Alemania nazi, como si nada hubiera pasado, los Grandes Blancos se volvieron al otro lado del Atlántico. En 1954, en secreto, propusieron un pacto a largo plazo con nuevos líderes poderosos. Los Grandes Blancos de la Tierra ocultan sus malas intenciones hacia el hombre. Algunos países siguen colaborando con ellos. Los altos funcionarios, ahora jubilados, atestiguan: los "Grandes Blancos" sin el conocimiento del hombre han programado secretamente y establecido un sistema de escucha planetaria. Esta operación preocupa a los demás líderes de nuestro mundo.

Gracias a las misiones Apolo, hoy en día sabemos que una antena parabólica gigante ya está instalada en la Luna, está dirigida a la Tierra y a otros planetas del Universo.

¿Serán los Grandes Blancos el origen de este sistema bien camuflado? ¿O han unido fuerzas con otras especies exóticas?

Una cosa es cierta, la infraestructura y la actividad extraterrestre están presentes en la Luna.

La presencia extraterrestre y el aplastamiento de los OVNIS existían antes de que el hombre caminara sobre la superficie de la Tierra. El accidente más famoso de la ufología ocurrió en 1897 en el pequeño pueblo de Aurora, Texas, Estados Unidos. El 19 de abril, los aldeanos de Aurora no se despertaron como de costumbre, vieron una máquina voladora en forma de cigarro estrellarse en las alturas de la colina al norte de la aldea. La explosión provocó una bola de fuego que se extendió rápidamente por varias hectáreas. Los habitantes afirmaron que nunca antes habían visto un fenómeno de este tipo, porque hay que tener en cuenta que el hombre aún no había inventado el avión. Después de que el extraño artefacto explotara, los habitantes de la pequeña aldea corrieron al lugar del accidente y descubrieron escombros plateados esparcidos a lo largo de varios cientos de metros. Junto a los escombros, los aldeanos encontraron un cuerpo pequeño, algo extraño e inusual. Entre los testigos presentes, al parecer había un soldado local que le dijo al aldeano que el piloto de la extraña máquina era un marciano, descendiente del planeta Marte. Antes de notificar al ejército, los aldeanos querían enterrar al humanoide en el cementerio local. Colocaron una gran piedra en la tumba en memoria de la entidad. La historia del evento se extendió rápidamente en el pueblo, todos hablaban de la tumba del visitante marciano. El asunto Aurora adquirió proporciones tan incalculables que las autoridades locales tuvieron que reaccionar. Un día, la gente notó que la piedra de la tumba había desaparecido, exhumaron el cuerpo, pero el humanoide también había desaparecido.

Otro de estos fenómenos extraordinarios ha entrado ahora en la historia de la ufología, el accidente del OVNI que ocurrió en Cap-Girardeau, Missouri, EE.UU. en abril de 1941. A primera hora de la tarde, un platillo volador se estrelló en los bosques de Cap-Girardeau. Un evento así habría pasado desapercibido sin el testimonio de un sacerdote, un reverendo local. Acababa de ser llamado por el ejército americano para administrar la extremaunción a las víctimas del accidente. Cuando llegó al lugar de los hechos, ya había bomberos, policías y personalidades de alto rango. Encontró esto sorprendente; tanta gente por un simple accidente de avión. Así que inevitablemente, pensó que personalidades importantes podrían estar entre las víctimas. Se acercó a los restos y vio un objeto circular que le parecía extraño, ya que nunca antes había visto un objeto similar. Continuó su progresión y vio uno y luego dos cuerpos no humanos: sus cuerpos eran pequeños en altura, con cabezas grandes, ojos grandes, aberturas en lugar de la nariz, y no tenían orejas ni pelo. El reverendo continuó su trabajo. Se preguntaba por qué había tanta gente presente alrededor del naufragio. Finalmente, el pastor vio soldados armados rodeando el platillo volador. Luego, un convoy militar vino a recuperar los restos del OVNI y de los cuerpos extraterrestres, así como todos los escombros. Sin el testimonio del pastor, el accidente del OVNI de Cap-Girardeau habría pasado desapercibido para el público en general.

Ingeniería inversa y otras tecnologías futuristas:

La recuperación de objetos extraterrestres voladores que se han estrellado en la Tierra permite al hombre descubrir objetos de otros mundos, y analizarlos para comprenderlos, utilizar sus avanzadas tecnologías en nuestro beneficio. En los últimos setenta años, el conocimiento tecnológico de la humanidad se ha enriquecido y acelerado en todos los campos, gracias en particular a la invención de los componentes electrónicos. En la década de 1950, se lograron importantes avances tecnológicos en los Estados Unidos tras el accidente de los platillos voladores en Roswell en 1947.

Han dado lugar a un nuevo campo: la ingeniería inversa. Permitió a los científicos de la época estudiar y comprender cómo funcionaban los OVNIS. En 1948, el hombre pasó una nueva página en el libro de ciencias, inventando el transistor electrónico que reemplazó definitivamente los voluminosos tubos de rayos catódicos. Sólo unos meses más tarde, a finales de los años cincuenta, se inventó el primer circuito integrado que contenía más de 75.000 transistores, de tan sólo 2,5 a 3 centímetros. Durante las décadas de 1960 y 1970, se desarrollaron nuevas máquinas; el ordenador moderno ocupa tan poco espacio en comparación con los antiguos que solían desordenar habitaciones enteras. En 1971, el hombre creó el primer microprocesador (el 4004). El nuevo componente electrónico simplemente permitió el desarrollo del microordenador.

En un futuro próximo, incluso tendremos ordenadores cuánticos, 100 millones de veces más rápidos que un ordenador convencional. El hombre entrará en una nueva dimensión tecnológica, este salto es considerable. Los historiadores de la tecnología, y también muchos científicos, han observado que en los últimos años nuestras tecnologías han progresado considerablemente, especialmente en términos de cantidad. Y todos ellos fueron creados en un período muy corto de tiempo sin que se presentara una patente para su invención.

Esto probaría que eran de la industria militar. Otro ejemplo muy sorprendente de invención es el láser industrial que apareció de repente, sin que el mundo científico fuera consciente de ello. Lo mismo se aplica a la fibra óptica que llega durante la noche, etc.

A finales de los 80, un estudiante hizo un cohete. Antes de lanzarlo, decidió notificar a la base militar más cercana. Me dijo: cuando le conté a un oficial de la base militar sobre mi proyecto, me dijo: después del lanzamiento de tu cohete, ven a verme. El joven dijo que su primer experimento de lanzamiento fue exitoso como lo había planeado. Fue a ver al oficial.

Este último lo llevó a un acantilado, área 51. Me advirtió que el lugar sería muy seguro y vigilado. Llegamos a un punto muy preciso en el acantilado, y descendimos "como en un ascensor gigante". El descenso duró mucho tiempo: 41 pisos bajo tierra. Entonces el oficial me mostró una habitación subterránea gigantesca. En medio de esta habitación, había una gran manta sobre un objeto. Después de quitar la tapa, pude ver una máquina extraña. Me acerqué, y cuando lo toqué, pude ver reflejos, olas rojas apareciendo en el casco. Estaba muy emocionada, sorprendida, de ver esta máquina tan especial! Pasé alrededor del dispositivo e inmediatamente entendí que era un OVNI. Nos quedamos largos minutos delante de él, luego el oficial me dijo: "Cuando termines tus estudios, ven a verme, trabajarás en este tipo de objeto, ahora es el momento de irte". Antes de salir de la enorme habitación, volví a poner la mano sobre el aparato, la estructura del aparato comenzó a emitir reflejos azules, en ese momento comprendí que el objeto reaccionaba en simbiosis a mis estados de ánimo, saliendo, estaba mucho más tranquilo.

Un científico estadounidense afirmó en la década de 1980 que había trabajado con tecnologías extraterrestres de ingeniería inversa. Dijo que había estudiado OVNIS recuperados de la Tierra. Cuando me encontré por primera vez en el sitio, vi un platillo volador con la bandera americana, pensé que el dispositivo era de diseño humano. Pero cuando visité el interior, descubrí pequeños asientos como los de los niños, y allí comprendí que eran objetos voladores de otro mundo. Dentro del objeto, sentí como si hubiera caminado sobre cera como una vela fundida, mis pies estaban pegados al suelo. Desde mi posición, podía ver todo desde fuera, como si la estructura de la máquina estuviera hecha de materiales transparentes, pero en cierto modo, porque desde fuera, el interior seguía siendo invisible. Después de sus revelaciones, pocas personas lo tomaron en serio, era considerado un charlatán. Pero algún tiempo después, otros científicos y colegas trabajaron en el mismo proyecto y confirmaron que las revelaciones eran reales.

Este primer científico confirmó la existencia de un elemento desconocido, un nuevo componente químico, el elemento químico 115, que permite a las máquinas voladoras propulsarse mediante el sistema antigravedad y alcanzar velocidades de propulsión superiores a la velocidad de la luz. Poco después, gracias a la ingeniería inversa, se desarrollaron otros nuevos elementos químicos, incluidos los elementos 116 a 118.

La ingeniería inversa también ha hecho posible descubrir una nueva rama de la industria: los meta materiales. Los meta materiales tienen una especie de estructura compuesta pequeña que tiene propiedades electromagnéticas.

Múltiples reflexiones inducidas llevan a que todos los objetos tengan un índice de refracción negativo. Esta propiedad era desconocida por el hombre. Existen diferentes tipos de metamateriales, generalmente se componen de dos partes: el sustrato y los resonadores.

El funcionamiento de las meta metas materiales se crea y ensambla, según un esquema repetitivo, de tal manera que se crean campos electromagnéticos que terminan por ocultar un objeto. Pero la desventaja de esta tecnología es su coste de fabricación y sobre todo el tiempo necesario para su producción. Los meta materiales se componen y se utilizan en diferentes campos. Por ejemplo, han aumentado la potencia de las lentes de un microscopio, que a su vez puede visualizar elementos infinitamente pequeños como moléculas. La misma invención también contribuye al desarrollo de nanotecnologías, mediciones de radiofrecuencia, etc.

¿Qué podemos aprender de todas estas tecnologías innovadoras? Para nosotros, ropa hecha de meta materiales, que nos hará completamente invisibles. El sueño de la invisibilidad despierta la imaginación de muchas personas. También existe el uso de meta materiales biónicos en la construcción, incluyendo los exoesqueletos. En general, estos materiales se fabrican utilizando estructuras microscópicas y son utilizados por los militares, para permitir que los soldados sean más ligeros y fuertes al mismo tiempo.

La identificación del elemento químico 115, también conocido como Ununpentium, contribuye al nacimiento de dispositivos voladores futuristas. El más famoso es el avión de sigilo, el B-2. El dispositivo tiene un sistema anti-gravedad conocido como MHD (magnéto hydrodynamique). Su primer vuelo tuvo lugar el 17 de julio de 1989. El Elemento 115 apareció de la noche a la mañana siguiente a la recuperación de los OVNIS extraterrestres. A partir de ahí, la ingeniería inversa permitió a nuestros científicos estudiar los restos de naufragios alienígenas y desarrollar el sistema antigravedad. Nuestros científicos han estado trabajando durante años, finalmente entendiendo estas tecnologías alienígenas y desarrollando el sistema anti-gravedad.

Poco después, se creó un segundo objeto antigravedad, el TR3-A. El dispositivo tiene la forma de un disco y se parece extrañamente a un clásico platillo volador alienígena. Su forma está diseñada para atrapar y guiar las ondas, y con razón, las ondas son la base del sistema antigravitacional. El diseño del TR3-A se inspiró directamente en el modelo extraterrestre, un dispositivo encontrado intacto con su ocupante humanoide de la especie gris muerta. La entidad medía 1,20 metros de altura, estaba vestida con un traje muy ajustado y gris como su piel. A los ingenieros les llevó años de estudio entender cómo funciona un objeto volador antigravitatorio. La prioridad era averiguar cómo adaptar el dispositivo a las medidas humanas, que son mucho mayores que las de un alienígena de 1,20 metros de altura.

Un objeto volador alienígena no puede ser conducido por el hombre, porque la máquina misma es el alma de la entidad alienígena; los dos están en simbiosis permanente, en otras palabras, el dispositivo está diseñado para una sola especie alienígena. Por esta razón, entre otras cosas, los ingenieros se vieron obligados a revisar la construcción del objeto volador alienígena, pero esta vez tuvo que convertirse en un objeto volador diseñado por el hombre.

Otro modelo de OVNI de un accidente fue recuperado por el hombre, lo que nos permitió construir otra nave espacial anti-gravedad, la TR-3B. El TR-3B tiene una forma triangular futurista, y genera un campo electromagnético muy intenso, gracias a la potencia electromagnética.

Este campo electrostático le permite pasar cómodamente por Mach 18. Su envergadura supera los 200 metros.

Un científico que trabajaba en estos proyectos escribió una carta y la dejó en su cama del hospital antes de su muerte. Ahora tenemos la oportunidad de viajar entre las estrellas. Son tecnologías muy avanzadas, que nos permiten viajar a cualquier lugar del Universo. Y sería realmente un milagro que la humanidad entera se beneficiara algún día de sus tecnologías de otros mundos.

Otros científicos dijeron: tenemos tecnologías muy avanzadas que hemos adquirido en pocos años, nos han permitido saltar 400 o incluso 500 años, ahora podemos llevar a "E.T." de vuelta a su casa. Un periodista austríaco afirmó que un Vimana, un antiguo objeto volador, había sido encontrado en la India. En el extremo sur de la India, en la región de Kerala, un antiguo templo misterioso tiene seis criptas. Considerado una de las mayores maravillas de nuestro mundo, el templo de Sri Padmanabhaswamy en Thiruvananthapuram permanece cerrado al público en general.

Las bóvedas estaban custodiadas por sacerdotes y laicos, el

espesor de los cimientos del Templo superaba los seis metros, la mayoría de las criptas no se habían abierto desde hacía miles de años. En 2012, el Tribunal Superior de Kerala decidió abrirlas, en presencia de periodistas y autoridades gubernamentales. En las primeras cinco criptas se descubrió una vasta colección de monedas de oro, joyas de plata, estatuas de oro salpicadas de piedras preciosas y otros objetos de valor inestimable.

La última cripta que quedaba por abrir estaba bajo vigilancia militar. El periodista dijo que antes de su inauguración, el representante real había dicho: lamentamos que el tribunal de primera instancia permitiera esta apertura, porque insultaría y provocaría la ira de Lord Vishnu - el venerado dios de los indios. El periodista austríaco nos dijo: cuando llegamos a la apertura de la última cripta, estaba sellada por una pesada y sólida puerta de hierro fundido, sin cerradura. Antes de la inauguración, se celebraron ceremonias religiosas, acompañadas de la famosa canción "Mantra-Garuda". En su interior se descubrió un sorprendente objeto futurista. El "vehículo volador sin precedentes" era muy liso, de color gris oscuro y sin abrir. Entonces vimos siete cuerpos momificados, de apariencia humana, apoyados en la cápsula. Los cuerpos no mostraban signos de muerte violenta. Estaban vestidos con ropa hecha de una tela con la consistencia de la seda. Lo más sorprendente es que la ropa no mostraba ningún signo de degradación. Los siete cuerpos momificados, todos de pelo rubio y de tez muy clara, estaban perfectamente conservados. En el interior de la cripta reinaba una atmósfera muy extraña, ya que el "Vimana" emitía un zumbido de baja frecuencia. El objeto no tenía puerta, el equipo en el lugar intentó perforar un agujero en el casco para insertar una pequeña cámara, pero la superficie del objeto permaneció impenetrable. Al tacto, el antiguo dispositivo estaba caliente, era muy grande, de unos 30 metros de diámetro y 10 metros de altura. Era tan extraño que no parecía estar hecho por la mano del hombre.

A finales de 2010, otra máquina voladora alienígena llamada Vimana fue encontrada en una cueva en Afganistán.

El sorprendente descubrimiento llamó la atención de los líderes más poderosos de nuestro mundo.

Además, el Ministro de Relaciones Exteriores de la Federación de Rusia preparó un informe específico.

Inmediatamente después de este descubrimiento, todos los líderes occidentales fueron al lugar.

Los científicos afirmaron que se trataba de un objeto volador conocido como Vimana, escondido en la cueva hace más de 5.000 años. El dispositivo fue descubierto por casualidad por un grupo de soldados que perseguían a terroristas en las altas montañas. Los soldados intentaron sacar la máquina de la cueva, pero como resultado de este intento, ¡ocho de ellos desaparecieron de repente y definitivamente! ¿Los desaparecidos han sido teletransportados a otro mundo? Para los expertos en la materia, no hay duda de que los soldados fueron víctimas de un campo de radiación electromagnética.

El campo de gravedad de la radiación electromagnética fue experimentado por Albert Einstein durante la Segunda Guerra Mundial en Filadelfia. A través de este fenómeno, habría logrado hacer desaparecer un barco gigantesco.

Revelaciones de políticos sobre la realidad extraterrestre:

Recientemente, el gobierno mexicano reveló el descubrimiento de monedas y objetos mayas. Esto último permitió afirmar que los mayas estaban en contacto con entidades extraterrestres. La realidad de la presencia extraterrestre junto a nuestras civilizaciones se hace cada vez más clara a lo largo de los años. El flujo de información recopilada alrededor del mundo ha sacado a la luz la influencia extraterrestre sobre la Tierra, ahora y en el pasado. En 2011, una tribu mexicana incluso descubrió una gran pista de aterrizaje para OVNIs. Todos los objetos encontrados datan de hace unos 3.000 años. La mayoría de las monedas eran usadas alrededor del cuello por los mayas como un collar. Después de realizar pruebas químicas, los científicos confirmaron que estos objetos eran del periodo maya.

El Instituto Nacional de Antropología de la Historia de México (INAH) hizo público el descubrimiento de objetos fascinantes. El secreto se mantuvo durante décadas y nos privó de la verdadera historia de nuestro mundo. Los objetos habían sido encontrados durante 80 años según el INAH, que declaró: el gobierno mexicano publicará todo, el códice, los artefactos, los documentos descubiertos recientemente. Estos actos demuestran los contactos, la convivencia y los intercambios entre la civilización maya y la de las entidades extraterrestres. Toda la información será corroborada por los arqueólogos. El gobierno mexicano publicó sus secretos que habían sido protegidos y mantenidos en silencio durante más de 80 años. Las fotografías de los objetos ya habían sido presentadas en una conferencia celebrada en Saarbrücken, Alemania, en junio de 2011. Uno de los puntos culminantes fue revelado en la conferencia. En la parte superior, cuatro OVNIs han sido grabados. Uno de los dibujos muestra a un extraterrestre descendiendo de su platillo, otro lo muestra volando. Dos círculos también están dibujados allí, representan un planeta rodeado por su atmósfera, seguramente la Tierra, y cerca de ella, hay una estrella que podría ser la Luna. Luego el dibujo muestra un cometa con un OVNI. Y finalmente, otro dispositivo alienígena parece venir directamente sobre el cometa, como portador de un carnero que lo golpea.

Otro artefacto muy intrigante parece ser una llamarada

solar. El Sol envía un rayo al planeta rodeado de una atmósfera, la Tierra. Hoy en día, las erupciones solares son monitoreadas y medidas regularmente por la NASA. En el mismo objeto, tres OVNIS están presentes, uno de los cuales está directamente involucrado en el chorro solar. Otro planeta en nuestro sistema solar también está presente, pero es difícil especificar cuál es.

Todo esto proporciona información importante, de la que el hombre podría ser víctima en el futuro si no la tiene en cuenta. Cabe señalar que en uno de los códices, conocido como el códice de Dresde, las entidades extraterrestres han estado prediciendo a la civilización maya durante siglos que en 1991 habrá un eclipse total, llamado el Tigre Sol, el quinto Sol de México, y que durante el eclipse, la humanidad hará dos grandes descubrimientos:

- La existencia de un cambio climático en un futuro próximo que pertenece a la quinta ronda de los mayas.

- Y el encuentro del hombre con los maestros de las estrellas.

Las autoridades mexicanas durante tres años consecutivos en 1990-1993 tuvieron que hacer frente a las oleadas de OVNIs que se extendieron por todo el país.

Lo que es aún más preocupante son las revelaciones del ministerio mexicano: la traducción del códice hizo posible entender que relaciona los contactos entre los extranjeros y la civilización maya. Pero también el descubrimiento, en una de las selvas del país maya, de pistas de aterrizaje para vehículos espaciales. Creemos que es una buena elección revelar al público en general la evidencia que hemos tenido durante años, y decir la verdad sobre la existencia y presencia de extraterrestres en la Tierra. Esto debería servir de ejemplo para otras naciones. No olvidemos que estamos atravesando un período de revelaciones, todo lo que se ha ocultado a la humanidad se está revelando ahora. Actualmente, estamos sólo en el comienzo de las revelaciones, ha llegado el momento de revelar todos los secretos.

El 25 de octubre de 2012 en México, el volcán Popocatepetl estaba en el puente de la erupción, y el lugar fue puesto bajo vigilancia por los vulcanólogos. Para ello, se instalaron cámaras de vigilancia. En la noche del 25 de octubre de 2012, una de las cámaras filmó un objeto volador en forma de cigarro entrando al volcán. Tras el análisis de las imágenes por parte de especialistas, el objeto cilíndrico no identificado tenía más de 1.000 metros de largo y 200 metros de ancho.

El 12 de marzo de 2013, un objeto similar fue filmado saliendo del volcán Popocatepetl.

Los días 10 y 12 de marzo de 2012, el Observatorio Solar de la Agencia Espacial (NASA) filmó un objeto volador no identificado, oscuro y en forma de disco del tamaño de la Tierra, que se movía extremadamente rápido. Al principio, la enorme masa fue filmada extrayendo plasma del Sol. ¿Es un tipo de combustible OVNI del que no tenemos conocimiento alguno? Y sobre todo, ¿cómo es posible acercarse a temperaturas tan altas?

El 12 de marzo del mismo año, la NASA también filmó un enorme objeto triangular negro volando alrededor del Sol durante horas, cubriendo un buen tercio del Sol.

En 2011, una vez más, la Agencia Espacial Americana filmó una gran eyección de masas coronales expulsadas por el Sol.

El fenómeno natural ocurrió el 21 de diciembre de 2011, y fue seguido por entusiastas de la astronomía. Las imágenes recogidas por la NASA se hicieron públicas. Posteriormente, los entusiastas de la astronomía no notaron un solo evento, sino dos eventos importantes, y el segundo había escapado completamente a la atención de la agencia espacial. Las imágenes publicadas por la agencia espacial fueron cuidadosamente examinadas por el público en general. Estos entusiastas se dieron cuenta de que había un gigantesco objeto rectangular en el espacio, cerca del planeta Mercurio. Se movía a altas velocidades. Tras el descubrimiento por parte del público en general del misterioso objeto, la agencia espacial lo comunicó: en cuanto al objeto volador, se trataba simplemente de una protuberancia causada por el Sol. Posteriormente, la agencia espacial retiró definitivamente estas imágenes y detuvo temporalmente la transmisión de imágenes de satélite, alegando que los satélites ya no estaban transmitiendo imágenes. Según testigos creíbles de la NASA, la agencia pidió disculpas al público en general por no revelar nada, pero siguió llevando a cabo secretamente su propia investigación.

En abril de 2012, los científicos de la NASA hicieron un extraño descubrimiento con satélites. Esta vez se trataba de un gigantesco objeto volador, con forma de uno de nuestros brazos articulados humanos que estaba muy cerca del Sol, mientras que todos los materiales terrestres conocidos se derretirían bajo la radiación solar intensamente fuerte: un nuevo enigma. La Agencia Espacial de Estados Unidos incluso observó gigantescos objetos voladores que se lanzaban al Sol a través de los puntos negros, y los mismos objetos filmados salieron frente al Sol.

De 2007 a 2009, numerosos avistamientos de OVNIS tuvieron lugar en toda Turquía. El 17 de mayo de 2009, en Kumburgaz, Turquía, en un pequeño balneario, un vigilante nocturno vio y filmó un objeto volador que apareció sobre el mar. No era el único que veía y observaba el extraño objeto, lo acompañaban otras personas. Las imágenes mostraban que estaban hablando junto a él mientras filmaba el OVNI, con una cámara de alta definición y un objetivo con un aumento X-20. El caso se extendió rápidamente por todo el país y fue noticia en los medios de comunicación.

El autor de la película decidió hacer evaluar el vídeo para demostrar su buena fe. Los análisis de los expertos encontraron unánimemente que las imágenes de la película eran auténticas y estaban hechas sin fingir. Después de ampliar las imágenes, los expertos distinguieron a través de los ojos de buey, a los pilotos de las máquinas, en este caso dos grises instaladas silenciosa y cómodamente en el interior del OVNI. Después del evento, el vigilante nocturno dijo: personalmente, la noche del 17 de mayo de 2009 cambió mi vida y mi visión de nuestro mundo. La vida nunca volverá a ser la misma, ahora estoy convencido de que el hombre no está solo en el Universo, después de observar el fenómeno en tiempo real, tengo la sensación de que la Tierra no tiene nada específico.

En Phoenix, Arizona, EE.UU., el 13 de marzo de 1997, durante la noche, alrededor de las 8 p.m., residentes de Phoenix de toda la ciudad observaron y filmaron un extraño objeto gigantesco colgado en el cielo. Después, las luces comenzaron a encenderse, una tras otra. El objeto cubrió gran parte del cielo de la ciudad durante cinco minutos, y luego las luces se apagaron una tras otra. Se movía lentamente, a unos 20 kilómetros por hora, hacia el sur de la ciudad, sin hacer ruido. De repente, desapareció en el aire. Miles de testigos basados en pruebas denunciaron el fenómeno a las autoridades. Uno de ellos dijo: esa noche estábamos en el jardín cenando con unos amigos. El cielo estaba despejado, las estrellas eran claramente visibles, luego gradualmente el cielo se oscureció. Una amiga mía levantó la vista, entró en pánico y nos dijo: "¡Ya no puedo ver las estrellas! "encontramos que un objeto gigante pasaba sobre nuestras cabezas. El tamaño de la gigantesca máquina se estimaba en más de 1500 metros, tenía forma de V. Las autoridades Fénix declararon que en la noche del 13 de marzo de 1997, el ejército había disparado bengalas en el aire, y que esto había causado destellos en el cielo Fénix. Los especialistas del ejército respondieron inmediatamente: disparar bengalas al aire sobre una ciudad puede ser muy peligroso, ya que las bengalas pueden caer de nuevo en las casas y causar incendios. Unos días después, el Gobernador del Estado de Arizona organizó una conferencia de prensa. En unos minutos, se burló del caso de Phoenix, pidiendo a un oficial de policía que dejara entrar a la parte culpable para encontrar al acusado. Luego, una marioneta inflable que representaba a un alienígena entró en la sala de prensa, haciendo reír a todo el público. Unos años después, el mismo gobernador (ahora retirado de la política) fue cuestionado por los periodistas: el 13 de marzo de 1997, ¿pasó algo inusual en el cielo de Phoenix? El gobernador respondió: sí, yo mismo vi el enorme objeto volador, era impresionante en tamaño. El ex gobernador recordó muy bien lo que había visto, e incluso detalló la famosa noche: la noche del 13 de marzo, estaba cenando con mi familia, la televisión estaba encendida, me informaron que algo estaba sucediendo afuera. Luego fui a la ciudad, a un parque, había mucha gente, esperé unos minutos y luego oí a alguien decir: ¡mira! Mirando al cielo, hacia el noreste, pude ver un gigantesco barco deslizándose en el cielo, estaba oscuro, es difícil hacer una estimación, pero el dispositivo debe haber medido más de 900 metros, y escondido una gran parte del cielo. Cuando lo vimos tan inmenso en el cielo, nos vimos pequeños. Luego se movió muy despacio y en silencio hasta donde estábamos. Podíamos ver claramente su forma, la observé durante un minuto, luego se aceleró y desapareció de golpe. En mi carrera en la Fuerza Aérea, fui piloto de avión, nunca había visto nada igual, la tecnología de esta nave debe haber sido increíble. Lo más molesto para mí es que en el momento de este evento paranormal, yo era Gobernador de Arizona. Por supuesto que era consciente del fenómeno, pero si hablaba de él, podría crear una especie de pánico entre la población, era algo realmente aterrador. Dadas mis obligaciones, preferí no decir nada, lamento no haber podido hacer otra cosa. El gobierno no hizo nada porque quería controlarlo todo y encontrar una explicación para todos, es difícil para un líder admitir que no sabemos de qué se trata, admitir que probablemente es vergonzoso para las autoridades. La experiencia que he tenido me ha enseñado una cosa: los hombres públicos deben ser más abiertos y valientes ante fenómenos inexplicables. Tenemos que ver las cosas de una manera objetiva. Es importante para la humanidad que nuestros líderes realmente se ocupen del fenómeno y se enfrenten al problema de los OVNIS.

Nuestros líderes, incluso los más influyentes del planeta, han estado y están directa o indirectamente involucrados en el fenómeno OVNI.

El 21 de septiembre de 1987 se celebró en la Sede de las Naciones Unidas la 42ª Asamblea General. En esta reunión especial, todos los líderes mundiales celebraron la firma del fin de la Guerra Fría entre Estados Unidos y la Unión Soviética. Los jefes de Estado pasaban junto al micrófono para pronunciar sus discursos. Luego fue el turno de Ronald Reagan para hablar. Al final de su discurso, el Presidente norteamericano nos aseguró: al observar nuestros antagonismos actuales, a menudo olvidamos los elementos esenciales de lo que puede unir a los miembros de la humanidad. Dicho esto, quizás necesitemos una amenaza externa y universal que nos haga conscientes de estas pruebas. A veces pienso que nuestras diferencias en nuestro mundo desaparecerían rápidamente si nos enfrentáramos a una amenaza de otros mundos. Y sin embargo, les pregunto: ¿no hay ya una fuerza alienígena entre nosotros? Espero que todos los pueblos de la

Tierra se unan en caso de una invasión alienígena. El presidente sabía de lo que hablaba porque cuando era gobernador de California, había visto OVNIS dos veces mientras estaba en su avión privado. Él les había dicho a sus amigos: mientras miraba por la ventana, vi una luz blanca, entonces un objeto volador se acercó y dio la vuelta al avión. Fui a la cabina y pregunté a los pilotos: "¿Habéis visto esto antes? "Ellos respondieron que "¡no! "El objeto volador no identificado nos siguió durante varios minutos, luego, para nuestra mayor sorpresa, voló muy rápidamente hacia el cielo.

En una reunión celebrada en 1985 en Ginebra, el Presidente Ronald Reagan y el Presidente Mikhail Gorbachev mantuvieron una conversación sobre una posible amenaza extraterrestre. El presidente norteamericano declaró: "Le dije al líder soviético lo cerca que pensaba que estaría su papel y el mío si nuestro mundo estuviera amenazado por otra especie en el Universo. En ese momento, olvidaremos todas las pequeñas diferencias que separan a nuestros países.

El 16 de febrero de 1985, durante un discurso en el Kremlin, el presidente Michael Gorbachov informó a los soviéticos sobre su reunión con el presidente de Estados Unidos sobre un posible ataque extraterrestre. Dijo: Durante nuestra reunión en Ginebra, el Presidente de los Estados Unidos avanzó: "Si la Tierra se enfrentara a una posible invasión alienígena, los Estados Unidos y la Unión Soviética unirían sus fuerzas para repelerla. "No discutiré esta hipótesis en absoluto. Pero creo que aún es demasiado pronto para preocuparse por tal intrusión.

Pero para que el presidente estadounidense hiciera tales comentarios, tenía que saber algo importante.

En las Naciones Unidas, una vez más, Reagan dijo públicamente a los soviéticos: de ahora en adelante, ya no deberíamos desconfiar los unos de los otros, sino de los de arriba, porque es muy posible que haya una amenaza extraterrestre para los humanos.

Surgen preguntas. ¿El presidente estadounidense ha sido secuestrado por extraterrestres? ¿Estaba directa o indirectamente amenazada por entidades biológicas extraterrestres?

En un discurso, un ex ministro de defensa canadiense nos dijo: "Hace décadas, los visitantes de otros planetas del universo nos advirtieron sobre la dirección que habíamos tomado, y nos ofrecieron su ayuda. En lugar de colaborar con ellos, nosotros, o al menos algunos de nosotros, interpretamos su visita como una amenaza. Decidimos dispararles primero y luego hacerles preguntas. ¿Insinuaba el ex ministro que la guerra con los extranjeros ya había tenido lugar? Sabía de lo que hablaba cuando hablaba de los OVNIS: el resto del mundo tiene derecho a saber que los objetos voladores no identificados son tan reales como los aviones sobre nuestras cabezas. También dijo que los alienígenas estaban entre nosotros. Algunos países occidentales están en contacto y colaboración secretos con extranjeros.

El presidente estadounidense Jimmy Carter admitió públicamente que había visto un OVNI así como la Luna, dijo: Vi una esfera roja y verde emitiendo luces, el objeto volador estaba cruzando el cielo de Georgia una noche de enero de 1969. Diez minutos después, el objeto había desaparecido. En 1969, Jimmy Carter fue Gobernador de Georgia, fue el primer político en asumir la responsabilidad, a riesgo de su carrera política. Unos años después, sus declaraciones no le impidieron convertirse en el 39º Presidente de los Estados Unidos.

El 29 de abril de 2013 se celebró en Washington una reunión extraordinaria sobre el fenómeno OVNI. El encuentro fue organizado por las personalidades más importantes de nuestro mundo. Fue el primer encuentro organizado por el hombre sobre el tema. Anteriormente esto se consideraba excéntrico o tabú. Más de cuarenta personalidades cuidadosamente seleccionadas asistieron a este evento excepcional. Personalidades que ocupan o han ocupado cargos de primera importancia en nuestro planeta, senadores, generales, agentes secretos, ministros, todos reunidos para romper y revelar el secreto de la vida extraterrestre en la Tierra. Ante seis miembros de un comité privado estadounidense, la reunión comenzó con un discurso del ex ingeniero aeroespacial Robert Wood: el fenómeno de los OVNIS fue y es el mayor misterio oculto a la humanidad.

Stanton Friedman, un ex físico nuclear, dijo: la evidencia es abrumadora, nuestro planeta es visitado regularmente por naves espaciales bajo el control de inteligencia extraterrestre.

Paul Hellyer, Ministro de Defensa canadiense, declaró bajo juramento que sólo hay una manera de recuperar la confianza del público: decir la verdad.

En la década de 1950, un piloto del Ejército de EE.UU., el teniente coronel Richard French, fue encargado de socavar la credibilidad de los testimonios de los observadores de OVNIS, el proyecto se llamó el Libro Azul. En 1952, fue a Canadá, a investigar un caso de OVNI, y dijo: cuando llegué allí, había una multitud junto al mar, y también buzos en el agua. El agua estaba fría y transparente. A una profundidad de unos sesenta metros, dos OVNIS están colocados uno al lado del otro. Allí, vi una entidad que salía de uno de los objetos, y luego el segundo que salía del otro dispositivo. Las dos entidades alienígenas estaban trabajando alrededor de sus platillos. Después de dos horas de trabajo en sus máquinas, los dos OVNIS despegaron juntos, salieron del agua y rápidamente desaparecieron en el cielo. El teniente nunca pensó que testificaría sobre su observación de extraterrestres. Trató de mantenerse evasivo en su informe. Pero antes del congreso de 2013, Richard French pudo testificar.

Pocos días después de las revelaciones del Congreso de Washington, los servicios secretos desclasificaron el caso de Richard French. Estos fenómenos se mantuvieron en secreto durante más de 60 años, ahora son accesibles para todos.

Otro testimonio en el Congreso de Washington, un agente muy enfermo de la CIA explicó: "Me queda poco tiempo de vida, ya no puedo guardar todos estos secretos, ha llegado la hora de hablar, de decir la verdad, porque me pesa en la conciencia. He trabajado toda mi vida, en todos los archivos extraterrestres o de OVNIs reunidos alrededor del mundo. Incluso estoy al tanto del caso Roswell, y también de la existencia del Área 51 en Nevada. Un día, mi superior me informó de que teníamos que responder a la invitación del Presidente de los Estados Unidos, Eisenhower. El presidente, en ese momento, estaba escuchando rumores de que un platillo volador se había estrellado en Roswell. Pero nadie le había informado realmente sobre el acontecimiento, me pareció extraño, no querer informar al Jefe de Estado sobre un acontecimiento tan importante. Después de nuestra reunión, el presidente nos ordenó ir a Nevada para investigar el Área 51, y también para investigar el accidente del OVNI. Nos aseguró que informaría a las autoridades de la base de nuestra presencia y misión y nos pidió que lleváramos un mensaje a los generales de la base. Dijo: "Si no puede haber una respuesta positiva a la petición del presidente, enviará al primer ejército de Colorado para aplastar la base de Nevada. "Fuimos a Nevada con una misión muy específica del presidente. En el Área 51, encontramos varios garajes abiertos, en los que se almacenaban recipientes en forma de platillo. Entre ellos se encontraba uno de los barcos de Roswell que se estrelló en julio de 1947. La mayoría de las entidades extraterrestres habían muerto, con la excepción de una pareja que permaneció viva. Luego un coronel nos llevó a un hangar, en el que había extraterrestres grises vivos. Dentro del hangar, vimos una criatura alienígena que no era un ser humano. Su cuerpo era muy delgado, su cabeza grande tenía ojos grandes, una boca pequeña, una nariz pequeña muy delgada, no era realmente guapo. Durante nuestra investigación, filmamos y reportamos todo a Washington.

En este congreso especial de 2013, el ex jefe de la Agencia de Aviación Civil de los Estados Unidos, encabezado por John Callahan, también vino a declarar sobre el incidente sufrido por Japan Air-Line, que tuvo lugar en el espacio aéreo de los Estados Unidos. En 1987, un Boeing de la Línea Aérea de Japón volaba tranquilamente en su ruta cuando de repente los pilotos comenzaron a ver algunas luces extrañas en el cielo de Alaska. Las luces se acercaban cada vez más al Boeing. Los pilotos se preguntaban qué podría ser. Finalmente, decidieron llamar a la torre de control para averiguar si había alguna otra aeronave en la zona. La torre respondió que no había otros aviones en las inmediaciones. Los pilotos de la compañía japonesa notaron que los objetos ligeros habían girado varias veces alrededor del avión y que se habían alejado. Los pilotos permanecieron en guardia, afortunadamente. Porque cuando el objeto volador regresó, voló hacia el Boeing a una velocidad cegadora, proyectando una luz cegadora, y luego pasó justo por encima del 747. Los pilotos, muy preocupados, llamaron a la torre de control para obtener más detalles. La torre de control respondió: no, no tenemos nada en los radares! ¿Qué está pasando? ¿Qué está pasando? Los pilotos en pánico respondieron: estamos en peligro. Vemos varios objetos voladores luminosos, su comportamiento es agresivo, nos bombardean con luces cegadoras, incluso hemos sentido el calor de sus proyectiles luminosos dirigidos contra nosotros. Unos minutos más tarde, los pilotos vieron un gigantesco objeto en forma de nuez a su lado. La torre de control les aseguró que el radar estaba detectando un objeto no identificado. Los pilotos asustados describieron: tenemos a nuestro lado un objeto gigantesco del doble del tamaño de un portaaviones. El controlador del radar comprendió que estaban presenciando un fenómeno extraño porque la aeronave se movía muy rápido. Cuando se les llamó de nuevo, los pilotos respondieron que el gigantesco objeto se había alejado rápidamente, pero que aún así sentían que estaban en peligro. Más tarde, vieron pequeños objetos voladores entrar en la máquina gigante. Tras el aterrizaje, los pilotos japoneses de Air-Line fueron interrogados por funcionarios de la aviación civil estadounidense, que les confiscaron sus licencias de vuelo. La Autoridad de Aviación Civil de los Estados Unidos recuperará todos los datos de radar, así como el registro de los intercambios entre los pilotos y la torre de control. Tras el evento Japan Air-Line, la Agencia Federal de EE.UU. organizó una reunión. Al final de la reunión, el jefe de la agencia federal se dirigió a todos los participantes: todas las pruebas serán confiscadas y esta reunión nunca tuvo lugar, ¿está claro para todos? ¡Que tengan un buen día, todos! El Jefe de la Aviación Civil de los Estados Unidos, John Callahan, dijo al Congreso de Washington en 2013: « Al final de la reunión, me acerqué al agente federal y le pregunté: « ¿Qué era ese objeto volador? "Dijo" : « Un OVNI! »

Hace unos años, un abogado estadounidense demandó al gobierno de los Estados Unidos. Este famoso abogado quería las pruebas adquiridas por las autoridades estadounidenses durante las investigaciones sobre el fenómeno de los OVNIs durante muchos años. Dos años más tarde, los tribunales obligaron a la CIA a hacer públicos documentos de alto secreto. Después del juicio, la CIA desclasificó más de 900 documentos relacionados con el fenómeno OVNI.

Entre los más importantes, algunos demostraron que los OVNIS visitaban regularmente las principales infraestructuras militares y nucleares de Estados Unidos. En esa ocasión, se destacó que China también estaba muy interesada en el estudio del fenómeno extraterrestre. Posteriormente, el mismo abogado demandó a la NSA (Agencia Nacional de Seguridad). Inicialmente, la NSA se negó a revelar documentos (alto secreto) alegando que la seguridad nacional estaba en juego, pero los tribunales obligaron a la NSA a desclasificar, a su vez, los documentos sensibles relativos al fenómeno OVNI. Unos meses más tarde, la NSA aceptó presentar algunos documentos a los tribunales, pero se negó a hacer públicos los archivos relacionados con el fenómeno extraterrestre. El famoso abogado dijo: el Estado prefiere presentar el pretexto de la seguridad nacional y esconder de la humanidad hechos reales que prueben la existencia de extranjeros, pero esto no les impide estudiar el fenómeno en secreto.

Recientemente, en su sitio web oficial, el Vaticano anunció que estaba buscando vida extraterrestre: el Vaticano aceptaría todas las formas de vida extraterrestre que parecieran humanoides o animales.

Las Naciones Unidas han nombrado extraoficialmente a un embajador, que se encarga de recibir y cuidar a los extranjeros que llegan a la Tierra. Esto fue indudablemente puesto en práctica porque el ex Secretario General de las Naciones Unidas había presenciado y participado en un secuestro, el de Linda Cortile, que tuvo lugar en la noche del 30 de noviembre de 1989 en Manhattan, Estados Unidos.

Según informes de los medios de comunicación británicos, el joven astrofísico que actualmente dirige la Oficina de Asuntos del Espacio Ultraterrestre de las Naciones Unidas está a punto de convertirse en el embajador oficial de la humanidad ante los extraterrestres. Incluso se han presentado algunos argumentos importantes sobre el tema: en la búsqueda de comunicación con entidades biológicas extraterrestres, deberíamos tener una respuesta coordinada que tenga en cuenta todas las sensibilidades relacionadas con este tema, la ONU está plenamente operativa para dicha coordinación.

Los periódicos británicos detallan los métodos de recepción, sobre los que la comunidad científica discrepa, algunos defienden que es vital tomar precauciones para evitar la contaminación bacteriológica por entidades extraterrestres, y otros creen que se necesita más tolerancia.

Además, el muy publicitado profesor y físico Stephen Hawking había dado su punto de vista sobre el tema: « Si algún día los extraterrestres aterrizan masivamente en la Tierra, será sin duda debido al hecho de que las entidades extraterrestres habrán utilizado todos los recursos de su planeta. Su llegada aquí sería probablemente similar a la de Cristóbal Colón en América, que no terminó bien para los indígenas de Norteamérica. »

En diciembre de 2012, en un programa de televisión, el ex presidente ruso Medvedev respondió en directo a las preguntas de los periodistas. Después del espectáculo, entre bastidores, un periodista se le acercó y le preguntó su opinión sobre la presencia de extraterrestres en la Tierra. Creyendo que las cámaras estaban apagadas, el ex presidente respondió: además del caso que contiene los códigos nucleares, el presidente del país también recibe un "archivo de alto secreto" que es muy especial. Todo este dossier contiene información sobre las entidades biológicas extraterrestres que visitan regularmente nuestro planeta. Además, los servicios secretos presentan un informe sobre el control ejercido sobre las entidades extraterrestres presentes en nuestro territorio. No quiero decirles cuántos extraterrestres viven entre nosotros, podría crear pánico entre nuestra población.

El 24 de enero de 2013, Rusia declaró oficialmente que había llegado el momento de revelar toda la verdad sobre los extranjeros en el mundo. Si Estados Unidos se niega a participar en el anuncio, el Kremlin lo hará solo.

Unos meses después, el FBI admitió oficialmente que habíamos sido visitados por seres de otras dimensiones. Como resultado, algunos documentos se hicieron públicos.

Entre los documentos desclasificados, el FBI lo reconoce:

- Hemos sido visitados por diferentes especies biológicas exóticas, algunas de ellas no son sólo otros planetas, sino también otras dimensiones.

- Algunos de estos seres se originan en un plano etéreo que coexiste con nuestro Universo físico.

- Estas entidades pudieron materializarse en nuestro planeta, aparecieron como gigantescas figuras traslúcidas.

- En cualquier momento puede surgir una situación de crisis en forma de platillo volador, y si un platillo volador fuera atacado por nuestros aviones de tierra, lo más probable es que el avión de ataque fuera destruido.

- En la mente del público, las interpretaciones anteriores podrían causar pánico y sospecha.

- Los principales datos técnicos de sus embarcaciones están en nuestras manos y deben ser entregados al público.

Todo esto puede parecer ininteligible y fantástico para los espíritus que no están acostumbrados a pensar de esta manera.

Declaraciones del FBI:

El FBI da detalles de su conocimiento del fenómeno extraterrestre:

— Algunos de los discos (OVNIs) llevan tripulaciones, los otros son controlados remotamente.

— Sus misiones son pacíficas.

— Los visitantes están considerando establecerse en nuestro planeta. Estos son similares a los seres humanos, pero de mayor tamaño.

— No son humanos, no viven en un planeta estrictamente hablando, sino en un planeta etérico.

— Las entidades se comunican con nosotros, sin que nos demos cuenta.

— Los cuerpos de los visitantes y sus vasijas se materializan automáticamente cuando entran en el plano vibratorio de nuestra materia densa.

— El disco tiene un tipo de energía radiante (o rayo) que podría desintegrar fácilmente a cualquier atacante.

— Entran en el éter a voluntad y así desaparecen de nuestra visión sin dejar rastro alguno.

— La región de donde vienen no está en nuestro plano astral, corresponde a la de los Lokas o Talas, aquellos que estudian las cuestiones esotéricas comprenderán estos términos,

— Algunas regiones del cosmos probablemente no puedan ser alcanzadas por la radio, sino sólo por el radar. »

El FBI concluye:

« Nosotros damos la información y ofrecemos una advertencia, no podemos hacer más.

– Los recién llegados deben ser tratados con la mayor delicadeza posible.

– Las pocas autoridades capaces de comprender esta situación tienen una gran responsabilidad. »

Para aclarar la referencia del FBI a los Lokas o Talas, veamos los textos antiguos. Según los antiguos textos indios llamados Purana, existen 14 mundos, en los cuales hay siete mundos de Lokas y siete mundos de Talas.

– Los mundos de Lokas están formados por Satyaloka, Tapoloka, Bhuloka, Janaloka, Maharloka, Suvarloka, Bhuvarloka.

– Los mundos Talas están formados por Atala, Vitala, Nitala, Rasatala, Mahatala, Sutala y Patala.

– Lokas y talas han sido registrados en los 18 principales Puranas que relacionan estos diferentes mundos.

– Es en Purana-Vishnu donde los 14 mundos (Lokas y Talas) están más claramente representados.

Los Lokas y Talas son dimensiones celestiales muy elevadas, es decir, esferas vivientes (espacio-temporales) en las que se encontrarían los reinos de los seres celestiales.

Muchos mensajes han sido intercambiados entre extraterrestres y humanos. Aparecen en los campos de trigo, entre otras cosas, ya hemos descubierto los gigantescos círculos de cultivo. Los humanos de su lado han tratado de comunicarse con estos otros mundos.

El 16 de noviembre de 1974, un código binario digital esquemático fue transmitido al espacio usando el radiotelescopio Arecibo instalado en Puerto Rico. La transmisión de este mensaje equivale a 12 mil millones de vatios de emisiones omnidireccionales que pueden ser prácticamente detectadas en toda nuestra galaxia. El propósito de la operación era enviar el mensaje al cúmulo M 13, que está a 25.000 años luz de nuestro planeta, a lo largo de la Vía Láctea. El mensaje fue codificado como una onda de radio usando dos frecuencias diferentes. El mensaje (código binario) tenía 1679 caracteres (bits) obtenidos por 73 filas de 23 casillas, lo que explica la naturaleza esquemática del mensaje. El mensaje enviado al espacio contenía varias informaciones fundamentales sobre nuestro planeta.

En resumen, entendió:

- El número atómico NA,

- Los principales elementos que componen la vida en la Tierra,

- Hidrógeno (NA-1), carbono (NA-6), nitrógeno (NA-7), oxígeno (NA-8) y fósforo (NA-15),

- La composición química de cuatro componentes de nuestro ADN: Adenina C5H4N5, fosfato PO4 y desoxirribosa C5OH7,

- La representación gráfica de la doble hélice de nuestro ADN acompañada del número de la composición del nucleótido,

- La representación gráfica de un ser humano, acompañada del tamaño medio (176,4 centímetros), y de la población mundial en "1974" (4.292.853.000 individuos).

- Una representación gráfica del sistema solar, y de los nueve planetas, el tercero, la Tierra resaltada por una elevación en relación con el plano, para resaltar la existencia de la vida.

- Una representación gráfica de la antena de Arecibo que transmitió el mensaje, así como información sobre sus características (diámetro de la antena transmisora 306,18 metros).

En términos generales, los científicos no esperaban una respuesta al mensaje enviado al espacio durante al menos 48.000 años, porque si la señal se mueve a la velocidad de la luz, se necesitarán 24.000 años para alcanzar el cúmulo M13, y 24.000 años a cambio de una posible respuesta. Aunque algunas criaturas hayan escuchado el mensaje, ya que la velocidad de propagación de las ondas de radio es limitada, nuestros científicos han considerado una posible respuesta en el mejor de los casos en 40.000 años si las criaturas responden de la misma manera que nosotros.

Pero como los alienígenas están más avanzados, su respuesta no tardó en llegar.

Primero, el 13 de agosto de 2000, sólo unos años después de que el mensaje de Arecibo fuera enviado, se descubrió un gigantesco círculo de cultivo en un campo de trigo a pocos metros de una antena de radar en Chilbolton, Inglaterra. Cabe señalar que el mensaje extraterrestre por sorteo no llegó a ninguna parte, sino a pocos metros de una antena parabólica de satélite, lo que significa que los alienígenas recibieron nuestro mensaje.

A su vez, los alienígenas respondieron con otra tecnología más sofisticada y avanzada: utilizaron tecnología de microondas que aún no hemos dominado. Las dimensiones del círculo de cultivo son impresionantes, el dibujo tiene un área de 8064 metros cuadrados (112 m de largo x 72 m de ancho).

Su mensaje está en código binario y representa un sistema solar similar al nuestro, con algunas diferencias:

— Su sistema solar tiene nueve planetas.

— El planeta en el que viven está compuesto principalmente

de silicio complementado con fósforo, oxígeno y carbono. El silicio es predominante y también está presente en su ADN como fórmula molecular. Los nucleótidos que componen su ADN son más complejos y diferentes de los nuestros.

— Nos presenta su silueta: una cabeza grande en relación a su pequeño tamaño. Su altura es de unos 1,10 metros.

— Se estima que hay 21,3 billones de habitantes de la misma especie biológica.

— También habitan el tercer planeta de su sistema y han colonizado el cuarto y quinto planeta.

Casi un año después, el 20 de agosto de 2001, hasta el día de hoy, un segundo mensaje apareció exactamente en el mismo campo, enviado por la misma especie exótica. Esta vez fue un retrato de sus caras.

El 15 de agosto de 2002, apareció otro dibujo (círculo de cultivo), esta vez en otro campo de trigo a unos ocho kilómetros de Chibolton, cerca de Hampshire, Inglaterra. En el nuevo círculo de cultivo rectangular estaba la cara de una entidad biológica extraterrestre que se asemeja a la clásica especie gris, considerada peligrosa para los humanos. Esta cabeza era extremadamente grande, con ojos enormes. El retrato iba acompañado de un disco que se parecía a nuestros CDs o DVDs. Contenía algún tipo de código como si fuera un gran disco grabado. Todo el dibujo perfectamente ejecutado está representado en un gigantesco rectángulo de 110 metros de largo y 70 metros de ancho. Hay que recordar que el retrato se realizó simplemente doblando los tallos de trigo de su base. El motivo, sorprendentemente elaborado, contiene un mensaje escrito, por lo que es tan importante. Para hacer el dibujo, los alienígenas también utilizaron tecnología de microondas. Los especialistas lo han descifrado y lo han revelado como el círculo de cultivos de Chibolton. Los extraterrestres conocen perfectamente al hombre y sus medios de expresión o información. No es casualidad que el diagrama apareciera cerca de una antena transmisora y que la orientación de su eje principal se extienda a un repetidor de televisión. En el círculo de cultivo, un círculo contiene cuadrados blancos en los que las espigas de trigo simplemente se han colocado de cierta manera y no se han roto o aplastado y cuadrados negros en los que las espigas han permanecido erectas. Entonces es más fácil decodificar el código binario compuesto de 0 y 1 (trigo de pie = bit 1, y trigo recubierto = bit 0) para que pueda ser convertido en números y letras y luego traducido al lenguaje "ASCII" (American Standard Code Information Interchange). Por lo tanto, esta descodificación se llevó a cabo desde el centro del círculo hacia el exterior. En resumen, el contenido del círculo de cultivo de Hampshire que apareció en 2002 es:

- Tenga cuidado con los portadores de regalos falsos y las promesas rotas,
- Mucho dolor, pero aún hay tiempo, créeme,
- Hay cosas buenas ahí fuera,
- Nos oponemos al engaño,
- Cerrando el canal, tocando la campana.

En el mensaje que se nos envía, hay información, pero también múltiples interpretaciones. En primer lugar, hay que tener en cuenta la fecha de aparición del dibujo, el 15 de agosto es la fiesta de la Virgen, lo que significaría que el círculo de cultivo apareció un día profético. A partir del contenido del círculo de cultivo, es posible obtener datos matemáticos. Contando y multiplicando las líneas del dibujo se obtiene la siguiente información: año 1947, latitud 33 y longitud 103,67. El año 1947 corresponde al accidente del OVNI en Roswell, Estados Unidos. El número 103.67 corresponde a la trayectoria del objeto volador antes del choque, y el número 33 a la latitud de su choque en Roswell.

En su mensaje, los grises subrayan la frase: cuidado con los portadores de falsos regalos y especialmente con las promesas rotas. Querían tener claro el accidente de sus OVNIS en Roswell, porque los estadounidenses siempre han mantenido el evento de Roswell fuera del alcance de la humanidad.

Cuando las entidades proponen la frase: mucho dolor, pero todavía hay tiempo. Esta afirmación tiene varios significados, los grises primero quieren hacer entender a nuestras autoridades que aunque deploran a sus víctimas, todavía hay tiempo para decir la verdad y anunciar el evento a los humanos.

A través de sus mensajes, las entidades biológicas extraterrestres se dirigen directamente a nosotros, ya que nuestros líderes no pensaron que fuera apropiado informarnos de las entidades biológicas presentes en nuestro medio ambiente.

La sentencia de las promesas rotas en el mensaje se dirige directamente a algunos países de nuestro mundo que no han cumplido sus promesas y que los grises se oponen a su engaño. A lo largo de todo el mensaje, los alienígenas están tratando de comunicarse con nosotros. Todo esto está muy bien, pero tenemos derecho a preguntarnos: ¿es realmente sincero por su parte? ¿Toman un ejemplo de ellos cuando hablan de engaño? ¿Son estos mensajes sólo palabras, o esconden algo más de la humanidad?

Quieren que nos traguemos la píldora, porque es importante recordar que en el presente o en el pasado, los grises son conocidos y reputados por practicar el secuestro humano.

Olvidan que la práctica del secuestro en nuestro mundo está severamente castigada por la ley, están en nuestro territorio y deben respetar nuestras leyes.

Peor aún, estos monstruos del Universo también han instalado implantes en los cuerpos de sus víctimas, para mantenerlos bajo control modificando lo que piensan y dicen en la vida cotidiana.

Mediante la operación inversa, los alienígenas pueden desactivar el control de nuestros cuerpos, pero también tienen el poder de quitarnos la conciencia de nuestros cuerpos físicos, instalar una de sus propias entidades y usar nuestros cuerpos como vehículo para sus actividades. Pueden aparecer en nuestro entorno de cualquier forma o permanecer sólo parcialmente visibles. Pero la mayoría de las veces, permanecen invisibles. Los grises a menudo se presentan ante el hombre como dioses, y predicen que se avecina un período inminente de caos o destrucción global. Nos hacen creer que su objetivo es salvar la Tierra cuando en realidad aspiran a perpetuar la especie humana en otro planeta.

En general, las víctimas sufren toda su vida, las consecuencias de la degeneración y el malestar mental y social. Se les priva de todo lo esencial para una vida normal, lejos de la familia y de los amigos. No tienen vida emocional ni vida profesional normal.

Las personas secuestradas suelen tener un comportamiento excesivo. Abusan del alcohol, las drogas, son bulímicos o tienen una sexualidad abrumadora. Son manipulados por estos monstruos, que los destruyen a su manera. Estos seres malvados están atacando su razón de ser, el proyecto de vida que querían tener.

A veces, las víctimas tienen marcas triangulares más o menos grandes en la carne, o cicatrices que a menudo son lineales en diferentes lugares del cuerpo. Las marcas resultan en lesiones con un cambio en el color de la piel, a veces son marcas dejadas por las garras de tres o cuatro dedos. Algunos sólo son visibles con luz ultravioleta. Durante los secuestros, los seres humanos son sometidos a experimentos médicos. Las entidades toman líquidos de sus espinas, rodillas o muñecas y luego reinyectan líquidos desconocidos para nosotros en diferentes lugares. Estas experiencias no son insignificantes para las víctimas que más tarde sufrirán enfermedades o infecciones graves, que no tenían antes de su encuentro con los extraterrestres. Estas pruebas a menudo terminan con operaciones quirúrgicas extenuantes, en las que los pacientes a veces mueren y cuyas causas no pueden ser identificadas ni por nuestros especialistas ni por nuestra ciencia.

Los extraterrestres se invitan a sí mismos a los hogares para secuestrar a los niños pequeños, dejando atrás a los padres paralizados e indefensos. Muestran un gran interés en la sexualidad de los adultos, así como en la de los adolescentes que les infligen dolor físico, obligan a los humanos a tener relaciones sexuales con cualquier otro ser humano, pero también con especies extraterrestres.

Las mujeres secuestradas sufren a menudo graves problemas ginecológicos que a veces conducen a la formación de tumores, cáncer de mama o cáncer de útero.

En algunos casos, las niñas reportan haber sido llevadas a instalaciones subterráneas. En las habitaciones reservadas para los recién nacidos humanoides híbridos, vieron extrañas criaturas híbridas. Las personas secuestradas también afirmaron haber visto tanques de líquidos coloreados llenos de órganos. En sus instalaciones, no sólo hay diferentes especies exóticas, sino también humanos con uniformes militares que trabajan con extraterrestres. Los testigos vieron en sus instalaciones subterráneas a seres humanos desangrados, mutilados, despellejados, desmembrados y apilados sin vida como troncos de madera. Algunos incluso fueron amenazados con terminar de la misma manera si no cooperaban con ellos.

Hay varios tipos de encuentros entre humanos y entidades biológicas extraterrestres, que tienen lugar de diferentes maneras:

- RR 1, encuentro cercano del primer tipo, se define como una simple observación por un OVNI sin interacción con el ambiente o los controles.

- RR 2 es un encuentro cercano del segundo tipo, que incluye la observación de un OVNI con efectos físicos sobre el control y el medio ambiente, en forma de rastros o lesiones.

- RR 3 es un encuentro cercano del tercer tipo, que es la observación de un OVNI en el suelo, en presencia de humanoides (entidades extraterrestres) dentro o fuera del objeto volador.

- El RR 4 es un encuentro cercano del cuarto tipo, que involucra el contacto o secuestro entre el testigo (el hombre) y los humanoides (extraterrestres).

- Luego está el RR 5, un encuentro cercano del quinto tipo, que es una comunicación directa (en tiempo real) entre el hombre y los alienígenas.

La comunicación entre humanos y alienígenas pasa por etapas muy progresivas. Cuando las entidades extraterrestres obligan al hombre a comunicarse con ellas, al principio, comienza con manifestaciones inusuales. Por ejemplo: su televisor se enciende solo cuando estaba apagado, luego los canales cambian por sí solos cuando usted está solo en casa, y usted está lejos del control remoto. A través de estos pequeños hechos, los alienígenas te hacen saber que una conciencia superior a la tuya ha entrado en contacto contigo. Al principio, las demostraciones parecen extrañas, surrealistas, luego son aterradoras y se nota una cierta inquietud. Siempre por televisión al ver un programa, las entidades emiten ruido horizontal en la pantalla, aparecen brevemente en la parte superior e inferior de la pantalla, y suelen ser de color rojo y verde. A partir de ahí, los alienígenas están configurando un sistema para que te acostumbres a un idioma determinado. Así, el color verde representa a los humanos, y el color rojo representa a las entidades. Por ejemplo, si nos hemos olvidado de ver un programa, el ruido rojo horizontal aparece en la pantalla y luego sigue al ruido verde, y el canal cambia automáticamente al canal de nuestro programa favorito.

Eso significa que cambiaron el canal por nosotros, porque saben que nos gusta el programa. Los alienígenas conocen bien nuestros hábitos. Pueden comunicarse con usted en cualquier momento, utilizando todo tipo de dispositivos electrónicos. Puedes ver su presencia si estás atento a todos los acontecimientos que te rodean.

Utilizan otros medios para ponerse en contacto con usted. Las entidades usan diferentes olores. Éstos se adaptan a las personas que quieren contactar, porque conocen nuestros gustos desde que nacimos. Cada ser humano tiene gustos diferentes, olores naturales que le gustan y otros que no le gustan. Para interactuar con la persona deseada, los alienígenas utilizan olores apropiados para la personalidad del individuo elegido. Personalmente, es el olor a pescado que odio y que no presagia nada bueno. La dosificación de todos estos olores emitidos por entidades extraterrestres tiene un significado muy preciso. Si sentimos un olor muy fuerte que no nos gusta, entonces inmediatamente ocurrirá un evento grave, si el mismo olor es menos fuerte, entonces la severidad del evento se reducirá.

Las indicaciones corporales, incluidos los signos faciales, son otra forma de comunicación entre los seres humanos y las entidades extraterrestres. Todas las manifestaciones faciales y corporales se realizan cada vez de forma telepática para que cada uno de los mensajes sea bien comprendido por los humanos.

Al principio del contacto, los extraterrestres son tranquilizadores y muy agradables, ¡pero luego es otra historia!

El siguiente resumen proporciona detalles y aclaraciones para determinar si somos o hemos sido, sin ser necesariamente conscientes de ello, víctimas de encuentros cercanos con entidades extraterrestres.

- Si un día, varias horas de su tiempo han desaparecido durante el curso de un día sin razón alguna,

- Si un día estuvieras paralizado cuando te despertaste en tu cama,

- Si aparecen cicatrices o marcas inusuales sin ninguna explicación: pequeñas marcas bien alineadas en uno o más de sus dientes o marcas triangulares en su paladar, nariz, dentro o detrás de sus orejas, o en su piel,

- Si una mañana, manchas de sangre inexplicables están en su almohada cuando se despierta,

- Si un día en tu vida, viste a través de tus ventanas un rayo de luz (bolas de luz), o destellos sin explicación lógica,

- Si un día, recuerdas que te sentiste como si estuvieras robando algo en un estado de vigilia sin que fuera un sueño, o teniendo un sueño que implicara un robo,

- Si sueñas con la destrucción o los desastres naturales a gran escala,

- Si tienes el recuerdo de un detalle específico que ha marcado tu mente durante mucho tiempo, como una cara extraña o un bebé delgado y extraño,

- Si durante un período de su vida, usted ha experimentado eventos inexplicables que han resultado en sentimientos de culpa o ansiedad,

- Si has tenido una o más experiencias psíquicas extrañas, como tener la convicción íntima de que algo significativo sucederá antes de que realmente suceda,

- Si usted es una mujer que ha tenido una prueba de embarazo positiva, y unas semanas después, ya no está embarazada y se siente como si hubiera tenido un aborto espontáneo,

- Si una mañana te despertaste en un lugar inusual, y no recuerdas haberte acostado allí,

- Si tienes fobia a los ojos y durante el sueño has soñado con ojos que te miran como animales,

- Si tu propia mirada cambia y se vuelve extraña y vacía, y tienes problemas para mirar a la gente a los ojos,

- Si a menudo sueñas con OVNIS, el espacio, los planetas, los rayos de luz, o criaturas extrañas,

- Si te atrae la astronomía o tienes conocimientos de cosmología, sin haber realizado ningún estudio o investigación en astronomía,

- Si estás convencido de que tienes una misión importante que cumplir en la Tierra, sin saber de dónde viene esta limitación, por ejemplo, tener un gran interés en la ecología o el medio ambiente.

- Si estás convencido de que tienes una misión secreta que

cumplir para la que has sido elegido,

- Si alguien de su séquito afirma haber presenciado un extraño OVNI o visitante pasar por aquí, y usted no lo recuerda,

- Si tienes un interés particular en la ufología, si lo sabes todo sobre ella y hablas libremente con los que te rodean, sin miedo a ser ridículo,

- Si durante un viaje en coche o a pie, algo te atrae de repente hacia un lugar inesperado desconocido para ti,

- Si usted ha tenido la sensación de ser observado por alguien, especialmente por la noche,

- Si soñaste que atravesabas una ventana cerrada o una pared,

- Si alguna vez ha visto una niebla o niebla artificial inexplicable,

- Si se despierta una mañana con la nariz ensangrentada y la sensación de haber tenido una secreción nasal durante la noche, o de tener sinusitis crónica,

- Si está en casa, a cualquier hora del día y por la noche, oye crujidos de muebles y paredes, o ruidos inusuales y secos,

- Si durante la noche se despierta con un comienzo, y tiene múltiples dolores en los genitales, o en la espalda, cuello, y rigidez poco común en todo el cuerpo. Si siguen siendo inexplicables,

- Si está cerca de dispositivos electrónicos como la televisión, la radio o los teléfonos móviles y nota que sus dispositivos tienen un problema de interferencia, o que sus imágenes se distorsionan ligeramente, entonces funcionan mal sin ninguna explicación,

- Si tiene un miedo inusual a los médicos y trata de evitar el tratamiento médico,

- Si usted ha soñado con medicina, procedimientos médicos, especialmente operaciones,

- Si has tenido una experiencia paranormal y psíquica, o sientes que estás recibiendo mensajes telepáticos y siendo guiado, o si escuchas una voz externa y sientes que te está mandando,

- Si tiene problemas sexuales y siente que algo inexplicable le está impidiendo tener relaciones sexuales normales,

- Si a menudo tiene zumbidos esporádicos en un oído y dolores de cabeza frecuentes,

- Si usted tiene un miedo particular de ser llevado por alguien o algo inexplicable, debe ser muy cuidadoso,

- Si usted tiene miedos inexplicables, fobias fuertes sobre objetos afilados, serpientes, arañas, insectos,

- Si teme por su propia seguridad o por estar solo en cualquier lugar,

- Si tienes una relación y problemas sexuales con tus parejas,

- Si un lugar particular de la naturaleza al que has estado apegado desde tu juventud, permanece en tu memoria,

- Si tienes problemas para confiar en la gente,

- Si usted está abrumado por problemas que estaba tratando de resolver, con poco o ningún éxito,

- Si tienes una molestia y la sensación de que hay otro lugar mejor para ti, en otro lugar, lejos de la Tierra.

- Si usted está experimentando una o más de estas

posibilidades o si simplemente ha hecho un encuentro cercano del tercer tipo, o si ha sido secuestrado por entidades extraterrestres.

Así que eres una de las personas que ha sido afectada por el fenómeno alienígena. Ya sea que hayas observado extraterrestres, que hayas sido abducido por ellos y que te hayan colocado sus implantes en tu cuerpo, eres una víctima que debe ser escuchada.

En Estados Unidos se llevó a cabo una encuesta en la década de 1990, cuando la gente preguntó sobre los acontecimientos paranormales en sus vidas y dijo que habían sido víctimas de secuestros extraterrestres. Cabe señalar que estas personas fueron entrevistadas por científicos. Los testigos dijeron:

– Habiendo tenido la sensación cuando se despertaron de que estaban paralizados, y que uno o más seres extraños estaban cerca de ellos,

– Han sufrido un período de amnesia, de una hora o más,

– Ver luces inusuales o burbujas de luz en su entorno, sin entender realmente de dónde vienen o quién puede producirlas.

– Haber tenido cicatrices inusuales en el cuerpo, sin tener ninguna explicación sobre su procedencia.

Los científicos han declarado: 3.700.000 estadounidenses adultos encuestados cumplen con las características que prueban que fueron secuestrados por entidades extraterrestres.

Conclusión :

Durante décadas, nuestros líderes han estado ocultando la presencia de extraterrestres en la Tierra. Hoy en día, la situación está cambiando, y las actitudes están cambiando. Los líderes de nuestro mundo están empezando a revelar una parte muy pequeña de la verdad sobre las entidades extraterrestres. Esto es algo bueno, y un buen comienzo, tuvimos que informar a la población del hecho paranormal, de esta realidad que ya no se puede ocultar.

Pero, ¿realmente necesitamos sus declaraciones, su información para darnos cuenta de que el fenómeno alienígena es tan antiguo como el mundo?

Podemos ver la presencia extraterrestre en la Tierra, desde los albores del tiempo: no hay duda al respecto. Basta con observar la naturaleza, las huellas, los rastros, los monumentos megalíticos presentes en todo el planeta que han sido realizados por conciencias muy avanzadas. Así que cuando miramos los inmensos geoglifos de Nazca en Perú, nos damos cuenta de que para construir estas formas gigantescas, primero necesitábamos una vista aérea, y también todo un know-how.

Los sitios megalíticos, los de la meseta de Giza, los de los mayas, los de Stonehenge, los de la Isla de Pascua y todos los demás sitios están construidos en el mismo paralelo. Para crear monumentos colosales, somos conscientes de que se han movilizado la inteligencia avanzada y los conocimientos tecnológicos. Tienen una precisión sin igual, desconocida hoy en día, necesaria para construir edificios de este tamaño.

A través de las pinturas rupestres, también podemos ver la presencia de platillos voladores en diferentes formas.

Los relatos bíblicos también atestiguan que nuestros profetas estaban directamente relacionados con entidades extraterrestres y objetos voladores. El fenómeno extraterrestre en la Biblia se describe a menudo como una presencia divina. Las mismas narrativas divinas se pueden encontrar en los textos sagrados más importantes de la India, a saber, el Mahabharata o Ramayana.

Nuestras antiguas civilizaciones fueron influenciadas directamente por extraterrestres, por lo que la muy avanzada civilización sumeria de su tiempo tiene múltiples conocimientos de matemáticas y de los planetas que forman parte de nuestro sistema solar. Sería posible trazar un paralelo entre su civilización y la nuestra.

La civilización maya también tenía conocimientos avanzados, incluyendo su calendario que es el más exacto, nunca igualado por el hombre, todo su conocimiento provenía de otro mundo.

En la Tierra, se ha descubierto evidencia física de su existencia: esqueletos gigantes o pequeños cuerpos momificados.

Las huellas de su existencia no sólo son visibles en la Tierra, la Luna es un verdadero cementerio de objetos voladores de todas las formas abandonados por entidades extraterrestres.

Aviones voladores han sido descubiertos por las misiones Apolo, incluyendo el Apolo 20. Este extraoficialmente llamado el regreso a la Luna fue dirigido secretamente por los americanos y los soviéticos, nunca revelado públicamente, ¡podemos imaginarnos por qué!

Otros satélites también han participado en misiones en el planeta Marte, en particular Fobos 1 y Fobos 2, que fueron repentinamente destruidos por objetos extraterrestres voladores. Incluso nuestro Sol es visitado por gigantescos OVNIS capaces de penetrar su masa en erupción, las imágenes han sido filmadas por satélites de la NASA como hemos visto.

Actualmente, nuestros pilotos de aviación civil informan que los radares a menudo registran dispositivos alienígenas.

Los investigadores a menudo llevan a cabo investigaciones secretas. Hoy en día, una pequeña parte de la investigación sobre los OVNIS está desclasificada, y estamos aprendiendo que todos estos objetos extraterrestres en nuestro medio ambiente pueden ser peligrosos para la aviación civil, y también para nuestras actividades militares.

Los alienígenas conocen nuestra evolución y nuestro nivel de desarrollo. Pueden permitirse practicar el secuestro humano. Las víctimas secuestradas en todo el mundo nos proporcionan valiosos testimonios sobre su comportamiento salvaje y brutal. Tienen prácticas que están resultando dolorosas para nosotros. Esto puede llegar hasta el drama y a veces hasta las muertes causadas voluntaria o involuntariamente por estos monstruos del Universo. En algunos casos, toda una familia es secuestrada y puesta bajo influencia extraterrestre.

Largos años de investigación me han permitido comprender y analizar el fenómeno paranormal que siempre está presente a nuestro alrededor. Primero, pude simplemente hacer una revisión para mí y mi familia, y finalmente, me di cuenta de que habíamos estado bajo influencia extraterrestre durante años. En mi familia, mis abuelos, tío y madre se quejaban particularmente de dolores de cabeza. Ella sufrió durante años, convencida de que sus males no se debían a la naturaleza. Además, mi padre tuvo una vida muy dura, ya que fue víctima de una extraña enfermedad de la piel que nuestra ciencia no puede explicar. Incluso tuvo la oportunidad de ver una de estas entidades monstruosas. Nos dijo que la entidad tenía la apariencia humana, pero que en realidad no era un ser humano, que la había arreglado y que al mirarla había transmitido información. Mirando hacia atrás, veo, analizo que al mirarlo, la entidad quiso decir y dar a conocer que ellos fueron los causantes de los extraños y desafortunados sucesos que afectaron a nuestra familia. La peor parte fue que en mi familia, nadie sabía lo que significaba el fenómeno paranormal extraterrestre. Lo único que lamento es no haber tenido la oportunidad, desgraciadamente, de explicar y describir este fenómeno a mis padres durante su vida, porque en ese momento, yo mismo no sabía de su existencia, de sus vidas.

Me enfrenté directamente a este fenómeno desde una edad temprana. Comenzó con la pérdida de control sobre mi cuerpo durante este estado de trance que sufrí cuando tenía 7 años. Allí tomaron posesión de mi mente y controlaron mi cuerpo. Estaba loco, cuando era un niño inocente. ¿Fue un mensaje o una lucha de poder de su parte? ¿Querían simplemente demostrar que podían mantenernos y estar bajo su control?

Sí, sin duda alguna. Pero en ese momento, no estaba al tanto de todos los fenómenos paranormales extraterrestres.

Estaba lejos de imaginar todo lo que sufriría a lo largo de mi vida debido a estas entidades monstruosas. Tuve una verdadera pesadilla debido a estos cuerpos extraños o implantes que nunca fueron aceptados por mi cuerpo y finalmente rechazados. Por fuera, me dañaron la piel.

Observo que cuando era niño en mi ciudad natal, muchos testigos, incluyendo pescadores, en realidad vieron objetos extraterrestres volando en el cielo. Los atraparon zambulléndose en el lago. Este famoso lago estaba a unos cien metros de mi casa y se utilizaba simplemente como base para los extranjeros.

En mi juventud, muchas víctimas fueron secuestradas. Entre ellos, un primo lejano dio a luz a un bebé híbrido mitad extraterrestre, mitad humano, que murió pocos días después de su nacimiento. En la escuela, uno de mis mejores compañeros de clase también fue secuestrado, me hablaba de problemas con sus partes íntimas, gravemente infectadas. Le pregunté cómo pudo haber pasado esto. Contestó con una expresión muy preocupada que no sabía y que tenía miedo. Le aconsejé que fuera al médico, y él simplemente me dijo que yo era la primera y última persona con la que hablaría de ello. Esto me dio la impresión de que tenía un gran problema de comunicación, como si le estuviera estrictamente prohibido hablar libremente.

Uno de mis compañeros de clase también había sido sometido a intervenciones extraterrestres y más tarde tuvo graves problemas de salud, que no se explicaron. Incluso hubo secuestros sin retorno, los más dolorosos para las familias, porque en ese momento la gente no necesariamente conocía ni pensaba en el fenómeno paranormal.

En general, las primeras víctimas del secuestro en nuestro mundo son nuestros hijos. ¿Por qué serían las primeras víctimas? Primero, son presa fácil de entidades maliciosas. Durante los secuestros, si los niños se niegan a obedecer consciente o inconscientemente, las entidades se vengarán castigándolos. Se toman su tiempo para hacer daño a las víctimas jóvenes a lo largo de sus vidas. Se les priva de todo lo que es esencial y vital para una vida normal. Por ejemplo, no tienen amigos para jugar e intercambiar, como lo hace un niño normal. Los niños secuestrados cuando vuelven a entrar en contacto con niños normales suelen ser humillados dentro o fuera de la escuela. Su escolaridad se ve obstaculizada, no tienen la oportunidad de seguir los mismos cursos que otros niños. Este obstáculo inaceptable causa una cierta culpa que perdurará durante toda su vida, por lo que a menudo son criticados y devaluados por todos, incluidos sus propios padres.

Cuando las jóvenes víctimas alcanzan una cierta edad, entre los cuarenta y cinco y los cincuenta años o más tarde, los extranjeros vuelven a entrar en contacto con ellas. Pero antes de entrar en contacto, durante gran parte de sus vidas, las víctimas se ven privadas de todo lo que es esencial y fundamental para el correcto desarrollo de un ser humano. Como adultos, a menudo están lejos de la familia y los amigos, a menudo aislados y la mayoría son tristes y melancólicos. A menudo viven en el pasado y están completamente desconectados de las realidades del presente o del futuro. A estos niños se les impidió construir un proyecto personal. Los extraterrestres hacen todo lo que pueden para evitar que las víctimas también tengan una vida emocional. La mayoría de ellos no tienen actividad profesional y a menudo se enfrentan a graves problemas financieros. En otras palabras, a lo largo de sus vidas, las víctimas tienen una vida miserable, desastrosa y dolorosa. Esto es simplemente inaceptable en nuestro mundo.

Desde el momento en que se establece el contacto entre las víctimas y los monstruos del universo, nos hacen creer que están ahí para protegernos, para asegurar nuestro bienestar, cuando en realidad es todo lo contrario.

Se recomienda encarecidamente y es esencial atender a las víctimas afectadas por este fenómeno a lo largo de toda su vida. Es necesario que los padres puedan hablar primero entre ellos y luego con sus hijos. La comunicación debe hacerse de forma natural, libre y sin ninguna prohibición. Aunque se impida que las víctimas hablen, porque las entidades pueden intervenir en cualquier momento para que no nos comuniquemos sobre el fenómeno, para que sigan controlando la situación, para que nos manipulen, para que nos controlen cada vez más, según su voluntad.

También se recomienda consultar a un especialista en ufología, posiblemente tomar radiografías con rayos ultravioleta y verificar con especialistas que no se han introducido cuerpos extraños en el suyo. De lo contrario, es aconsejable solicitar una cirugía para extirpar el implante o implantes.

Las víctimas también deben ser atendidas durante su vida adulta, porque siempre están en peligro y bajo influencia extraterrestre, nunca las abandonan, porque el propósito oculto de las entidades es separarlas de sus hermanos humanos, aislar a cada víctima para hacerla vulnerable.

Con cada gran conflicto o evento significativo en la Tierra, pasado o presente, una ola de objetos extraterrestres voladores aparece sobre nuestras cabezas. Tenemos derecho a hacernos la siguiente pregunta: ¿están en la raíz de todos los trágicos y desafortunados acontecimientos que ponen en peligro a la humanidad?

Hoy en día, sabemos que los nazis fueron apoyados y alentados por alienígenas maliciosos en el origen de la Segunda Guerra Mundial. Después de la guerra, esta tesis fue confirmada por los más grandes científicos nazis, en particular por el testimonio de uno de los más grandes, Werner Von Braun. Sabemos que después de la guerra, fue recuperada por los americanos, para quienes simplemente se convertirá en el pionero y cerebro de las misiones Apolo.

La peor parte de todo esto es que el hombre cree que los extraterrestres son ángeles o Santa Claus llevando regalos para nosotros. Tal vez nos traen regalos tecnológicos, pero sus regalos a veces son envenenados. No basta con tener una tecnología muy avanzada, sino que también es necesario tener el temperamento y el alcance necesarios para dominarla. No podemos quemar los pasos de nuestra evolución dimensional, si no los respetamos, simplemente nos arriesgamos a quemar nuestras alas, como si estuviéramos dando una caja de cerillas a un niño. Conocemos el resto de la historia, el niño simplemente terminará prendiendo fuego a la casa, y esta es probablemente la voluntad de estas entidades extraterrestres maliciosas.

Algunos de nosotros pensamos que si los alienígenas hubieran querido exterminarnos, podrían haberlo hecho hace mucho tiempo. ¿Así que no hay peligro? Sería un error pensar que los extraterrestres no nos destruirán con varitas mágicas, pero utilizan diferentes formas de hacerlo, y nos ofrecen los medios necesarios para que el hombre se destruya a sí mismo, con sus propias manos. Estas entidades monstruosas tienen diferentes métodos para traernos malestar, destrucción, caos del mundo: actualmente, deshumanizan nuestra sociedad. Obviamente, ellos deciden nuestra forma de vida, nos han inculcado religiones para dividirnos y manipularnos mejor. Los usan para crear malestar entre nosotros ya que la sangre que fluye por nuestras venas es del mismo color rojo.

Hoy somos testigos de un aumento del fundamentalismo, la gente se radicaliza y aprende a matar, a destruir nuestra forma de vida y nuestro modo de ser. La deshumanización ha sido simplemente transmitida a nosotros por extraterrestres, y hoy en día se conoce como extremismo.

Las entidades extraterrestres han insertado varias creencias dentro de la misma religión, la confrontación de estas corrientes a menudo se convierte en conflictos, de los cuales resultan masacres a gran escala. Su objetivo es encender un odio terrible entre los humanos con el objetivo específico de desestabilizar nuestro mundo. En el pasado, el racismo y el antisemitismo inculcados por estas monstruosas criaturas nos llevaron a la Segunda Guerra Mundial, pero desafortunadamente, hoy en día, esto podría suceder de nuevo.

Los extraterrestres maliciosos son el origen de diferentes sectas que tienen la reputación de cometer crímenes o masacres organizadas por gurús. Después de sus crímenes, los seguidores afirman que los abusos fueron cometidos por orden de extranjeros. Cada era ha tenido estas entidades maliciosas que

298

trajeron estos virus mortales. En el pasado, nuestros antepasados la llamaban la malvada segadora de trigo vestida de negro que trae enfermedades por la noche.

Las entidades maliciosas también han transmitido a nuestra mente que siempre tengamos miedo. A lo largo de los siglos, el hombre siempre ha tenido miedo del fin del mundo. La última vez, se predijo en diciembre de 2012. Algunas personas tenían en mente que aparecerían objetos voladores extraterrestres por todo el mundo, especialmente en el pequeño pueblo de Bugarach (Francia), para salvar a la humanidad de un llamado apocalipsis.

¿Por qué los extraterrestres harían algo así? ¿Son verdaderos nómadas del Universo que buscan civilizaciones primitivas en el cosmos para imponer sus leyes superiores y encontrar cobayas?

Primero, el hecho de que los extraterrestres sean avanzados en tecnología y ciencia no los exime de adoptar un comportamiento bárbaro, uno no previene al otro, si está escrito en su ADN.

En segundo lugar, las entidades que descubrieron al hombre en la Tierra se dieron cuenta de que nuestro planeta era un lugar ideal para ellos. Se tomaron la libertad de hacer y tomar lo que necesitaban para sus experimentos científicos. Para ellos, la Tierra es un laboratorio de dimensiones impresionantes, de tamaño natural.

En tercer lugar, algunas especies extraterrestres con dificultades de reproducción se han visto obligadas a crear condiciones para la reproducción in vitro en el laboratorio. Por esta razón, se comportan de manera cruel y brutal con los seres humanos.

Cuarto, las entidades no saben lo que es un sentimiento, no tienen misericordia ni amor y se comportan como máquinas reales. Además, llevan su malestar en la cara, en el cuerpo. La mayoría de estas entidades no son realmente hermosas de ver. Su existencia es una tontería para mí.

Quinto, su presencia en la tierra es causada por otra razón, quieren mejorar su ADN. Al mismo tiempo, se tomaron la libertad de crear híbridos y llevar a cabo manipulaciones genéticas entre humanos y extraterrestres. Con el tiempo, se dieron cuenta de que los híbridos no sobrevivían. Incluso si se supone que tienes el control, algunas cosas pueden escaparse e incluso un bebé híbrido necesita crecer y desarrollarse junto a sus padres biológicos, pero no es el caso.

Por estas razones, las entidades extraterrestres han comenzado a secuestrar permanentemente a los seres humanos, incluidos los niños.

Escondidos detrás de sus tecnologías y fuertes de su avance, se consideran a sí mismos como dioses del Universo.

Las otras entidades extraterrestres supuestamente pacifistas de la Tierra deberían ayudarnos. ¿Por qué no nos ayudan a deshacernos de estos monstruos grises maliciosos?

¿Son como los otros, esconden sus verdaderos rostros? Peor aún, ¿trabajan con ellos en su propio interés?

En cualquier caso, su actitud sugiere que este es el caso, porque los alienígenas llamados blancos se parecen a los humanos, han sido vistos por las víctimas humanas en las mismas estructuras que las entidades alienígenas grises, las más peligrosas para nuestro mundo.

Para las personas que aún no han visto un OVNI flotando sobre sus cabezas, considérense afortunados, porque ver estos objetos diabólicos sólo trae incomodidad a sus vidas que inadvertidamente pueden caer en lo extraordinario. El malestar general puede tener consecuencias considerables y dramáticas.

Ten cuidado si alguien se esconde en nuestro entorno, si alguien anda por nuestras casas con la intención de hacer algo malo. Esto requiere que estemos muy atentos, porque estas entidades de otras dimensiones son mucho más fuertes que nosotros y tienen muchos más recursos que nosotros.

Enviar satélites para conquistar el Universo es una cosa, pero ¿no es necesario identificar prioridades? Cuidar en primer lugar la seguridad de nuestro medio ambiente, y de lo que está sucediendo por encima de nuestras cabezas, y garantizar la seguridad de nuestra buena y vieja Tierra como debería ser!

Además, ahora es importante ser conscientes del fenómeno paranormal extraterrestre, para poder abrir los ojos en el futuro, para despertar nuestra conciencia y así comprender mejor y erradicar este fenómeno.

Planee para no enterrar la cabeza en la arena y sorprenderse por esta plaga que hace tiempo que ha sido identificada. Todavía hay tiempo para que el hombre se despierte y asuma la responsabilidad.

Es hora de que se deshaga de estos viejos demonios de otros mundos de una vez por todas para arruinar su vida en nuestra vieja y buena Tierra.

Hay tantos de ellos en nuestro medio ambiente que el hombre está atrapado en una confusión. Y hay que decir que algunos países de nuestro mundo están colaborando con estas entidades monstruosas a cambio de un miserable puñado de tecnologías que seguramente resultarán malditas.

Pero entonces, ¿cuál es el futuro del hombre de esta plaga paranormal?

www.ingramcontent.com/pod-product-compliance
Lightning Source LLC
Chambersburg PA
CBHW030609220526
45463CB00004B/1223